員工激勵機制設計

唐雪梅 ○ 著

財經錢線

卷首語

彼得・德魯克曾說，所謂企業管理，最終就是人事管理。人事管理，就是企業管理的代名詞。企業管理的精髓不僅在於管理者自己會做事，更關鍵的是管理者會激勵員工做事。管理就是讓別人做事，讓別人去做你想讓他做的事，讓他心甘情願地去做你想讓他做的事，讓他心甘情願地去做你想做又做不到的事。「水激石則鳴，人激志則宏。」美國企業家艾柯卡說，企業管理無非就是調動員工積極性。擁有相同機器、相同設備的企業，產品的產量往往差別很大，導致這一現象的關鍵原因往往在於每個企業的激勵機制不同。

美國成功學大師拿破侖・希爾博士說，沒有任何人是不受激勵而做任何事的。管理者的基本技能就是會激勵，激勵成為每個管理者必須掌握的領導技巧，激勵水平的高低決定了員工的工作績效，決定了領導的領導水平，決定了企業的經營業績，因此激勵機制設計是領導者的一門必修課程。然而，很多管理者卻不擅長激勵員工。一家國際諮詢公司做了如下的描述：只有40%的員工認為他們的經理對他們出色的業績給予了鼓勵，有50%的經理自己承認不知道如何肯定和鼓勵員工，50%的經理認為自己在最近三個月沒有鼓勵過員工。美國著名的管理專家米契爾・拉伯福認為，對今天的組織體而言，其成功的最大障礙，是其所要的行為和所獎勵的行為之間有一大段距離。組織之所以無效率、無生氣，歸根到底是企業的激勵機制出了毛病。

激勵是一項藝術性的工作，但並不是給予了員工激勵，必然就會有收穫。同樣是激勵，我們卻看到了不同的結局。例如授權激勵、榜樣激勵、感情激勵、信心激勵、目標激勵、績效激勵、榮譽激勵、理想激

勵、工作激勵、薪酬激勵、股權激勵、參與激勵、環境激勵和成長激勵等。有的企業實施激勵後員工積極性高漲，企業業績不斷增長；一些企業也採用了這些激勵手段，但員工的積極性似乎沒有改變，甚至也沒有給企業帶來業績增長；而一些企業沒有採用這些常規的激勵手段，只有制度和規範，員工的積極性不高，但是企業的業績仍不斷增長。為什麼會存在這樣的差異？企業究竟應該如何設計激勵機制？這個問題一直縈繞在我的腦海，讓我不斷思索。在讀了楊國安老師的《組織能力的楊三角》這本書以後，我的思想似乎得到一絲啟發，沿著楊國安老師提出的框架，我開始思考企業激勵機制的設計問題。蕭伯納說：「你有一個蘋果，我有一個蘋果，我們彼此交換，每人還是一個蘋果；你有一種思想，我有一種思想，我們彼此交換，每人可擁有兩種思想。」本書是我長期以來對激勵進行思考的結果。它更多的是站在已有的理論上，對激勵機制的設計提供一個系統的思考框架，希望它能引發你的思想共鳴，讓你創造出更多的激勵思想和方法，讓你的企業更好地設計激勵機制！

一個人勤奮工作所帶來的產出和財富是有限的，但如果一個人能夠讓他人努力工作來實現自己的夢想，那麼其產出和財富將是無限的。善於激勵他人，將讓你的部門、你的企業贏得更多發展的機會！知識最重要的作用是可以引發人的思考，思考可以改變我們的思想和觀念，思想和觀念的改變可以創造更多的發展機會。激勵是一種知識，也是一種思想，更是一種創造，希望能帶給你更多的發展機會，帶給你更好的人際環境、工作氛圍和更多的財富……

目 錄

第一章　激勵機制設計的基本框架 …………………… (1)

　　一、什麼是激勵（Motivation） ………………………… (1)
　　二、激勵只為提高員工的積極性嗎 …………………… (6)
　　三、激勵只為提高企業目前的業績嗎 ………………… (10)
　　四、員工怎樣影響企業經營目標 ……………………… (15)
　　五、企業激勵機制設計的權變性 ……………………… (36)
　　六、激勵機制設計的主要內容 ………………………… (47)
　　七、激勵機制設計的主要步驟 ………………………… (52)

第二章　激勵機制設計的常見誤區 …………………… (55)

　　一、激勵目標的誤區 …………………………………… (55)
　　二、激勵對象的誤區 …………………………………… (60)
　　三、激勵物的誤區 ……………………………………… (71)
　　四、激勵方式的誤區 …………………………………… (78)
　　五、激勵時機的誤區 …………………………………… (92)
　　六、激勵頻率的誤區 …………………………………… (101)
　　七、激勵程度的誤區 …………………………………… (105)

第三章　目標激勵設計 ………………………………… (107)

　　一、目標設定的技巧 …………………………………… (107)

二、目標激勵設計的思路 …………………………………… (115)

三、員工需求的識別 ………………………………………… (132)

四、超越員工需求預期的激勵技巧 ………………………… (145)

五、激勵的公平性 …………………………………………… (163)

第四章　員工能力的激勵設計 …………………………… (167)

一、員工能力提升的設計思路 ……………………………… (167)

二、勝任能力厘定 …………………………………………… (170)

三、員工能力審核 …………………………………………… (179)

四、價值判斷 ………………………………………………… (181)

五、員工能力提升的激勵途徑 ……………………………… (203)

第五章　員工行為的激勵 ………………………………… (211)

一、什麼是工作態度 ………………………………………… (212)

二、企業價值觀的厘定與激勵 ……………………………… (216)

三、職業情感的激勵設計 …………………………………… (225)

四、行為意向對員工工作態度的影響 ……………………… (232)

五、員工行為的強化 ………………………………………… (250)

第六章　企業治理方式的優化 …………………………… (257)

一、企業治理方式優化的主要步驟 ………………………… (257)

二、組織結構設計與員工激勵 ……………………………… (259)

三、流程優化與員工激勵 …………………………………… (264)

四、信息平臺優化與員工激勵 ……………………………… (267)

第一章

激勵機制設計的基本框架

「請你告訴我，我該走哪條路？」愛麗絲說。
「那要看你想去哪裡。」貓說。
「去哪兒無所謂。」愛麗絲說。
「那麼走哪條路也就無所謂了。」貓說。
　　　　　　——摘自劉易斯·卡羅爾的《愛麗絲漫遊奇境記》

一、什麼是激勵（Motivation）

什麼是激勵？美國的管理學家貝雷爾森（Berelson）和斯泰納（Steiner）認為激勵是一切內心要爭取的條件、希望、願望、動力等，它是人類活動的一種內心狀態。行為科學家認為激勵是激發人的動機以鼓勵達到目標行為的一種管理過程。通俗地說，激勵就是調動員工的積極性，激發動機，鼓舞士氣，維持激情。本書對激勵的全面定義是組織通過設計適當的外部獎懲形式、塑造舒適的工作環境和氛圍，借助各種信息溝通渠道和工具，激發員工的需求或動機，引導並維持員工內在的工作積極性、主動性和創造性，有效地實現企業目標和員工個人目標的

系統性活動。因此，激勵實際上包含著以下幾層含義：

激勵是一種手段。

激勵是一個過程。

激勵作用的發揮受員工內在的動機驅使。

攻心之術依賴於溝通交流。

激勵需要平衡激勵收益和激勵成本。

激勵活動並不意味著一定有產出。

激勵是一種手段，為組織目標的實現服務。評價激勵制度優劣的一個重要標準就是企業目標在這樣的激勵制度下是否成功實現，能否有更好的激勵制度幫助企業實現目標。激勵不僅使組織的預期目標實現，而且也能讓員工實現其個人目標，只有組織目標和員工個人目標相統一的激勵制度才擁有生命力，才能得到員工的支持。因此，激勵是否有效依賴於激勵機制能否成功搭建組織目標與個人目標之間的橋樑。

激勵是一個過程。有效的激勵不是企業或者管理者憑藉一時的興趣就可以建成的，也不是一朝建成企業就可長久享受的。激勵這個過程一般來說包括兩大階段，第一階段是「激」，激發員工的動機，解決行為的動力問題，給員工馬力，讓員工們想干、願意干，讓員工有動力去做某事。第二階段是「勵」，包括兩方面的含義，一是「再接再厲」，也就是說，員工有動力做某事了，企業得讓員工有動力持續做某事，在工作的過程中持續地保持願意干的狀態；二是鼓勵、獎勵，當員工干得好，合乎領導的要求、符合領導的意圖、個人目標與組織的整體目標相吻合時，領導要毫不猶豫地給予員工「鼓勵」，要給員工掌聲、鮮花、獎金、晉升等，激勵員工。「激」在前，「激」是為了讓員工願意干、想要干，化想干為具體干的行為；「勵」在後，是對行為的過程給予鼓勵，是對行為的結果給予獎勵，兩者是一前一後的互動過程。因此，激勵活動不僅僅是激發員工的工作激情，導致一定力度的某種行為出現；還要維持員工的工作激情，使激發出來的行為和努力的方向能夠得以保持和延續；更要通過最後的獎勵來對員工恰當的行為給予表揚，引導員

工持續努力的方向，強化員工的行為，因此，激勵活動是一個過程。要做好「激」「勵」這兩項工作，企業需要做一系列的準備工作，包括對激勵對象的分析、對競爭對手的分析、激勵方案的設計、激勵時機的選擇等。在激勵過程中，企業需要不斷地改進激勵政策，根據環境條件、員工變化、組織目標變更等不斷調整激勵政策，協調各方面的活動，才能使激勵活動達到預期的效果。當工作完成後，企業需要建立合理的評價機制評估員工的工作成果，給予相應的獎勵，並對激勵活動本身進行評價。從事前、事中、事後激勵活動所需做的工作來看，激勵是一個複雜的過程。

激勵不是企業必須通過權威強制才能實現的，激勵更多的是依靠員工的內在動機驅使，調動員工的工作積極性、主動性和創造性。有效的激勵會點燃員工內心的激情，促使他們的工作動機更加強烈，使他們能夠自覺自願地、發自內心地產生超越自我和他人的慾望，將自身潛在的巨大潛能充分釋放出來，員工從內心切實地感到力有所用、才有所展、勞有所得、功有所獎，從而自覺努力工作。要達到這種境界，要求企業的各種激勵物、激勵方式能夠深入人心，正如《太白陰經‧勵士篇》中講的，「激人之心，勵人之氣，發號施令，使人樂聞；興師動眾，使人樂戰；交兵接刃，使人樂死」，激勵不僅要考慮物質激勵，而且要考慮精神激勵；不僅要考慮激勵方法，而且還要考慮激勵所處的環境，這樣才能捕獲員工的忠心。

攻心之術依賴於溝通交流。要讓員工有自覺自願做事的動機，企業需要深入瞭解員工內心的所思所想，這樣才能使企業的激勵活動更貼心地站在員工的立場，滿足員工的需求。同時，企業還要通過各種溝通渠道和溝通工具，讓員工瞭解企業，知道企業的所思所想，使員工能更主動地站在企業的立場思考問題、分析問題，理解企業激勵活動的各種做法和苦衷。因此，溝通交流是發揮激勵作用的重要方法，是提高員工業績、團隊績效和組織績效的關鍵路徑。

案例：斯通先生是如何激勵員工的？

1980年1月，在美國舊金山一家醫院裡的一間隔離病房外面，一位身體硬朗、步履穩健、聲若洪鐘的老人，正在與護士死磨硬纏地要探望一名患痢疾住院治療的女士。但是，護士卻嚴守規章制度毫不退讓。

這位護士真是「有眼不識泰山」，她怎麼也不會想到，這位衣著樸素的老者，竟是通用電氣公司總裁、曾被公認的世界電氣業權威雜誌——美國《電信》月刊選為「世界最佳經營家」的世界企業界巨子斯通先生。護士也根本無從知曉，斯通探望的女士，並非斯通的家人，而是加利福尼亞州銷售員哈桑的妻子。

哈桑後來知道了這件事，感激不已，每天工作達16小時，為的是以此報答斯通的關懷，加州的銷售業績一度在全美各地區評比中名列前茅。正是這種有效的感情激勵管理，使得通用電氣公司的事業蒸蒸日上。

激勵是一個複雜的系統，這個系統的營運是一種有成本的活動。企業在設計激勵方案、營運激勵系統時，不僅受期望目標的引導，更要考慮激勵成本的大小，衡量激勵成本和激勵收益的得失。

激勵不是簡單的因果關系，給了員工激勵，不一定能帶來企業所期望的行為和產出。現實中更多的情形是企業想方設法地激勵員工，但企業並未獲得期望的結果，員工的績效目標和企業的績效目標並未得到實現。也就是說，激勵不是隨隨便便給予員工一些獎勵就可以實現的，而是需要根據激勵目標、激勵對象的不同，進行系統的激勵機制設計，用恰當的激勵機制，才能形成以下良性循環：企業設定獎勵目標→員工願意努力→員工取得績效→企業給予獎勵→員工個人目標實現→員工滿意→員工願意繼續努力→員工取得績效……這個系統本身就是一個擁有大量訣竅的複雜體系，涉及獎勵內容、獎勵制度、組織分工、目標導向、管理水平、公平考核、企業文化和領導作風等綜合性因素。如何根據這

些因素的不同，恰到好處地設計員工激勵機制，是一門藝術性的學問。

談到激勵，很多老板首先想到的是給錢，認為「重賞之下有勇夫」「有錢能使鬼推磨」。的確，很多企業的管理者把金錢視為最有效的激勵手段，認為高薪是吸引人才、激勵人才和保留人才的靈丹妙藥。但管理者也常常陷入金錢激勵的困惑，為什麼給員工漲薪了卻沒有見到員工按照企業所希望的、要求的、渴望的方式行事？為什麼給員工增加了獎金卻沒有看到工作績效的改善？為什麼員工一邊拿著高薪一邊還是哭爹罵娘呢？為什麼希望員工主動多承擔一點工作，卻誰也不願意？

與視金錢為法寶的企業不同，有些企業知道激勵是各種管理手段的綜合運用。為了讓員工更有工作的積極性，企業管理者想方設法地通過各種方式、各種途徑去激勵員工，包括授權激勵、榜樣激勵、感情激勵、信心激勵、目標激勵、績效激勵、榮譽激勵、理想激勵、工作激勵、薪酬激勵、股權激勵、參與激勵、環境激勵和成長激勵等。但企業困惑的是為什麼用了眾多的方法還是沒有達到預期的目的？為什麼員工總是不能按照企業所希望的、所要求的、所渴望的方式行事？為什麼同樣的激勵方式，別的企業就非常奏效，在自己的企業就沒有效果呢？是企業做得還不夠，是激勵方法學得不到位，是員工的素質太低，還是企業用錯了方法？眾多的激勵手段，不同的企業，不同的員工，究竟應該如何取捨，用什麼樣的激勵方法才能有效激勵員工？

這些問題長期以來一直是困擾企業管理者的難題，很多管理者並沒有系統的激勵思路和方法，覺得什麼激勵方法好用，就使用什麼激勵方法，或想到什麼激勵方法，就採用什麼激勵方法，或看到哪個激勵方法效果好，就借用哪種激勵方法。盲目地使用和引進激勵方法其結果可能是企業的激勵活動目標並不是企業的經營目標，激勵活動所針對的主要對象並不是企業所需要激勵的對象，所授予的激勵物並不是激勵對象所渴望擁有的，激勵時間、激勵頻率、激勵程度、激勵方式等並不符合人物、環境、激勵對象的特點，這些導致企業花了很多的物資、時間、人力成本開展激勵工作，而取得的成效卻不盡如人意，難以達到企業經營目標。

二、激勵只為提高員工的積極性嗎

激勵的根本目的是激勵機制設計的出發點和歸宿，是一切激勵活動的最終目的。那麼激勵機制設計的根本目的是什麼呢？很多管理者認為，激勵就是為了提高員工的工作積極性。有研究指出，快樂和樂觀能夠讓企業決策速度提高 19%，業績增長 56%，創造力成果增長 3 倍；幸福的員工和不幸福的員工相比，其整體績效高 16%、職業倦怠感低 125%、對組織的忠誠度高 32%、對自己工作的滿意度高 46%。幸福感能增強員工對企業的歸屬感和忠誠度，幸福感強的員工可以將幸福感傳遞給消費者，有利於培養消費者忠誠度。快樂，不僅僅是一種良好的感覺，也是企業成功不可分割的一部分。

案例：行軍進行曲

春秋時期，一個叫山戎的少數民族國家，地險兵強，屢次侵犯齊國。齊桓公任命管仲為軍師，親自率兵攻打山戎國。一次行軍途中，齊國大軍途經一段崎嶇的山路，這段山路怪石林立，竹箐塞路。不僅車輛難行，連士兵也疲憊不堪。就在這個艱難的時刻，管仲製作了《上山歌》和《下山歌》，教會士兵並讓他們反覆吟唱。此時，軍歌嘹亮，士兵們士氣大增。不僅車輪運轉如飛，軍隊也氣勢如虹。齊桓公感嘆「寡人今日方知軍歌可鼓舞士氣，為何？」管仲答：「疲勞過度使人傷神，而快樂使人忘卻疲勞。」此後，軍隊加速前進，並打了勝仗。

但是，是不是只要員工的工作積極性提高，企業的業績就有了保障呢？激勵機制的設計就是讓員工工作的積極性更高嗎？員工的積極性越高越好嗎？員工沒有工作積極性，對於企業來說，就一定是一種悲慘的境地嗎？管理者不惜一切代價提高員工的工作積極性，究竟能夠得到什麼？能夠得到所期望的企業業績嗎？下面這個小故事，或者能夠給我們

一些啟示。

<h2 style="text-align:center">案例：麥當勞的激勵對比</h2>

不論以何種方式評估，麥當勞都是一個成功的企業。公司憑藉一條非常簡單的經營理念，逐漸發展壯大。

1995—1998年，麥當勞依照鐵腕的管理手段，成了一家全球企業。公司似乎對員工的情感和權利漠然視之，但是對服務的質量和餐廳的清潔程度卻情有獨鐘。這就是麥當勞發家致富的秘訣。當然，麥當勞對非技術手工勞動者靈魂的摧殘，對他們意識的麻痺，也使公司臭名昭著。社會批評家對麥當勞的批評不絕於口，猛烈程度甚至不亞於對菸草公司、石油公司以及核能企業的批評。在這種形勢下，麥當勞似乎應該轉而採用「自由管理」方式，應該多多考慮員工的需求。於是，麥當勞真的這麼做了。

1998年，公司新任首席執行官杰克·格林伯格（Jack Greenberg）拋棄了從前任繼承而來的鐵腕管理，開始採用一種「關注員工」的松散管理方式，將總公司的權力下放給各地的管理人員，讓他們自行決定營銷計劃和菜譜。與此同時，麥當勞開始在不同國家推出具有地方風味的不同食品。聽起來，格林伯格的主意的確不錯，員工的自由度和權利大了，員工的工作積極性高了。但是，新戰略很快給公司帶來了沉重打擊，顧客對公司產品的滿意程度一落千丈，公司的利潤額也從此一落千丈，公司股票的增長態勢逐漸停止。賦予員工權力，可能滿足了地方管理人員的雄心壯志，但是對整個企業並無益處，顧客對麥當勞標準的服務質量和產品質量的認可正不斷受到挑戰。而且，這些改良的菜品口味未必符合顧客的期望。在東京吃麥當勞的時候，你若問當地的經理麥香雞日式漢堡的銷量如何，他會告訴你，銷量並不好。許多日本顧客對這種漢堡特別反感。他解釋道，如果這些顧客想吃日本食品，那麼他們完全可以去附近的日本餐館，這些餐館多如牛毛，何必到麥當勞來呢？

格林伯格意識到自己可能犯了某種錯誤，為了重新對各自為政的麥

當勞分店加以控制，他還專門設立了中級管理階層。彼得斯曾一直標榜公司要「松嚴並舉」，但是此時，格林伯格對此根本思想不加理睬，他開始著手扭轉公司內部權力下放的趨勢，有效控制各分店的服務質量和管理質量，與此同時，格林伯格簡化了菜譜，取消了那些曾經「顯赫一時」的地方特色食品。這些大刀闊斧的改革收到了立竿見影的效果，麥當勞重新保證了產品質量。

案例來源：Charles Cohen. 過度激勵會讓好公司失敗［J］. IT 時代周刊，2005（12）.

很多管理者認為，員工士氣高漲，有了員工的工作積極性就有了生產力，就有了源源不斷的利潤。實際上，從「麥當勞的激勵對比」可以看到，高漲的士氣，並不意味著企業的績效，員工積極性與生產力之間聯繫並不像我們想像的那樣，員工的積極性越高，企業的生產力越強。員工士氣高漲並不一定比行之有效的組織更能給公司創造利潤。實際上，在很多情況下，企業行之有效的組織和控制比員工高漲的工作積極性更能保證公司的產品質量、服務質量和公司利潤。

當員工過度積極時，員工在考慮很多事情的時候可能過於樂觀，過於冒進，過於冒險，急於想盡快干出一番大事業，這對於守業型的企業來說可能會過早葬送企業的前程。

案例：員工工作積極性過高也值得深思

前緣公司是一家生產嬰幼兒家私的家具廠，得益於近些年來中國房地產行業的發展，企業的銷售業績不斷增長，銷售利潤也在不斷增加。可是公司的總經理趙總知道，企業的發展已經到了成熟期，目前的土地價格使企業無力再度買地擴建廠房，而且房地產行業也發展到了成熟期，市場規模擴張有限，市場競爭日趨激勵，擴張企業不如穩住企業現有的規模和市場，在已有的市場深耕對企業長遠的發展更為有利。

公司的高管們可不這麼認為，他們覺得公司年年業績增長，企業發

展前景樂觀，高管們一心只想企業應該更快更好地擴張，買地、蓋廠房、擴規模可以使企業在行業中的地位快速提升。趙總依然堅持公司現在不宜採用擴張戰略，應該穩健發展的觀點。但是，看著帳上日益增多的現金，看著其他企業都把高管送到商學院學習，趙總決定把這些高管們派到國內一知名的商學院學習，通過學習讓這些得力的部下能夠更加清晰地分析當前的宏觀環境和市場走勢，即使沒有實現這個目標，通過學習提高他們的日常管理能力，拓展他們的人際交往平臺也是不錯的。

　　培訓給了幾位高管更大的激勵，他們覺得自己的管理水平有了更大的提高，能夠干更大的事業。回到企業，激情高漲的高管們還請來了知名的教授和諮詢公司來幫助他們遊說趙總，幫助公司進行宏偉的上市戰略規劃，趙總終歸沒有抵制住未來美好藍圖的誘惑，終於下定決心擴大規模大力發展。然而，廠房剛建到一半，市場卻因為房地產的不景氣進入到了寒冬。看著停止的工地建設，看著日漸流失的企業員工，趙總心中想知道，如果不送高管去培訓，今天的結局還是不是這樣？送高管去培訓究竟是對還是不對，問題的癥結究竟在什麼地方呢？

　　「員工工作積極性過高也值得深思」這個案例告訴我們，員工激情高漲對企業來說並不一定是好事情。在高漲的激情中，員工通常願意冒更大的風險，容易對外部環境過於樂觀，導致企業發展走入歧途。因此，企業激勵設計是一個系統的工程，激勵的目的不僅僅是為了提升員工的工作積極性，更是為了實現企業的經營目標。企業圍繞著經營目標進行激勵機制設計，才是根本之舉。在激勵員工的狂潮中，我們不應該迷失了方向，以為員工的工作積極性就能創造利潤。沒有目標的激勵機制設計，就如《愛麗絲漫遊奇境記》中貓所說的去哪兒都不知道，激勵與否也就無所謂，採用什麼方法激勵也更無所謂。企業激勵設計是一個系統的工程，需要從激勵目標開始，從企業經營戰略目標出發，系統地對企業的激勵機制進行全盤的總體設計。

三、激勵只為提高企業目前的業績嗎

基業長青、百年老店、持續發展、不斷成長是每個企業的夢想，要實現這些夢想，企業需要良好的業績來支撐。自然的，業績維持、業績增長、業績突破、業績提升、業務拓展成為每個企業天天關注、天天思考、天天奮鬥的目標。業績就是企業的生命線、發展線，業績是企業的核心經營目標，業績是企業一切活動的起點和終點，自然也成為企業激勵機制設計的出發點和最終目標。

「業」是作業，意味著任務，「績」是成績，意味著結果，所以「業績」是指特定時間內，任務完成的結果、任務完成的數量和質量。業績包括任何驅動或測量業績的因素，包括生產力、產品質量、服務標準、週期、薪水、基金管理水平以及產品特性等。衡量業績的標準通常集中於總體的業績指標和比率。總體的業績指標是指最終成果的具體數字，例如最終產量、銷售額、利潤等。比率指標是一種比較指標，包括企業內部影響業績的因素之間的比較，例如資金週轉率、存貨週轉率、利潤率、單位資本報酬率，也包括企業內部業績的時間跨度比較，例如利潤增長率、市場增長率等，還包括企業之間的業績比較，例如不同企業之間市場份額比率、客戶盈利能力比率等。

案例：業績比較促進企業發展

西格納英國分公司，是美國保險巨頭在英國的分支。當西格納開始在英國推銷其雇員保險計劃時，就知道自己面臨著激烈的競爭，因為英國市場已被其他幾家大公司壟斷著。西格納的策略是將自己經營的許多關鍵方面和它們進行比較估計，其市場調查揭示了公司績效改進的目標以及離目標的距離，調查結果為顧客服務流程重組計劃奠定了基礎，14個月以後，公司的收益增長了40%。

案例來源：佚名.建立績效衡量標準［OL］．［2014-05-16］http://www.xiexingcun.com/lizhi/A/24/06.htm

企業的業績目標是指企業對未來一定時期的經營成果的規劃，包括企業的業績目標、部門的業績目標和員工個人的業績目標，還包括中長期的戰略目標和短期的經營目標所形成的統一目標體系。業績目標具有引導作用，能夠讓員工明確奮鬥的方向，知道工作的重點，有助於員工合理制訂工作計劃。業績目標具有激勵作用，員工認同的目標，意味著員工的承諾，使員工從要我做向我要做轉變，員工還可以預期做到什麼程度可以得到什麼樣的評價，什麼樣的結果是不好的評價。總之，使員工工作更有激情和動力。業績目標具有凝聚作用，公司各部門、各個員工由於角度、責任、利益、能力、性格、偏好、經驗、風格等的不同，常有各種衝突和矛盾，在業績目標的指引下，可以盡量減少和消除內耗，避免經營活動偏離業績目標。業績目標具有考評作用，通過實際業績與業績目標的對比，管理者可以客觀分析、衡量、評估每個員工、每個部門乃至企業的經營結果，使員工心服口服，避免事後「蓋棺定論」或「追認」的被動考核。

案例：有沒有目標的確不同

曾有人做過一個實驗：組織三組人，讓他們分別向著1萬米以外的三個村子步行。

第一組的人不知道村莊的名字，也不知道路程有多遠，只告訴他們跟著向導走就是。剛走了兩三千米就有人叫苦，走了一半時有人幾乎憤怒了，他們抱怨為什麼要走這麼遠，何時才能走到，有人甚至坐在路邊不願走了，越往後走他們的情緒越低落。

第二組的人知道村莊的名字和路段，但路邊沒有里程碑，他們只能憑經驗估計行程時間和距離。走到一半的時候大多數人就想知道他們已經走了多遠，比較有經驗的人說：「大概走了一半的路程。」於是大家又向前走，當走到全程的四分之三時，大家情緒低落，覺得疲憊不堪，而路程似乎還很長。但有人說：「快到了！」大家又振作起來加快了步伐。

第三組的人不僅知道村子的名字、路程，而且公路上每一千米就有一塊里程碑，人們邊走邊看里程碑，每縮短一千米大家便有一小陣的快樂。

行程中他們用歌聲和笑聲來消除疲勞，情緒一直很高漲，所以很快就到達了目的地。

當人們的行動有明確的目標，並且把自己的行動與目標不斷加以對照，清楚地知道自己的行進速度和與目標的距離時，行動的動機就會得到維持和加強，人就會自覺地克服一切困難，努力達到目標。

案例來源：佚名. 目標的重要性［OL］.［2014-05-18］http://www.eywedu.com/swjx/mydoc114.htm.

企業的業績，不僅僅指業務成績，從說文解字的角度分析，應該是「業務績效」。績效＝績+效，也就是說企業的業績，不僅體現為企業的最終經營產出、經營成果，而且還包括「效」。效率體現為企業的投入產出比，體現為企業為實現一定的產出所消費的人力、物力、財力和時間資源，體現為企業能夠具有比競爭對手更快的市場適應力和競爭力。因此，業績不僅指企業的具體產出成果，更指實現產出成果的營運效率和應變速度。

案例：保險銷售員的故事

有個同學舉手問老師：「老師，我的目標是想在一年內賺100萬元！請問我應該如何設計我的目標呢？」

老師便問他：「你相不相信你能達成？」他說：「我相信！」老師又問：「那你知不知道要通過哪個行業來達成？」他說：「我現在從事保險行業。」老師接著又問他：「你認為保險業能不能幫你達成這個目標？」他說：「只要我努力，就一定能達成。」

「我們來看看你要為自己的目標做出多大的努力。根據我們的提成比例，100萬元的佣金大概要做300萬元的業績，一年：300萬元業績，一個月：25萬元業績，每一天：8,300元業績。」老師說。「每一天8,300元業績，大既要拜訪多少客戶？」老師接著問他。

「大概50個人。」「那麼一天50人，一個月1,500人，一年呢？就需要拜訪18,000個客戶。」

這時老師又問他：「請問你現在有沒有 18,000 個 A 類客戶？」他說：「沒有。」「如果沒有的話，就要靠陌生拜訪。你平均一個人要談上多長時間呢？」他說：「至少 20 分鐘。」老師說：「每個人要談 20 分鐘，一天要談 50 個人，也就是說你每天要花 16 個小時與客戶交談，還不算路途時間。請問你能不能做到？」他說：「不能。老師，我懂了。這個目標不是憑空想像的，是需要憑著一個能達成的計劃而定的。」

案例來源：佚名. 7 個經典故事讓你明白目標管理的重要性 [OL]. [2015-05-20] http://www.ipc.me/manage-your-target-is-important.html

業績目標不是企業憑空想像的一個標準，而是可行的，能夠達到的目標，業績目標可行性的衡量不僅包括具體的經營成果是否可以實現，還包括成果實現的效率和速度。

但是，企業激勵的目標僅僅是為了提高目前的業績嗎？目前的業績提升就能實現企業基業長青、百年老店的夢想嗎？

案例：短視激勵必招致隱患

為了促進藥店在本區域的競爭力，完成總公司下達的任務指標，打敗競爭對手，某藥店的李店長將總公司的任務目標層層分解落實到每個員工身上，並且規定誰的銷售業績高，誰的報酬就多。該辦法一出抬，極大地調動了店員的工作積極性，藥店的經營業績也一路攀升。藥店不僅受到總部的表揚，而且由於薪水提高，員工更熱衷於爭取高銷售業績。

然而，新的煩惱也隨之而來。原來，部分店員為追求自身效益的提高，無視顧客的實際情況及需求，一味推銷價格高、利潤大的藥品，甚至胡亂推薦並不對症的藥品，前來投訴的顧客、扯皮的顧客多了。更讓人頭疼的是，以前大家都相處得很融洽，現在卻視對方為競爭對手，同事之間時常為了爭搶顧客互不相讓……員工之間的內部矛盾和顧客的不滿，影響了藥店的整體形象，很多老顧客開始不再光顧這家店了……

過了不多久，藥店關門了。

李店長的短視激勵，以績效考核的分數或結果論成敗，只追求高銷售業績而不顧服務質量和服務過程，導致員工在工作過程中更容易表現出急功近利，過度關注眼前利益，過度計較當前的得失，追求短期效益，甚至有些員工為了達到目的，不擇手段，殺雞取卵，損害了企業的長遠利益和社會形象，認為企業的長遠發展與己無關，最終導致企業的長遠利益被挫傷，企業的基業毀於一旦。此外，追求短期效益導致員工之間更多的是競爭關系而不是合作關系，業績的壓力和人際關系的壓力容易導致員工焦慮情緒嚴重；而領導者和員工之間也容易表現為監督與被監督、管制與被管制的緊張關系。領導者過度關注績效，而忽視了員工的長遠發展、成長和個人需求；領導者過度關注績效達成的物質激勵，而忽視了員工工作的內在精神追求。基於短期業績視角的激勵機制設計容易導致員工只關注當前能夠帶來效益的能力和技能的培養，而忽視對企業長遠競爭力、核心競爭力有重要作用的技能和能力的培養；部門容易形成部門主義風氣，只關注部門利益和當前利益，而忽視整體的利益和長遠的利益。因此，以企業的短期業績、目前的利潤為激勵目標，容易導致員工的短期行為、短視行為，容易破壞員工之間、員工與領導之間、部門之間的和諧合作關系，而且導致促使企業長遠發展的技能匱乏。可見以當前業績為目標的激勵並不是企業的長久發展和持久生存的有效激勵之策，不符合企業可持續發展的要求。

　　實際上，員工的業績往往受諸多因素影響，有可能是企業業績目標對員工的引導、激勵作用，有可能是企業的激勵措施所導致的，也有可能是外部的機遇或者危機導致的。有些情況下，員工即使不努力也能輕松實現目標，而在一些情況下，員工即使非常努力也難以達到經營目標。如果企業過分強調短期經營結果，員工的努力程度可能難以得到公平的對待和評價，有些情況下，員工努力的結果可能需要更長時間才能體現出來，這樣員工的積極性也容易被挫傷。

　　企業要想實現永續發展，不僅要考慮目前的收入，更要考慮長遠的發展；不僅應該考慮短期的經營目標，更要考慮長期的經營目標；不僅要考慮員工的工作積極性，更應該從企業戰略、商業模式的視角來考慮激勵的

目的是什麼。企業激勵機制的設計出發點在於企業經營目標，企業經營目標不僅僅在於目前的利潤多寡，更重要的是企業長期價值最大化和戰略目標的實現。長期目標和短期目標的協同實現才是企業根本的經營目標，這也是企業激勵機制設計的根本目的。

四、員工怎樣影響企業經營目標

企業激勵機制設計的出發點和歸宿是經營目標的實現，企業經營目標的實現是員工努力工作的結果，是企業對員工激勵的結果。那麼，哪些因素影響員工的努力程度呢？

(一)「經營目標」本身是影響員工努力工作的關鍵因素

美國心理學家代洛克（Edwin Locke, 1960）提出了「目標設置理論」（Goal Setting Theory）。他認為目標本身就具有激勵作用，目標能把人的需要轉變為動機，使人們的行為朝著一定的方向努力，並將自己的行為結果與既定的目標相對照，及時進行調整和修正，從而能實現目標。挑戰性目標是激勵的來源，特定的目標會增進績效；困難的目標被接受時，會比容易的目標獲得更佳的績效。經營目標似航海的燈塔，它指引著企業未來的奮鬥方向，努力的目標，經營目標的高低設定直接影響到企業未來業績可能達到的程度。經營目標是員工努力前行的方向，是企業對員工的一種心理引力，經營目標具有激勵作用，直接影響著員工工作的積極性。目標在心理學上通常被稱為「誘因」，即能夠滿足人的需要的外在物。

企業經營目標的實現不是一蹴而就的，而是一個長期的過程，企業不僅要設立總的經營目標，而且要設置與總目標相融合的階段性目標，總目標可使人感到工作有方向，階段性目標可使人感到工作的階段性、可行性、合理性和成就感。企業的經營目標不是某個部門的工作，而是一個涉及企業內部各部門的工作，企業不僅要設立總的經營目標，而且還要把經營目標分解到各個部門和相應的員工。總目標使員工抬頭看路，看到企業發展

的前景和藍圖，部門目標和個人目標使員工感到工作的重要性和對組織的貢獻，增加了員工的使命感和責任感，滿足員工實現自我價值的慾望，激發他們創造性思維的火花。

目標制定的好與不好，直接關系到員工工作的態度。一般而言，具體的、可實現的、現實的、可衡量的、有時限的經營目標能夠讓員工知道未來一段時間做什麼，做到什麼程度，更容易激發員工努力工作。如果目標是抽象的、不可實現的、不現實的、不可衡量的、沒有時間限制的，員工可能不知道做什麼，更不知道什麼時間應該達到什麼具體的標準，工作的隨意性就會更強，員工的努力程度自然會受到影響。

經營目標指明了員工努力的方向，是員工的行動指南。一個目標值較大、振奮人心、令人神往的奮鬥目標，能夠成為員工努力工作的動力，具有無可替代的巨大影響力。相反，一個目標值和難度對員工都沒有挑戰性的目標，難以激發員工努力拼搏的鬥志，起不到應有的激勵作用。在現代管理中，目標激勵是一個重要的激勵手段和內容。

（二）員工能力是影響員工努力工作的關鍵因素

從產出的投入要素視角，員工的素質、員工的能力、員工的潛能在一定程度上決定了員工的業績表現。能力強、素質高、潛能大的員工，其工作能力強，解決難題的方法多、思路廣、速度快、效率高，他的工作績效往往也更加突出。「一個諸葛亮可敵三個臭皮匠」，人的才能是一個企業寶貴的財富，其觀念、思想和行為對企業業績有非常重要的影響，人才是企業發展的關鍵。企業的人力資源部非常重要的一個工作就是尋找、招聘、挖掘高素質的人才，很多企業不惜花費重金雇傭能力強的員工，就是看中這些員工的業績的潛能。

案例：工資水平的提高使企業得到什麼？

2013年，托馬斯公司為了在一流的高校能夠招聘到聰明的軟件設計人才和數學人才，其開出的工資水平遠遠高於其他公司。當問及為什麼時，

該公司的負責人回答道：

（1）將公司的薪酬水平提高，可以使更多的優秀人才聚集到企業，降低招聘新職工的搜尋成本和培訓成本，提高了企業的勞動力質量，高質量帶來高效率，有利於提高企業的績效。

（2）高薪酬可以使員工安心在本企業工作，降低企業職工的離職比率，降低了人才的流失率。

（3）從人性方面來看，提高工資水平會降低勞動者在勞動過程中的「道德風險」，從而使工人付出的努力程度高，勞動效率高，監督成本低。

高薪酬在降低招聘成本、培訓成本、離職成本的同時，提高了企業的勞動效率，但是也增加了企業的薪酬成本，而這種薪酬成本並不是每個企業都能夠承受的。

除此以外，企業獲取高素質人才的途徑還可以是內部培養和挖掘。一種方式是企業通過技能測試、考試、業績比賽等方式來賽馬選馬，選拔人才。例如海爾的張瑞敏曾說：作為企業領導，你的任務不是去發現人才，而是建立一個出人才的機制，給員工比賽的場地，幫員工明確比賽的目標，比賽的規則公開化給每個人，提供相同的競爭機會，把相馬變為賽馬，充分挖掘每個人的潛質。海爾建立了系列的賽馬規則，包括三工並存、動態轉換制度，在位監督控制，屆滿輪流制度，海豚式升遷制度，競爭上崗制度等。第二種方式是通過知識培訓、學歷培訓、後備人才儲備建設、人才梯隊建設、幹部能級提升、職業生涯規劃等來培養人才，讓優秀的人才脫穎而出，通過內部員工能力和素質的提升，來促進企業業績的改善。領導者的功能是通過他人完成工作，改變人們的思維方式，幫助他們看到以前沒看到的機會和危機，激勵他們採取行動而不是簡單地發布命令和進行控制。要達到這個目的，培訓和鍛煉是很好的方式。例如，在比亞迪，王傳福非常重視人才培養，「造物先造人」，每個月他總是抽出3天時間擔任講師，講授戰略、如何做領導，把企業的錯誤、經驗、經營思想等和員工進行分享。在王傳福的帶動下，高級主管們也積極開發課程和講授課程，企

業形成了良好的育人氛圍。

案例：通用電氣公司（GE）的人才選拔和培養機制

GE 培養企業家的制度比企業家精神更為重要。企業家可能有非常好的想法，但他可能缺乏職業經理人必須具備的專業知識與資源，如財務管理、人力資源管理等知識，他們不會把技術與想法付諸規模化的擴張。因此，企業長期以來，從上至下都高度重視人才的選拔和培養。整個 GE，就是一個巨大的「人才製造工廠」！企業注重實力能力，不重學歷資歷。只要一個人有領導潛能，不管他的資歷和經驗如何，都會得到各種鍛煉機會。在人才的培養上，GE 公司的人才培養體系，包括四個方面：①高層領導的承諾和參與；②全球學習體系；③實踐鍛煉——課堂之外的「課堂」；④人才評估體系。如圖 1-1 所示。

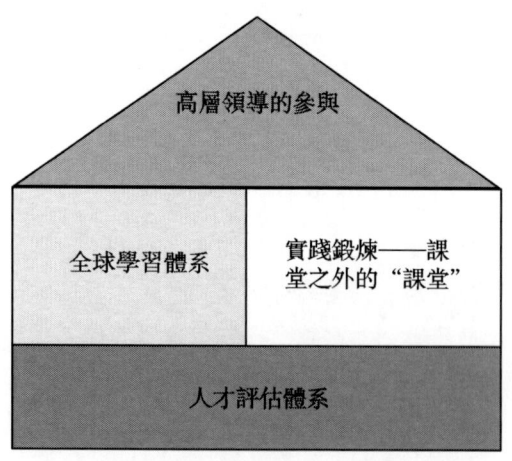

圖 1-1　通用公司人才培養的模式

高層領導的承諾和參與。GE 認為領導人不僅需要參與人才的評估、選拔，而且還要參與人才的培養，其中擔任內部講師給人才授課是教授領導能力的最好方式。在 GE，50% 的教師來自高層管理者，為 GE 中層和基層人員之間提供一個開放的溝通渠道，通過毫無限制的辯論刺激創意，消除

官僚主義的殘餘,向管理者灌輸 GE 新價值觀。例如,杰克·韋爾奇曾 250 多次出現在克羅頓維爾,為 18,000 名經理授過課。他說:「這裡已經成為人們學習和分享全世界最佳實踐經驗的地方。」

全球的學習體系包括三個部分:克羅頓維爾培訓中心、職能技能培訓、商務知識和技能培訓。通用全球有 29 萬員工,近一半是專業人士,其他的是在工廠工作的普通工人。克羅頓維爾是通用電氣公司的管理培訓中心,杰克·韋爾奇在 1981 年當上通用電氣首席執行官(CEO)之後,把它變為了推動 GE 變革的強大引擎,成百上千個總經理在這裡成長起來。其主要承擔通用公司專業人才的領導力培訓,也是企業發展戰略推廣的重要平臺和工具。克羅頓維爾具有「金字塔」式的後備人才培訓結構:第一個層級開設管理開發課程,培訓各部門和分公司選拔推薦的有發展潛力的 32~35 歲的專業和管理人員,為主管級提供後備人才;第二個層級開設商務管理課程,培訓 36~38 歲年齡段的主管級專業和管理人員,為公司高級主管級提供後備人才;第三層級開設高級管理開發課程,培訓 40~50 歲年齡段的高級主管級管理人員,為公司副總裁級提供後備人才。職能技能培訓,由公司的各個職能部門負責,包括財務技能培訓、市場技能培訓、採購技能培訓、生產技能培訓等,對象為 GE 所有業務部門相應職能的員工。商務知識和技能培訓,是 GE 特定業務部門所需要的技術和產品知識、商務知識和技能的綜合培訓,培訓對象為各自業務範圍內的員工,由各業務部門自己負責。

實踐鍛煉——課堂之外的「課堂」。通用公司的人才培養強調在實踐中磨練,在教學課堂之外,通過跨業務部、跨地區、跨職能的工作鍛煉培養人才;通過特別項目或任務小組的短期項目培養人才;通過擔任助理培養人才;通過人才輔導和支持、教學相長來培養人才。

人才評估體系。GE 在人才的評估上,具有客觀清晰的人才標準和透明客觀的評估流程,不僅考慮人才的現有業績,更注重未來更高崗位勝任的潛力,因為任何人不會在一個位置上干一輩子。GE 考察人才主要包括三個方面:專業素質、道德品質、發展潛力。專業素質可以通過現有的專業知

識和業績來給予評價，道德品質主要是看其是否認同和具有 GE 倡導的價值觀，包括關注外部、清晰的思維、包容性、想像力、勇氣、精力充沛、講究速度等，對價值觀的評估比重超過專業素質。杰克・韋爾奇指出，「我們把人分成三類：前面最好的 20%，中間業績良好的 70% 和最後面的 10%。」最好的 20% 必須在精神和物質上得到愛惜、培養和獎賞，因為他們是創造奇跡的人。失去一個這樣的人就要被看作領導的失誤——這是真正的失職。還要給業績良好的 70% 打氣加油，讓他們提高進步。最好的 20% 和中間的 70% 並不是一成不變的，人們總是在這兩類之間不斷地流動。一個把未來寄托在人才上的公司必須下定決心，永遠以人道的方式清除那最後的 10%，而且每年都要清除這些人，以不斷提高業績水平，只有如此，真正的精英才會產生，企業才會興盛。

案例來源：楊國安. 組織能力的楊三角［M］. 北京：機械工業出版社，2010.

但是，以員工能力判斷為基礎的業績認知顯示，企業內部都是能人，員工之間的內部競爭壓力大，潛在競爭大；此外，員工素質高、能力強，並不意味著績效一定高。員工可能在測試、評比、檢查的時候表現出高績效水平，而平時則坐享其成，不努力工作。因此，能力是影響工作業績的主要因素，業績的實現需要員工能力的充分施展，但業績的高低還取決於工作的過程。

（三）員工行為是影響員工努力工作的關鍵因素

從產出的轉換過程看，「業績」是員工行為的結果，是員工行動過程所導致的結局。業績不是企業想出來的，而是員工辛勤的勞動干出來的。同一個員工，不同的工作行為，其業績可以相差十萬八千里。有學者研究表明，員工在自由發揮的情況下能釋放 20%~30% 的能力，在受到充分激勵的情況下，潛能有可能發揮出 80%~90%，受激勵與不受激勵之間的績效差距高達 50%~60%，這足以讓所有的企業有充分的理由、足夠的動力去激勵員

工充分發揮自己的能力，將能力轉化為行為。只有充滿激情的、忠心耿耿的、兢兢業業的員工才能在工作中擁有更高的工作效率和工作效益，只有真正的愛企如家，才能為企業利益拼搏，創造出好的業績。因此，對員工行為過程的關注、激勵和管理是業績管理的關鍵環節，實現企業經營業績目標，企業不僅需要關注員工的能力，更需要關注員工的勞動態度，關注員工的行為。

案例：讓銷售迴歸銷售

在紐約第五大道有一家複印機製造公司，他們需要招聘一名優秀的推銷員。老板從數十位應聘者中初選出三位進行考核，其中包括來自費城的年輕姑娘安妮。老板給他們一天的時間，讓他們在這一天裡盡情地展現自己的能力。可是，什麼事情才最能體現自己的能力呢？走出公司後，幾位推銷員商量開了。一位說：「把產品賣給不需要的人，這最能體現我們的能力了，我決定去找一位農夫，向他推銷複印機。」「這個主意太棒了。那我就去找一位漁民，把我的複印機賣給他。」另一位應聘者也興奮地說。出發前，他們叫安妮一起去，安妮考慮了一下說：「我覺得那些事情太難了，我還是選擇容易點的事情做吧。」接著，她往另一個方向走去。

第二天一早，老板再次在辦公室裡召見了這三位應聘者：「你們都做了什麼最能體現能力的事？」「我花了一天時間，終於把複印機賣給了一位農夫。」一位應聘者得意地說，「要知道，農夫根本不需要複印機，但我卻讓他買了一臺。」老板點點頭，沒說什麼。「我用了兩個小時跑到郊外的哈得孫河邊，又花了一個小時找到一位漁民，接著我又足足花了四個小時，費盡口舌，終於在太陽即將落山時說服他買下了一臺複印機。」另一位應聘者同樣得意洋洋地說，「事實上，他根本就用不著複印機，但是他買下了。」老板仍是點點頭，接著他扭頭問安妮：「那麼你呢？小姑娘，你把產品賣給了什麼人，是一位系著圍裙的家庭主婦？還是一位正在遛狗的夫人？」「不，我把產品賣給了三位電器經營商。」安妮從包裡掏出幾份文件來遞給老板說，「我在半天裡拜訪了三家經營商，並且簽回了三張訂單，總共是600臺

複印機。」老板喜出望外地拿起訂單看了看，然後他宣布錄用安妮。

這時，另外兩名應聘者提出了抗議，他們覺得賣給電器經營商絲毫沒什麼可奇怪的，他們本來就需要這些產品。「我想你們對於能力的概念有些誤解。能力不是指用最短的時間，去完成一件最不可思議的事，而是用最短的時間，完成最容易的事。你們認為花一天的時間把一臺複印機賣給農夫或漁民，和用半天的時間把600臺複印機賣給三位經營商比起來，誰更有能力，又是誰對公司的貢獻更大？」老板接著嚴肅地說，「讓農夫和漁民買下複印機，我甚至懷疑你們是胡亂吹噓了許多複印機的功能。我必須要提醒你們，這是一個推銷員最大的禁忌。」

在日後的工作中，安妮一直秉承一條原則：把所有的精力都用來做最容易成功的事情。不去做那些聽上去很玄乎，但對公司卻沒什麼幫助的事情。多年後，安妮創下了年銷售200萬臺複印機的世界紀錄，至今無人能破。

三位銷售員的能力都很強，該公司選擇安妮實際上是因為她的行為和態度更符合企業所倡導的行為思想，更符合企業的價值觀，用最短的時間，做最容易的事情。可以推想，該公司的領導者鼓勵的行為也是安妮這樣的行為。2001年，安妮不僅被美國《財富》雜誌評為「20世紀全球最偉大的百位推銷員之一（也是其中唯一的一位女性）」，而且還被推選為這家複印機製造公司的首席執行官，一任就是10年！她就是剛剛退休的全球最大的複印機製造商——美國施樂公司的前總裁安妮·穆爾卡希。

案例來源：佚名. 讓銷售迴歸銷售，不要瞎談「把梳子賣給和尚」的道理［OL］.［2014－05－20］http://www.156158.cn/news/newsdetail.aspx?newsid=1728.

企業進行員工行為管理的一種思路是標準化、規範化的思路，在過程中讓員工掌握正確的做事方法和做事步驟，讓員工按照企業規定的行為標準、流程和規範進行操作，正確的方法、合理的行為必然實現期望的結果。例如生產線的員工按照操作規程和操作方法嚴格進行標準化和規範化的操

作，必然可以保證產品的生產質量和生產數量；賓館的保潔工按照標準的清潔流程、動作規範就會帶來高的顧客滿意度；超市的收銀員按照標準的動作、方法、程序就可以高效地完成工作。類似的情況，企業只需要對動作進行規範、流程進行規範，就可以保證企業的績效，如果此時企業對員工按照行為規範標準操作的行為給予獎勵，就容易讓員工重複出現類似的行為。企業對員工行為過程的激勵，有利於克服員工片面追求短期結果的急功近利心理，有利於克服員工片面追求自身效用而忽視組織行為規範，使企業的業績結果處於可控狀態，有利於企業制度文化的落地。

有些行為能夠觀察到，而有些行為是難以觀察到的，如設計、創意、創新等依賴腦力勞動，僅僅靠員工行為的標準化是難以帶來業績的，影響業績更關鍵的因素是員工的工作激情、負責任的態度、對企業的忠誠度。但是企業對員工這些方面的衡量是非常困難的，即使即時監控也僅僅觀察到「表象行為」，難以觀察到員工的內心。因此，企業對員工行為激勵最為重要的不是外部的規範、控制和監督，而是對員工的內在動機的激勵，讓員工內心願意做出這樣的行為。正如《太白陰經・勵士篇》中講道，「激人之心，勵人之氣，發號施令，使人樂聞；興師動眾，使人樂戰；交兵接刃，使人樂死。」例如，企業對員工行為的信任也是一種激勵，對於員工能夠勝任的工作，如果給予員工一定的空間和時間，其可以自由安排工作的具體細節，員工通常更具有積極性和效率。美國學者丹尼爾・品克（Daniel Pink）對企業管理者的研究發現，對企業高層管理者或者高智商的人才進行激勵，需要給予他們一定的自主性。

（四）員工治理方式是影響員工努力工作的關鍵因素

常言說，一個好的制度，能夠讓壞人干好事，一個壞的制度，能夠讓好人干壞事。員工治理方式是根植於組織內部的流程、組織結構、管理制度等，企業治理方式決定了企業內部的管理系統結構和工作流程，決定了員工有沒有機會做，組織允不允許員工做，員工應該怎樣做等問題。例如，韓國的三星電子（Samsung Electronics）將「人性化數字技術的全球領先公

司」設立為最新的遠景目標，將「創新、速度、全球化」作為企業發展關鍵能力。三星發展的關鍵就是加強創新，設計出適合數位時代的創新產品（設計、整合、聯網）；加速管理流程、縮短各項營運時間；實施全球化發展戰略，透過全球化達成銷售收入大幅增長。與此相適應，企業員工治理模式是高度授權，設立跨部門虛擬團隊，優化新產品開發流程，共享知識交流和管理平臺，通過流程的優化、信息知識的共享來實現員工能力的提升；為了提高企業的反應速度，企業的員工治理模式採用扁平組織，高度授權，重要流程再造，增強信息反饋和管理，使企業內部的運行速度和對外部的反應速度大大提高；為了實現全球化的發展模式，企業的員工治理模式是從產品研發、生產到分銷和銷售設立17位全球產品經理，分權管理，全面負責整個產品經營價值鏈，同時設立全球信息平臺和全球四大工業設計中心，整合重要流程，通過高層項目組確保產品的兼容。基於「創新、速度、全球化」的治理機制打造有效地支撐了企業的發展戰略。

　　創新能力強、勞動力成本低、生產和服務質量好、對市場反應速度快、員工對企業忠誠度高等是每個企業都期望擁有的治理能力。但很少有公司，即使是優秀的公司，能在所有的這些方面都要比競爭對手卓越，更多的是專注於在某幾個方面展現出眾所周知的治理能力。例如，韓國三星電子將創新、速度、全球化作為治理能力打造的三個支柱，而不是在規模、成本等方面全部超越競爭對手，快速的全球化創新能力使三星電子在智能領域成為國際市場的一匹黑馬，超越了松下、索尼等競爭對手。再如，明尼蘇達礦務及製造業公司（3M）其獨特的治理能力在於它能不斷刺激員工創新。如果一個企業希望每個方面的治理能力都比競爭對手優秀，可能有限的人力、物力、財力等條件難以滿足這種競爭優勢構建的要求，結果企業可能每一個方面都不專也不精，難以形成核心的競爭優勢。

　　公司治理能力需要與企業的業績目標、員工的能力和員工的工作態度相平衡。如果企業的目標高，員工的能力弱，扁平組織不一定是最優選擇，企業需要調整目標，關注人才引進和能力培養；如果員工的工作意願弱，企業優先需要考慮的不是培養員工的能力，而是通過企業文化、績效管理

等轉變員工的工作態度；如果公司治理方式弱，企業的流程速度慢，部門扯皮推諉現象嚴重，信息不對稱，此時企業治理的關鍵在於流程優化、結構優化、制度優化。

綜合以上觀點，我們可以看到企業經營目標的實現是複雜的，企業經營目標是完成工作目標的效率和效果的複合體。它不僅涉及最終的業績，還涉及轉換過程的效率高低；不僅涉及短期的效率和效果，而且涉及長期的績效；不僅涉及員工的能力高低，還涉及員工的行為和態度。企業要達到理想的經營績效，不僅要設定業績目標來激勵員工，需要關注員工的能力是否匹配，還要關注員工工作過程的行為和態度，通過公司治理方式的優化，最終實現管理目標。也就是說，激勵是一個從員工能力、員工行為到結果的全過程管理活動，員工能力培養、行為過程激勵、業績目標激勵以及治理模式優化等都是激勵機制涉及的內容，即：

$$\text{激勵機制設計} = \text{員工能力提升} \times \text{員工行為鼓勵} \times \text{業績目標激勵} \times \text{治理方式優化}$$

這一公式說明，企業要實現經營業績目標，其激勵機制的設計需要從四個方面著手：一是目標激勵，二是員工能力提升，三是員工行為鼓勵，四是員工治理優化。如圖1-2所示：

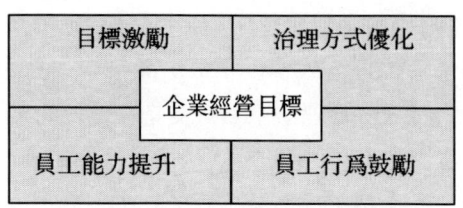

圖1-2　員工激勵機制設計模型

其中：

目標（Goal）激勵涉及員工知不知道的問題。目標是指企業對員工工作業績的期望和要求，目標包括工作效率目標（包括組織效率、個人效率、管理效率、機械效率）、工作效果目標（包括工作數量、工作質量）、工作效益目標（包括社會效益、經濟效益）等。如果員工連自己的目標都不知

道，那麼他們就像無頭蒼蠅，積極性再高也不知道力量該往何處使。

員工能力提升（Employee Competence）涉及員工能不能夠的問題。員工能力是實現組織目標的基礎，不同的業績目標需要的人才類型和結構不同，因此，企業需要明確實現組織目標究竟需要什麼樣的人才？員工需要具備哪些知識、技能、能力？企業所擁有的人才能否滿足實現戰略目標所需的能力？如果不能，企業如何通過選人、育人、用人、留人來滿足人才需求？企業如何通過員工結構調整、團隊組合等方式來滿足企業目標的能力要求？

員工行為鼓勵（Employee Mindset）涉及員工願不願意的問題。員工有能力做，但並不意味著願意做；員工能夠做好，但並不意味著願意做好。企業需要思考實現績效目標究竟需要員工具備何種態度、思想和行為，員工思維模式不是寫在紙上的員工行為準則，不是掛在牆上的企業口號，而是企業的核心價值觀，是員工心中真正關心、追求、重視的事情，是員工在工作中能夠自然地、有監督和沒有監督都表現出來的態度和行為。

員工治理方式優化（Employee Governance）涉及企業允不允許員工做的問題。員工能夠做且願意做時，能否達到企業所期望的績效目標依賴於員工的治理方式。企業提供怎樣的管理支持和資源容許人才施展所長？企業應該如何設計支撐戰略和組織能力的組織結構？企業應該如何打造業務流程？企業應如何平衡集權和分權，讓員工能夠快速地應對市場的變化，把握商機？企業應如何建立管理信息系統支持相關信息的順利交流，使員工能夠擁有完成任務所需的信息？

這四者中，員工能力是實現業績目標的基礎，員工能力不能滿足目標崗位的要求，對其行為進行激勵，用目標來激勵都是沒有效果的，因而，企業激勵機制設計首先需要明確的是員工能力與目標崗位要求的匹配問題。員工行為是實現業績目標的保證，員工行為態度符不符合目標崗位的要求，即使完成了業績目標，可能也是恰好碰到的，可能是通過不合理的手段實現的，這些都難以保證業績目標的可持續性，甚至會給企業帶來很多暗含的風險。業績目標的引導是讓員工的行為更有目標性，更聚焦，更有工作

重點，更有工作的壓力和動力。員工治理方式優化是讓員工的業績目標具有可持續性和穩定性，在特定的文化、業務流程下，員工的行為結果處於可控狀態。因此，員工能力激勵、員工行為激勵、企業業績目標引導和員工治理方式創新四者之間是循序漸進、相互依賴的。

企業業績目標引導：讓員工知道幹什麼，幹成什麼樣，這是吸引力，是員工努力方向的激勵。

員工能力激勵：讓員工能幹，會幹，創造性地幹，這是能動力，是智的激勵。

員工行為激勵：讓員工願意幹，想幹，這是自動力，是心的激勵。

員工治理方式優化：員工能不能幹，制度要允許，這是推動力，是條件的激勵。

企業激勵機制設計的關鍵就在於圍繞這四個要素設計企業的營運管理系統和經營管理制度，使員工能夠進行系統的設計。

案例：格蘭仕基於低成本戰略的員工激勵機制設計

格蘭仕，英文名Galanz，在希臘文裡有「富麗堂皇」的意思。格蘭仕憑藉低成本戰略落實的組織能力，成為聞名全球的知名品牌。格蘭仕董事長兼總裁梁慶德說：「沒有規模就沒有經濟。不管做微波爐還是做空調，我們都將自己定位為一個要上規模的企業，做到最好最大。」

1. 盈利模式——規模經濟和低成本

格蘭仕堅守邁克爾·波特的理論觀點：「成本領先要求積極地建立起達到有效規模的生產設施，在經驗基礎上全力以赴降低成本，抓緊成本與管理費用的控制，以及最大限度地減少研究開發、服務、推銷、廣告等方面的成本費用。」格蘭仕通過有效的材料採購，製造分工，較低的人工成本和通過改進製造流程來取得製造優勢成本。

支撐格蘭仕的成本領先戰略的盈利模式主要是通過規模經營來實現。至2007年，格蘭仕已經連續12年蟬聯了中國微波爐市場銷量及佔有率第一的雙項桂冠，連續10年蟬聯微波爐出口銷量和創匯雙冠。這個戰略目標的

實現，離不開格蘭仕對員工激勵機制的系統設計。公司從目標激勵、員工能力激勵、員工行為激勵、員工治理機制四個角度全方位地設計了公司的治理機制。

2. 目標激勵

首先，格蘭仕為員工描繪了美好的發展遠景和目標，將成本目標和規模目標按照長期、中期、短期進行細化，讓員工明白公司未來的發展路線。

其次，在明確目標的前提下，格蘭仕中高層管理的每個工作崗位的職責範圍很寬，這既給員工提供了一個大的舞臺，可以盡情發揮自己的才幹，同時也給了他們壓力與責任。格蘭仕強調用工作本身的意義和挑戰、未來發展空間、良好信任的工作氛圍來激勵他們。

再次，格蘭仕強化組織目標完成與個人獎勵之間的關系。對於中高層管理者，格蘭仕將公司的整體業績表現、盈利狀況和管理者的薪酬結合起來，共同參與剩餘價值分配，採取年終獎、配送干股、參與資本股的方式形成長期的利益共同體。對於基層人員，格蘭仕更多地採用剛性的物質激勵。

格蘭仕生產一線員工的工資高於行業平均水平，普通管理人員的月收入一般低於生產線工人，而技術骨幹和車間副主任以上的管理人員持有公司股份。基層工人的收入與自己的勞動成果、所在班組的考核結果掛勾，既激勵個人努力又激勵他們形成團隊力量。基層人員的考核的規則、過程和結果都是公開的，在每個車間都有大型的公告牌，清楚地記錄著各生產班組和每位工人的工作完成情況和考核結果。公司對生產班組要考核整個團隊的產品質量、產量、成本降低、紀律遵守、安全生產等多項指標的完成情況，同時記錄著每個工人的完成工件數、加班時間、獎罰項目等。根據這些考核結果，每個人都能清楚地算出自己該拿多少，別人強在什麼地方，以後需要在什麼地方改進。通過嚴格、公平的考核管理體系，格蘭仕將數十個車間和數以萬計的工人的業績有效地管理了起來。

3. 員工能力提升的激勵方式

招聘環節：格蘭仕不搞人才高消費，而是強調門當戶對。對於大學生

的招聘，格蘭仕強調吃苦耐勞，它的目標人才不是一流大學的一流學生，而是內地普通大學學習成績中上的學生，特別是家境不太好的學生。在高端人才的引入方面，格蘭仕採取人才借用方法，聘用懂技術和國際營銷的日韓專家，用這些專家來帶領企業、帶領技術人員攻克一個個技術難題。

培訓激勵：格蘭仕採取干中學和學徒制的實戰培訓方式。例如，為提高員工的談判水平，當公司進行項目談判時，格蘭仕通常會組織一些員工跟著談判的主要人員學習。格蘭仕會為新員工指定「專職前輩」。「前輩」需具備任職資格，從到公司工作五六年的骨幹中選拔，並需經過「技能訓練課程」教育之後，才能被任命為「前輩」。「前輩」就工作、生活，同朋友、上級的關係等問題對新員工進行指導教育，使其盡快熟悉和適應工作環境。

用人激勵：格蘭仕根據業務能力將業務員分為5級，根據市場發育程度將市場分為5類，在開展業務時，一個「前輩」要帶兩三個新人，在新人基本掌握業務技能後，師傅就將自己的市場讓出來給新人操作，另闢蹊徑開發新市場，新市場難度大但提成高，而且給予的榮譽也高。分裂繁殖，滾動發展，成為格蘭仕的用人法寶。全員參與制：當生產一線滿負荷運轉時，行政人員都需要充實到生產一線；格蘭仕的人才培養全員參與。接班人制度：每條生產線都配有專門的助理。別動隊制度：格蘭仕在各生產線選拔出忠誠且能力強的人才組成「別動隊」，哪裡有險情，別動隊就到哪裡去。下鄉鍛煉制：格蘭仕把公司各職能部門的員工、管理人員派到前線蹲點，在第一線鍛煉，在第一線策劃。

4. 員工行為激勵

在員工的行為激勵方面格蘭仕主要採用了文化激勵和制度激勵。

文化激勵：格蘭仕認為只有員工發自內心地認同企業的理念、對企業有感情，才能自覺地迸發出熱情、為企業著想。格蘭仕通過各種方式建設公司的價值觀和理念：①親情文化。公司董事長德叔有一個觀點：市場佔有率背後是人心佔有率。中外家電企業的競爭，決勝的關鍵不是品牌，不是技術，而是感情，沒有感情，就沒有資源，沒有感情，就不能全力以赴

去拼搏。在格蘭仕，員工稱董事長梁慶德叫「德叔」，稱執行總裁梁昭賢叫「賢哥」，叫別人的名字，一般都會在最後一個字後面加一個「哥」或「姐」字，一聽就讓人感到一種家的溫暖，沒有等級森嚴的「總」或「長」的論資排輩，沒有廣東人與廣西人，湖南人與湖北人的地域之分，格蘭仕開會的開場白都是「格蘭仕的兄弟姐妹們」。②書信文化。大約從1997年開始，公司董事長梁慶德在每年的年末歲尾都寫一封《致格蘭仕全體員工及家屬的一封信》，這已經成為「德叔」的「規定動作」。一位在湖北山村當教師的母親在給女兒回信中寫道：「過去，我反對你去廣東打工，今天看了梁總和你的來信，我覺得格蘭仕是一個可靠的企業，好好干，不要跳槽了，珍惜這份感情！」執行總裁梁昭賢可以說是一個寫信的「偏執狂」：營銷團隊在市場取得了業績，他要寫信鼓勵；經銷商市場有起色，他會發去賀信；重要員工離開公司，不能面談的，他要寫信聯繫；海外市場有了突破，他要寫信嘉獎。③英雄文化。每年的經銷會大會、年終總結會被格蘭仕人稱為「英雄會」，公司都會精心策劃安排，確立一個鼓舞人心的主題，安排一臺寓教於樂的晚會，準備一系列緊扣營銷管理的活動，評選十大英雄人物，制定專門的英雄專題片大力推廣。格蘭仕還專門設有愛心基金、孝心基金、總裁獎勵基金來激勵各種員工。

制度激勵：格蘭仕提出做50年「苦行僧」，每位員工的血液流淌的是「節約成本」「降低費用」的思想。為了降低成本，格蘭仕採購人員仔細研究零部件，培養多個供應商，增強砍價能力，降低供貨成本。集團對各種差旅費用進行嚴格控制，營銷人員每天的出差費用採取打包制，出差行程必須有精準的計劃。「到了差不多吃飯的時間，別的公司業務員主動等在那裡要請客戶吃飯，我們因為沒有預算，只能找借口離開。」

5. 員工治理與激勵

組織結構：格蘭仕堅持「集團式的企業，用工廠的方式管理」，引入「扁平化」內部管理機制，企業分為採購、生產、技術、企劃、內銷、外銷、財務七大機構；企業千方百計減少層級，管理「一竿子到底」，目前從總經理到部門再到下面，基本上是三個層級，有效地降低了行政管理成本。

權利配置：格蘭仕早期強調集權，隨著規模的擴張，公司採用分權的管理方式。在格蘭仕各部門內部、部門與部門之間經常圍繞一個項目或重大活動成立一個核心小組，根據職能劃分，分工協作，充分溝通，群策群力，從而保證各項活動開展的有序性和有效性，打破了大企業官僚機構的僵化機制，減少了管理的環節，提高了市場應變速度，降低了組織成本，同時也鍛煉培養了一批人才，為公司發展儲藏了後備力量。

信息平臺：格蘭仕還與國內十多家品牌企業締結了互動聯合營銷聯盟公約與對方共享終端網絡營銷平臺，從而最終降低營銷成本。格蘭仕為了加強各條線的溝通協作，每月第一週的星期一和第三周的星期一，格蘭仕高層有一個雷打不動的早餐會，分管各條線工作的副總、總助一邊吃早餐，一邊匯報近期工作，工作生活化，生活工作化，減少了內部摩擦與阻力，提高了溝通的效益與效率，降低了溝通成本。

案例來源：趙為民. 格蘭仕感動文化是這樣煉成的［OL］.［2014-05-20］http://wenku.baidu.com/view/04a1e0ef856a561252d36f89.html

案例：美國西南航空公司基於低成本戰略的激勵設計

美國西南航空公司（簡稱西南航）是一家在固定成本極高的行業中成功實施低成本競爭策略的優秀公司，持續30餘年保持遠高於行業平均水平的高利潤和遠低於行業平均值的低成本。如凱萊赫（Kelleher）所描述的，如果問起西南航空公司任意一個員工關於公司成功的秘密，保證你會得到同一個答案：人！西南航空公司在員工激勵上可謂下足了功夫。

1. 盈利模式──短途航線的低成本

20世紀70年代，美國的航空業已經比較成熟，成立不久的西南航審時度勢，選擇了把汽車作為競爭對手的短途運輸市場，短途航線的低成本成為西南航空公司戰略定位。圍繞這一戰略目標，西南航實施「快速過站」和「點對點」的航線網絡戰略，並通過高客座率、高飛機日利用率、低銷售費用、單一機型、單級艙位等具體辦法配合戰略達成。從戰略視角看，

西南航的成本與其說是控制出來的，不如說是根據企業的戰略設計出來的。「沒有明確的戰略，就不便談論企業的成本管理問題。」西南航認為，要實現其戰略定位和優勢，不僅要獲得突出的運作效率，而且要向顧客提供卓越的服務，這就必須依賴於員工。為此，西南航系統地設計了公司的員工激勵機制。

2. 目標激勵

飛機要在天上飛才能賺錢，西南航專門計算過：如果每個航班節省地面時間5分鐘，每架飛機就能每天增加一個小時的飛行。西南航的登機和下機時間只有20分鐘，明顯提高了飛機使用率。西南航的登機等候時間比其他各大航空公司要短半個小時左右，而等候領取托運行李的時間也要快10分鐘左右。這樣，西南航的飛機日利用率30年來一直名列全美航空公司之首，每架飛機一天平均有12小時在天上飛行。西南航並不需要激勵員工採取措施降低成本，因為降低成本已成為每個員工每天的目標。西南航飛機的日利用率達到了驚人的12小時，而其他航空公司一般只能維持在8~10小時；美國航空業每英里（1英里≈1.6千米）的航運成本平均為15美分，而西南航的航運成本不到10美分。成本意識已經深入每個員工和領導者的內心。節約成本的目標，每個員工都深入骨髓。

在西南航，公司採取工作自主的方式，決定顧客滿意度和運作效率的許多因素都處於交叉功能團隊的控制之下，團隊控制著航班在機場的裝卸時間和顧客登機、就座的效率，掌握著制定決策必需的大部分信息，瞭解航線上的顧客並能夠做出一些小的改變以適應可能產生的特殊問題。例如，如果一個乘客乘錯了航班，一個飛行員可以決定是否返航。分權的方式使團隊的績效容易測定，公司相當容易解決激勵問題。西南航能夠使報酬與團隊績效緊密結合，這刺激了成員相互幫助，鼓勵成員相互協作。例如，飛行員願意幫助登機和裝行李，因為在幫助團隊實現目標的同時，也增加了自己的收入。

由於西南航的持續贏利，其員工利潤分成，幾乎是業內最好的。底薪，會與市場平均水平持平或略低於市場薪酬水平。企業確保勞工成本與企業

的低成本提供商戰略保持一致。然而，雇員可通過各種各樣的相應的補償計劃分享企業的成功，據此提高整體的薪酬收入水平。允許員工一起分享組織的成功，利潤是在員工收入和企業利潤的基礎上進行平等分享的，那些工作時間比較長或是飛行時數比較多的員工，有機會獲得更大份額的利潤分享。由於員工與公司的命運已經緊緊捆在了一起，員工對企業的業績變得非常敏感，因為企業業績的變動對他們的錢包影響非常大。西南航通過傳統的員工福利計劃及一些具有創新意義的措施來滿足員工的需要，例如醫療保險、牙齒和視力保險、養老保險、傷殘保險、看護、養老補助和精神健康援助等。西南航設有員工困難救助基金，該基金由西南航的員工自己管理，在員工或其家庭成員遭遇不幸時向其提供無償的經濟援助。西南航的員工及其家人可免費乘坐西南航的航班並可享受折扣旅遊。

西南航注重精神激勵。老總給員工的感謝信多達上萬封，同時還經常出其不意地邀請優秀員工與自己進餐。西南航認為，慶祝實際上是人的一種本性和需要，慶祝可以提升人性，鼓舞精神所需要的生命力和活力，同時還能舒緩緊張情緒，幫助員工建立自信。因此，西南航不放過任何一個對員工的工作努力以及所取得的成就加以慶祝的機會，凱勒本人也積極出席各種員工慶祝大會。員工在一生重要的日子會有機會收到非常有意義的禮物，同時還有機會收到來自公司的祝賀。

3. 員工能力激勵

西南航的創始人赫伯・凱萊赫從公司成立起就堅持宣傳「快樂和家庭化」的服務理念，他認為員工首先要有「愛心」和「幽默感」，然後才是學識和經驗，這樣才能有效率地服務好顧客，讓顧客滿意。為培養員工的這些能力西南航採取了這些措施：

（1）招聘環節。在招聘中，西南航不是按照工作崗位本身的要求選擇，也不是學歷等表面因素，西南航最注重的是一個人的幽默感，是應聘者是否有積極向上的樂觀精神，是否具有創新精神。赫伯・凱萊赫在談到幽默感時說：「自 1978 年我出任董事長以來，我一直負責人事部，幽默感是我們招聘員工時要考慮的因素。」在壓力大的工作環境中，運用幽默感來調節周

圍的氣氛，有助於建立團隊意識，提高適應能力，鼓舞士氣，改善服務質量。任何雇員推薦的親戚、朋友，都有優先面試的機會，健康的「裙帶關係」增強了家庭式的工作氛圍。目前，西南航的雇員中大約有1,000對夫妻。

（2）培訓激勵。公司培養員工多方面的才能，以使他們能夠出現在需要他們的任何地方，公司鼓勵員工盡可能做不同的工作。自主工作原則使所有的員工都凝聚在一起，做為了讓飛機飛行而需要他們做的一切事情，而且是心甘情願地做。

4. 員工行為激勵

（1）企業文化。在西南航，員工擁有三個基本的工作價值觀：第一，工作是愉快的；第二，工作很重要；第三，工作有成就感。公司鼓勵員工創新服務，鼓勵員工為旅客著想的文化，既為員工創造了寬鬆的、自主性強的工作環境，更為旅客提供了方便、舒適、周到的服務，良好的旅客服務與真正的低成本營運相得益彰。例如，乘務員時常像他們的老板一樣，在復活節穿著小兔服裝，在感恩節穿著火雞服裝，在聖誕節戴著馴鹿角，飛行員則一邊通過揚聲器哼唱聖誕頌歌，一邊輕輕搖動飛機，使機上那些趕回家過聖誕的乘客們開心不已。一次，由於天氣原因造成航班延誤，滯留其他機場的大部分旅客紛紛抱怨，只有西南航的登機口傳來歡聲笑語。原來，值班經理宣布臨時設立一項數目可觀的獎金，獎勵襪子上窟窿最大的旅客。這無形中使原本商業化的買賣關係變得具有濃濃的人情味，旅客覺得西南航就像自己的老朋友。

西南航提倡節儉文化。1999年，國際油價大幅下跌，最低的時候只有每桶10美元。公司員工一度變得大手大腳起來，非燃料開支增加了22%。針對這種情況，西南航立即採取了兩大措施：一是要求員工削減非燃料支出，公司董事長親自給員工寫信要求每人每天節省5美元，使開支當年削減了5.6%；二是提倡節省燃油，這大大減少了公司的用油量，因此當後來油價升到每桶22美元甚至更高時，西南航已經有了充分的對策準備。

西南航倡導大家庭文化，讓家人以員工為榮。西南航總部大樓的走廊

裡，掛滿了各種各樣的圖片，絕大部分圖片的主角是普通員工，有員工的工作和生活照，如聖誕派對、聚餐等各種慶祝活動的照片，還有各種新聞剪貼、信件、節日卡片和紀念品等。西南航鼓勵員工帶子女參觀他們的工作場所和過程，也邀請員工配偶參加公司的重要活動。

（2）員工參與決策。公司採用一種積極的、非正式的提案建議制度以及各種各樣的激勵手段（現金、商品和旅行憑證等）來對員工所提出的新想法加以獎勵。無論是各種工作小組，還是個人，公司都期望他們能夠為改善顧客服務以及節約成本貢獻自己的力量。

5. 員工治理方式

管理層走近員工。西南航的領導者從來努力做到以身作則，以實際行動做員工的表率，參與一線員工的工作，傾聽員工的心聲，告訴員工關於如何改進工作的建議和思想。西南航一位飛行員說，我今天可以給赫伯打電話，但這個電話不僅僅是報告出現的問題。他會說：「思考一下，告訴我你認為能奏效的解決問題的辦法。」赫伯奉行開放的原則，一天24小時中飛行員等員工都可以給他打電話，如果情況緊急，他還會在15分鐘內回電。

轉場流程。傳統航空基於加強流程系統管控的理念，通過崗位職責將參與起飛流程的各員工團隊之間建立起森嚴的職能界限，員工地位和職能的懸殊及差異，使得統籌協調目標很難實現。西南航通過獨特「關系」的構建實現了一線員工團隊之間的統籌協調，公司有能力實現以更快的週期循環為消費者提供有序的服務，從而靠更低的成本實現更高水平的質量目標。

服務流程。西南航飛機上不提供正餐服務，只提供花生與飲料。這樣，既可以將非常昂貴的配餐服務費用節省下來，又能讓每架飛機淨增7~9個座位，每個航班少配備2名乘務員。一般航空公司的空姐都是詢問「您需要來點兒什麼，果汁、茶、咖啡還是礦泉水」，而西南航的空姐則是問「您渴嗎？」只有當乘客回答「渴」時才會提供普通的水。

競爭激勵。西南航的內部雜誌經常以「我們的排名如何」這個部分讓西南航的員工知道他們的表現如何。在這裡，員工可以看到，運務處針對

準時、行李處置、旅客投訴案等三項工作的每月例行報告和統計數字；並將當月和前一個月的評估結果做比較，制定出西南航整體表現在業界中的排名；還列出業界的平均數值，以利員工掌握趨勢，同時比較公司和平均水準的差距。西南航的員工對這些數據具有十足的信心，因為他們知道，公司的成就和他們的工作表現息息相關。當某一家同行的排名連續高於西南航幾個月時，公司內部會在短短幾天內散布這個消息。到最後，員工會加倍努力，期待趕上人家。西南航第一線員工的消息之靈通是許多同行無法與之相比的。

　　正是憑藉工作勤奮而又積極主動的員工，公司獲得極大的勞動生產率優勢、員工滿意度和顧客滿意度，連續29年未裁員，員工人數從最初的183人發展到31,580人，運力增長25倍。

　　案例來源：佚名. 低成本定位——美國西南航空成功的秘訣［OL］.［2014-05-21］http://blog.sina.com.cn/s/blog_4dfc1c330102eofh.html. 佚名. 美國西南航空公司實施低成本戰略案例［OL］.［2014-05-21］http://wenku.baidu.com.

五、企業激勵機制設計的權變性

　　激勵目標是讓員工知道組織對能力、態度、行為的期望和要求，激勵目標是為了實現組織的經營目標。每個組織在不同時期的戰略目標和經營目標是不同的，英特爾公司總裁葛洛夫先生有一句話：「當一個企業發展到一定規模後，就會面臨一個戰略轉折點。」也就是說，在初創期、成長期、成熟期和衰退期（再興期）的不同生命週期階段，企業發展面臨的基礎條件、競爭環境、發展難題等是不同的，企業需要隨著發展成長不斷調整企業的戰略目標。與遠期的戰略目標調整相適應，企業的近期目標、競爭策略、管理方式、管理制度、組織機構等都會進行相應的調整，企業的管理重心、員工的能力要求、資源的配置方式等也隨之改變。這就決定了企業的激勵機制設計是變化的，企業激勵機制的設計不僅僅需要考慮具體的短

期業績目標，也不僅僅是為了讓員工工作更有激情這麼簡單，其核心目標是籌劃企業長遠戰略目標和長期價值的最大化。在企業的現實經營中，在初創期夭折或在成長期因失控而回到原點或在再興期未能實現二次創業而步入衰亡是絕大多數企業的命運。這些既有戰略失誤的問題，也有經營環境變動的因素，當然企業激勵機制設計不當也是一個關鍵要素。因此，在企業不同發展階段，激勵機制設計需要針對不同的激勵目標。

(一) 初創期企業的經營戰略與激勵機制設計

對於初創期的企業而言，創業既是追夢的過程，更是艱辛的歷程。很多企業家憑藉著一點技術、一點妙想、一點激情踏上了創業夢想之路。企業初創期面臨三大挑戰：一是產品和價格是否為市場所接受；二是能否穩定獲利，現金流能否支撐企業的生存和發展；三是創業團隊能否齊心協力地合作。路是坎坷的，路是崎嶇的，有些企業一直糾結在困境中，要死不死，要活不活，迷茫中始終找不到方向；有些企業從憧憬陷入迷惑，從迷惑陷入失望甚至絕望，員工換了一撥又一撥，在掙扎中企業走向沒落；有些企業在艱難中、在希望中產品逐漸有了穩定的市場，業績不斷突破，資金週轉越來越順暢，前途日漸光明，企業走上正常發展軌道。

初創期是為了「活下去」而努力拼搏的階段，企業的核心戰略目標是「做活」。在這個階段，企業可以利用的資源是匱乏的，資金有限、技術有限、人力有限、客戶資源有限，在有限的條件下，企業需要不斷的試錯和創新來探索企業「做活」的門道，適者生存。在適應市場的過程中，企業的經營管理機制靈活，不斷對組織資源進行調整，生存下來再進一步談如何發展是企業不得不面臨的抉擇。因此，在這個階段，業績指標是管理者關注的核心，企業的銷售額、現金流、利潤率等是管理者最為關心的指標。

業績需要員工的努力工作，但是由於物質資源的匱乏，企業需要把有限的可供獎勵的物資用來激勵員工更好的市場業績表現，此時，企業的激勵機制更關注市場人員的個人業績實績，物資獎勵與員工的業績高低緊密結合，通過即時承諾和兌現來建立企業與員工之間的信任和依賴關係。企

業對其他人員的激勵往往是靠描繪一個美好的藍圖來激發員工的衝勁和奮鬥精神，在這個階段，企業對員工更傾向於「拿來主義」，不願意也沒有能力花成本培養員工，員工能力提升的激勵方式較少使用。

所以，在初創期，企業的戰略目標是「做活」企業，企業為了「活下來」而倍加關注短期的經營業績指標，對員工的激勵主要體現為業績目標引導和精神鼓勵、物資激勵（如圖1-3的陰影部分所示），而對員工能力的激勵較少。

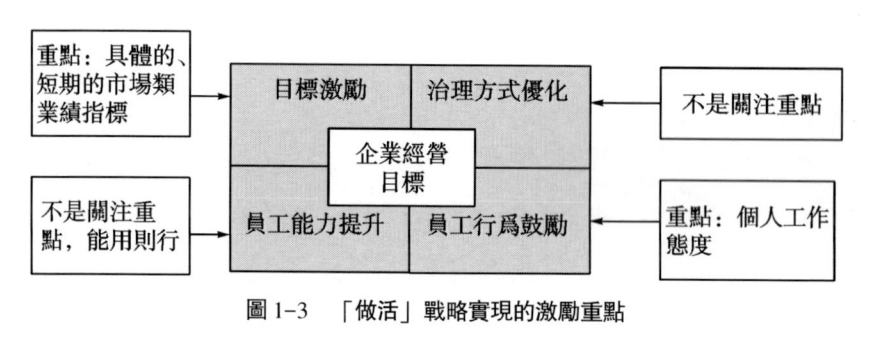

重點：具體的、短期的市場類業績指標	→	目標激勵	治理方式優化	←	不是關注重點
		企業經營目標			
不是關注重點，能用則行	→	員工能力提升	員工行為鼓勵	←	重點：個人工作態度

圖1-3 「做活」戰略實現的激勵重點

（二）成長期企業的經營戰略與激勵機制設計

成長期企業不僅需要「做大」規模，而且需要「做強」企業，這兩個方面通常不是同步進行的，更多的企業是先「做大」再「做強」。

1. 「做大」期的經營戰略與激勵機制設計

經過初創期的錘煉，企業的產品日益成熟，運作經驗、人才和資金都有了一定的累積，在核心區域也有了一定的知名度，企業的現金和經營水平達到相對穩定水平，企業解決了生存問題。接下來企業的發展思路往往是借助已有的累積和發展的雄心，快速地做大規模，做大市場。企業憑藉什麼優勢「做大」企業呢？遙想可口可樂、麥當勞和寶潔（P&G）這些巨無霸企業，是什麼讓一罐碳酸水、一個漢堡包和一些牙膏洗髮水支撐了企業龐大的商業規模？回想這些企業的發展歷程，都有一個共同的特點：一個獨特的盈利模式，通過市場擴張、市場滲透、生產規模擴大、兼併收購

其他同類企業、產品系列的延伸等方式來實現其做大的戰略夢想。企業做大的關鍵在於做業務,將商業模式在地域上擴展,在業務上延伸,在市場上滲透。

　　在這個階段,戰略的核心有兩點:一是如何選擇增長點,是橫向市場擴張,還是縱向市場深耕,開發推廣新產品?二是如何避免失控,如何控制公司的現金流,如何激發駐外分支機構管理者的激情,如何控制駐外分支機構的權力?為了實現「做大」的目標,企業管理者不僅關注整個經營盤子的規模和發展速度,而且關注每個市場、每個產品經營的業績目標;不僅關心業績指標的具體數值高低,而且關心數值的具體構成;不僅關心老顧客、老市場、老產品的利潤額和維持率,而且關心新產品、新市場、新顧客的成長率、收益率。由於老業務的開展已經有了一定的市場基礎和資源,相對容易開展,而新業務的開展難度較大,但新業務的發展對企業未來的發展更為重要,企業往往為新業務配置更多的資源,對新業務的業績給予更多的激勵。此時,鼓勵員工能夠維持老客戶的關系,激勵員工去開發新客戶、推銷新產品、開發新市場,不再以單純的業績高低作為唯一的衡量目標,新業務發展指標成為重要的權重指標,新業務和老業務的平衡激勵是激勵機制設計的關鍵。

　　與此同時,在更多的業務領域發展,企業需要更多的人才,人才稀缺成為成長期企業最大的瓶頸之一。開拓新的市場和客戶,新業務的發展,此時主要還是依賴於少數核心員工,但不再僅僅寄希望於他們的單打獨鬥,而是希望這些核心人才能夠組建團隊,培養人才。人才培養指標開始納入領導層的績效衡量目標中,員工能力提升指標開始作為考核員工個人績效的一個組成部分,企業人才培養的重點不再局限於初創期的幾個核心骨幹,而是未來能夠接班的、主持局部市場工作的第二梯隊核心人才。

　　因此,在「做大」期,企業的激勵機制設計不僅需要關注工作業績,還要注重新業務與老業務的平衡發展;員工態度不僅僅關注個人的敬業精神,還要關注員工團隊合作意識;員工的能力培養不再局限於核心骨幹人才的能力提升,第二梯隊的核心人才培養和能力提升成為企業管理的一個

重點（如圖 1-4 所示）。

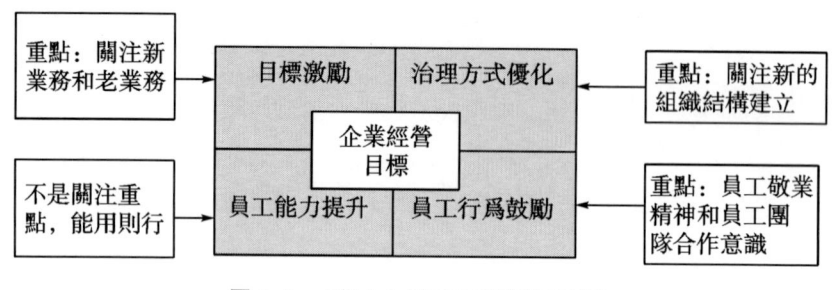

```
重點：關注新              重點：關注新的
業務和老業務   目標激勵  治理方式優化  組織結構建立
              ┌─────────────┐
              │  企業經營    │
              │    目標      │
              └─────────────┘
不是關注重                        重點：員工敬業
點，能用則行  員工能力提升  員工行為鼓勵  精神和員工團
                                  隊合作意識
```

圖 1-4 「做大」戰略實現的激勵重點

2.「做強」期的經營戰略與激勵機制設計

隨著企業規模的不斷擴大，企業的決策和執行體系由一個人拍腦袋決定轉化為骨幹共同商議、共同決策、分工執行。但企業規模大，並不意味著經營效益一定就好。規模的擴張使企業內部的管理成本、隱性內耗等快速增長，甚至超過了企業的收入增長，這時各種過去業績掩蓋下的潛在矛盾開始浮現，企業發現「做大」了還必須「做強」，企業才能進一步發展。

憑什麼「做強」企業呢？回想國際商業機器公司（IBM）、微軟、蘋果、波音等實力雄厚的公司，其強大主要來自於內部技術不斷創新的能力和管理的不斷優化。這種技術和管理能力的提升並非靠錢就能買得到，做強需要企業有更多的耐心，一步步地用心去做。技術的突破不是一朝一夕可以實現的，需要企業長年累月的沉澱和創新；管理的規範也不是一朝一夕就能實現的，需要企業日積月累的不斷梳理和優化；適合企業的人才不是空降就能解決的，提升營運效率和持續競爭力需要企業不斷地選、育、用、留各路英才。急於求成的「做強」心態只能讓企業空有一副大皮囊，其內在千瘡百孔的機體其實沒有修復，如昔日以三株口服液聞名的巨人集團，稍有風吹草動，企業這座大廈就可能轟然倒下，昔日的輝煌褪盡光華。「做大容易做強難」，做大可以通過買的方式跑步前進，做強必須依賴於企業自身的修煉。

在這個階段，企業的經營戰略有三個重點：一是對業務組合進行戰略

性梳理，明確業務領域中的「現金牛」和「明日之星」；二是建立規範化的操作流程和制度；三是關注當前的業務業績。此時，企業管理的重點從單純的業績衡量轉向運作流程的規範化、員工行為的標準化、技術工藝的創新，人力資源部門、財務部門和技術部門開始享有較高的地位和較大的發言權，市場營銷部門的地位在下降，人力資源部門不僅成為獨立的部門，而且人力資源管理日趨規範，從傳統的人事管理向戰略性人力資源管理過渡，人才管理、規範化管理成為工作的重點。

與企業「做強」的戰略相匹配，企業的激勵機制設計中業績指標所占的權重不斷下降，規範化管理的指標權重上升；業績指標中銷售額等注重增長規模的指標所占權重下降，企業更注重實際的增長質量，利潤率、資本報酬率等增長質量指標佔有的權重上漲。

在此階段，企業組織結構、工作流程、工作標準、工作權限、信息分享等員工治理方式日趨規範化、標準化，企業對員工工作態度的要求提高，企業不僅要求員工具有敬業精神和團隊合作精神，而且要求員工的行為舉止規範化，按照企業價值觀、工作準則、工作標準進行操作。

在員工能力方面，企業將按照工作崗位說明書、職業生涯規劃和人才梯隊建設的要求分批次、分類別地對員工進行規範化挑選、培養和考核，注重員工能力與崗位需求的匹配，注重員工能力與企業未來人才需求的匹配，注重員工能力與個人未來發展需要的匹配（如圖 1-5 所示）。

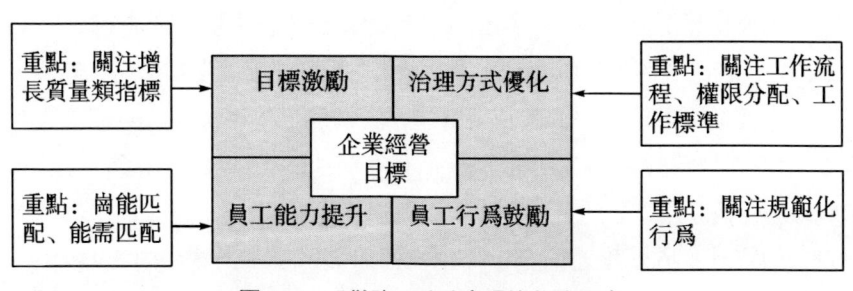

圖 1-5 「做強」戰略實現的激勵重點

（三）成熟期企業的經營戰略與激勵機制設計

將企業打造成為「百年企業」是每一個有遠大抱負和社會責任感的企業家擁有的夢想。當企業發展到成熟期，企業要思考的問題是如何避免步入衰退期，如何實現基業長青。「做久」成為企業需要解決的核心問題。聯合國全球契約組織2011年5月對全球的766位首席執行官（CEO）的調查報告顯示，93%的CEO認為可持續發展對於企業未來的成功是關鍵或者至關重要的。有研究指出，40%的新建公司活不到10年便夭折，一般的公司壽命為7~8年，短壽幾乎是大多數企業的普遍性宿命。

企業憑什麼可以做久呢？很多夭折的企業都證明，進入成熟期，內部自上而下滋生的驕傲和自大的優越情緒使員工對外部快速變化的環境和顧客需求的變化不再敏感，企業也失去了改變現狀的慾望和動力，做事越來越循規蹈矩，越來越畏首畏尾，官僚主義、形式主義等大企業病開始降低企業的創造性、靈活性，企業離未來的新興業務和市場也越來越遠。要做久，企業的戰略需要滿足兩個條件：一個條件是企業有源源不斷的財源，可以維持企業的現金流，才可長久支撐下去，這就要求企業有良好的財務規劃和管理；另一個條件是企業以做百年老店的思路來經營企業，不是每個領導者只管自己的任期，將企業的長久可持續發展擱置一旁，而是這一屆領導者就已經在考慮下一個階段企業的發展問題了，這種經營思路要求每一屆領導者都要把培養下一屆出類拔萃的接班人作為己任，要對開創下一個階段的產品技術進行醞釀和探索，把未來盈利業務的培養作為己任。

在美國通用電氣有一個獨特的傳統，認為衡量領導人成功的標誌，不僅在於他在職期間創下了多少業績，而且在於他能否選擇一個優秀的接班人，繼續保持通用電氣的發展。加州大學前校長克拉克·科爾（Clark Kerr）做過一個統計：1520年之前全世界創辦的組織，現在仍然用同樣的名字、以同樣的方式、幹著同樣事情的，只剩下85個，其中70個是大學，另外15個是宗教團體。這些長壽的組織，共同的秘訣都在於「培養人」。訓練有素的人，訓練有素的思想，訓練有素的行為，才能實現企業做大做強做久的

夢想。微軟系統公司執行總裁斯科特・麥克尼爾說：「聘用、保留並培養優秀的人才是所有企業所面臨的最大挑戰，也是企業能否成功的關鍵。」企業要實現可持續發展，必須注重人才的培養。

案例：通用電氣公司接班人計劃

通用電氣第七任董事長雷潔・瓊斯具有非凡的領導能力，在1972年美國經濟正處於高通脹、低增長的「滯脹」期，他仍然使通用電氣的年均收入增長達12%，年均收益增長達16%，出色的業績使他被《華爾街日報》《財富》等評為美國最受尊敬和最有影響力的人。但是，瓊斯的傑出之處並不在於他創造的不凡業績，而在於他成功地選出了杰克・韋爾奇這樣一個出色的接班人。

在剛擔任通用電氣董事長3年時，瓊斯就開始考慮挑選自己的繼任人，這時他57歲，離65歲退休還有8年。如何從公司中選出最合適的人是選接班人能否成功的關鍵。瓊斯將企業發展時代環境的需要作為選擇接班人考慮的關鍵因素。當時日本製造業迅速崛起，其汽車生產已超過美國成為世界第一，對美國企業形成了嚴峻挑戰。這使瓊斯強烈意識到，作為美國傳統製造業「老大」的通用電氣如果不力求變革，將面臨美國汽車業同樣的命運，他的繼任者不能僅僅是前任的拷貝，而應該是一位能夠領導通用電氣變革以應對挑戰的人，領導變革的能力應該是通用電氣下一任總裁的關鍵素質。

經過3年的考察，為增進對候選人的瞭解，瓊斯依據從前任弗雷德・博爾奇那裡學來的技巧，開始實施「機艙面試」計劃。他把11名候選人分別召進辦公室面談。每個人進來後，瓊斯故作神祕地把門關好，然後示意被談者坐定放鬆，問道：「你和我現在乘著公司的飛機旅行，這架飛機墜毀了，誰該繼任通用電氣的董事長？」每人被要求提出3位候選人。瓊斯後來又問了他們對通用電氣現狀、面臨的挑戰及對策的看法等其他問題。他與每位候選人談話2小時左右，並要求每個人對談話內容保密。3個月後，瓊斯把候選人壓縮至8人，進行了第二輪

「機艙面試」。這次面試時韋爾奇對瓊斯抱怨說，公司有過多的程式和官僚主義，以致缺乏高效的決策機能，需要進行變革。當問他對推進公司工作的建議時，韋爾奇的回答是給人們更多的職權，讓他們敢想敢為。根據瓊斯的要求，韋爾奇寫下了3位董事長候選人的姓名。當瓊斯問3人中誰最有資格時，韋爾奇脫口而出：「這還用問嗎，當然是我啦！」這時，瓊斯心目中的能領導通用電氣變革的繼任者形象已經明確了：杰克·韋爾奇。韋爾奇在通用電氣以善於變革和創新而著稱！

除了總裁的繼承人以外，在通用電氣，每一個重要崗位，從人力資源總監、地區總裁、全球業務集團總裁，到全球CEO，都必須實施「接班人計劃」。通用電氣的薪火傳承之所以成為歷史佳話，根源在於其以造就人才為存續之本的優良傳統。每一任總裁、每一位領導者都把培育人才和選拔接班人視為比創造經濟業績更重要的事情，認為自己的成就將取決於能否選出一個能光大自己事業的繼任者，這是通用電氣能保持百年基業的根本。

在這個階段，企業的激勵機制設計中銷售量、利潤率等經營業績壓力由下屬的分公司、子公司、事業部承擔，企業管理的重點在於對企業的資源如何進行配置，提高資源的投入產出比率，現金流、淨資產收益率等財務指標占業績的比重增加。為了實現可持續發展，企業不僅關注當前的業績指標，而且關注未來的「現金牛」，新的業務發展方向、發展速度成為業績考核的重點。

在員工能力方面，企業不僅注重滿足當前階段工作員工與所在崗位的能力需求之間的匹配程度，更關注未來工作需要對員工能力的要求，培養員工的新知識、新能力，通過知識遷移來滿足新崗位的要求成為工作的重點。與此同時，接班人培養選拔成為工作重點，企業開始建立一套制度來衡量、選拔和培養領導人。

在員工工作態度方面，為規避企業進入衰退期，企業更加注重創新能力和商業模式的變革，由於企業已經上了一定規模，部門權限固化，

部門主義風氣嚴重，打破部門邊界，樹立全局意識，樹立創新意識和變革意識成為這個階段員工的重要工作態度（如圖 1-6 所示）。

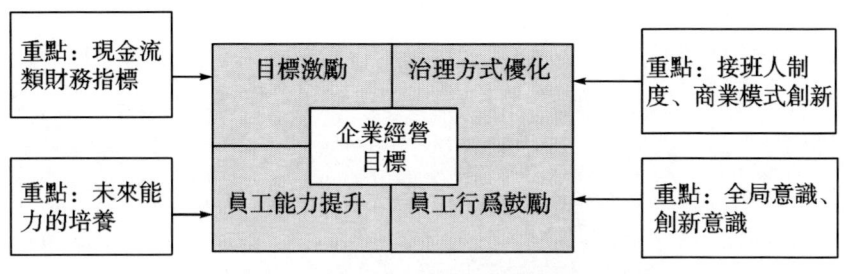

圖 1-6 「做活」戰略實現的激勵重點

「做活」企業靠業績，「做大」企業靠業務，「做強」企業靠管理，「做久」企業靠接班人。在不同發展階段，企業的戰略目標不同，經營的重點不同，經營的難點不同，業績衡量的標準和重點也不同。這就需要企業在不同時期根據自身擁有的資源，不斷調整企業的組織能力，不斷優化資源配置的方式，不斷調整激勵機制來確保戰略目標的實現、業績重點的實現和企業的持續成功。解決一個公司某個階段存在的激勵問題是容易的，難的是我們的激勵機制怎樣隨著企業的發展而不斷完善，更加科學、更加有效。但不管在哪一個階段，激勵機制設計的目標都是「做活」「做大」「做強」或是「做久」，企業始終圍繞著四個方面來打造激勵機制：業績目標引導、員工能力的發展、員工行為的激勵和員工治理方式的創新。

（四）企業激勵機制設計的其他權變思想

不同時期，企業的業績目標不同，戰略重點不同，激勵機制關注的內容、重點是不同的。即使同一個時期，不同崗位類型對員工素質、員工生產過程的要求是不同的，其業績目標是否達到對於企業的重要性是不同的。企業激勵機制的設計，需要針對不同層級的員工、不同業務類型的員工，深思熟慮地進行仔細規劃，形成系統的激勵制度，通過制度

規範激勵的流程和操作方法，形成客觀的評價標準，規範激勵物的等級。針對不同崗位的工作，激勵機制應該有重點地關注影響企業績效、員工績效的關鍵因素，根據崗位的差異將激勵活動的重點在能力、行為和業績之間有策略地進行調整。例如，對於銷售崗位而言，其銷售業績對於企業的生存和發展非常重要，且其業績表現直接關系到企業的生產、採購、物流環節，而銷售過程中銷售員工行為態度直接代表著企業的外在形象和內部管理水平，因此，對於銷售崗位員工的激勵，重點在於工作業績和工作行為方面；對於生產崗位的員工而言，除了最終的生產成果以外，往往按照企業規定的技術動作和流程進行操作，就可以得到理想的結果，因此，激勵的重點應該放在工作行為和工作業績方面；對於研發崗位的員工而言，其工作業績取得的週期更長，且績效的取得更多地依賴於能力和態度，因此，考核重點應該是工作能力和工作行為。

勒波夫（M. Leboeuf）博士在《怎樣激勵員工》中也列出了10類企業可以獎勵的行為：①獎勵徹底解決問題的，而不是僅僅採取應急措施的。②獎勵冒險，而不是躲避風險。③獎勵使用可行的創新，而不是盲目跟從。④獎勵果斷的行動，而不是無用的分析。⑤獎勵出色的工作而不是忙忙碌碌的行為。⑥獎勵簡單化，反對不必要的複雜化。⑦獎勵默默無聲的有效行動，反對嘩眾取寵。⑧獎勵高質量的工作，而不是草率的行動。⑨獎勵忠誠，反對背叛。⑩獎勵合作，反對內訌。企業具體選擇哪種或哪些態度進行激勵，需要根據企業業務的性質、行業的特點、企業經營目標、崗位特徵、工作性質來確定。

同時，激勵機制的設計重點應該是關注企業能夠施加影響的可控因素，關注員工努力能夠改變的因素。例如，汽車銷售員，其激勵設計的重點是行為激勵和業績目標激勵，但是在金融危機或者經濟不景氣的時候，銷售業績受汽車品牌知名度、經濟週期的影響而常常具有很強的不確定性。此時，激勵體系如果僅僅與銷售員最終銷售業績掛鉤，在經濟形勢不好的情況下，銷售員無論怎樣努力也難以獲得好的銷售業績，即使實施高薪酬激勵，員工也難以實現理想的業績目標。業績結果並不能

反應員工的努力程度，甚至會挫傷員工的積極性。因此，當員工行為活動受很多外部因素的影響，業績具有不可控性時，企業激勵機制設計應該重點關注企業能夠控制的因素，員工努力後能夠改變的因素。例如，在經濟危機時，企業激勵活動應該降低銷售員業績的權重，而提高員工努力和創新等確定性強的因素的權重。

六、激勵機制設計的主要內容

激勵是管理者通過激勵活動推動員工朝著組織期望的方向和水平從事某種活動，並在工作中持續努力的動力。「方向」指的是所選擇的目標，「水平」指的是努力的程度，「持續」則指的是行動的時間跨度。企業在設計或分析一項激勵機制時，不僅要考慮激勵的目標，還需要考慮用什麼來激勵員工，對激勵哪些員工，激勵投入強度和持續時間等都需要全面的考量，因此，激勵機制是一個系統。所謂激勵機制（Motivate Mechanism），是指根據組織的長期戰略目標、短期業績目標和人的行為規律，激勵主體（領導者）通過一套理性化的制度和方法來推動、引導激勵客體（被領導者）充分發揮他們的創造性、積極性和能動性，不斷提高工作效率和工作效益，實現激勵主體所期望的目標。企業在明確激勵目標之後，就需要對具體的激勵機制體系進行系統的設計和規劃。

（一）激勵機制的構成要素

從本質上來看，激勵機制是一套理性化的制度，是一套深思熟慮的規範化的制度。激勵機制所包含的內容極其廣泛，對企業而言，既有外部激勵機制，又有內部激勵機制。外部激勵機制是指通過外在力量引發下屬積極工作的機制，外在的力量可以來自企業內部，例如福利、晉升、授銜等方式激發員工努力工作，也可以來自企業外部，如消費者、政府、社區公眾等對企業員工的尊重、認可和獎勵。內部激勵機制是指通過表揚和肯定使下屬確立自信的機制，包括對新技能、責任感、光榮感、成

就感的確認等。內在激勵的核心是讓員工產生自覺行為，讓員工從「要我做」轉變為「我要做」的自覺而為狀態，從「我能做」轉變為「我想做」的自願狀態。雖然內在激勵過程需要時間較長，但一經激勵不僅可提高效果，且能持久。本書重點研究企業自身對員工的內在激勵和外在激勵。設計合理的企業激勵機制有利於調動員工的積極性、主動性、創造性，有利於挖掘員工的潛能，有利於提升員工的敬業度，有利於員工工作效率和效益的提高，有利於增強企業的凝聚力和向心力，有利於企業吸引人才、培養人才和留住人才，有利於提高企業的績效。

激勵機制是一個系統，這個系統的運行所涉及的內容包括激勵活動的構成要素、各要素的功能、各要素之間的相互關系和整個激勵系統運行的基本原理。從激勵的過程角度分析，激勵機制的構成要素主要包括七個方面，各要素的功能如下：

（1）激勵目標（Goal），是指企業的激勵活動所需要達到的目的是什麼，是實現產出增加，還是實現質量提高。目標不同，企業所需要使用的激勵工具有很大的差異，是改變員工的態度還是提高員工的技能，是改變員工的業績目標標準還是改善員工的治理方式，等等。

（2）激勵對象（Who），即企業激勵活動的對象是誰，在企業中誰需要激勵。企業激勵對象涉及高層管理者、中層管理者和基層員工，在不同的時刻、不同的項目中激勵對象是有差異的。在確定了企業的激勵對象之後，企業還需要分析現有員工的能力，如果能力不能滿足，則需要設計能力激勵；如果能力能夠滿足，則需要考慮行為激勵、目標激勵和員工治理方式。

（3）激勵物（What），是指企業激勵過程中用什麼物品來調動員工工作積極性，是金錢、住房、小禮品、保險、休假、獎狀、培訓，還是制度、文化塑造、精神鼓勵、口頭表彰等。

（4）激勵方式（How），即企業激勵的過程中，用什麼樣的方式把激勵物頒發給激勵客體，是保密的，還是公開的；是領導親自的，還是由其他人代替的；是平均的，還是差異化的；是固定的，還是變化的

等。方式不一樣，對員工內心的影響力是不同的。

（5）激勵時機（When），即企業的激勵活動應該在什麼時間實施，在什麼樣的地點實施效果才能更好。是任務開始前，還是任務實施過程中，或者任務已經完成。激勵在不同的時間進行，其作用與效果有很大區別。

（6）激勵頻率（Frequency），是指企業在一定時間內進行激勵活動的次數，包括是連續的還是間斷的，是單次的還是多次的。不同任務、不同環境、不同員工素質，所要求的激勵頻率高低並不相同，激勵頻率與激勵效果之間並不是完全的簡單的正相關關係。

（7）激勵程度（Severity），是指激勵量的大小，每次激勵活動對員工的影響幅度應該控制到什麼程度，即獎賞和懲罰標準的高低。超量激勵和欠量激勵都難以使激勵機制真正地發揮作用，有時甚至還會起反作用。

（二）要素之間的關係

激勵機制所包含的這七個要素，彼此之間不是孤立的，而是相互作用、相互聯繫、相互制約的，它們之間具有如下關係：

（1）激勵目標是激勵機制設計的起點。企業的一切經營活動是有目的的活動，預期經營目標是企業一切活動的出發點和歸宿，包括企業的激勵機制設計，也必須以經營目標為導向。這就是說，企業需要根據經營目標確定激勵目標，激勵目標是經營目標派生的子目標。例如，某工程機械企業今年生產的產出目標是實現挖掘機生產1,000臺，比往年增加100臺，激勵活動的目標可能是員工技能的提高，也可能是員工態度的轉變。因此，企業的經營目標與激勵目標是兩個不同的概念。經營目標是企業營運應該實現的成果，例如銷售收入目標、產量目標、利潤目標等；激勵目標是為了實現組織經營目標和經營成果，應該在哪些方面激勵員工才能實現這種狀態，例如，可以提升員工的能力和技能來實現企業的經營目標，或者是改變員工的行為和態度，轉變員工的敬業度、責任心、積極性等來實現經營目標。企業的經營目標決定了員工應該奮鬥的方向，激勵目標決定了經營目標實現的途徑，激勵目標是達成

經營目標的必要手段。

激勵的目標是激勵活動設計的起點，只有在激勵目標確定以後，企業才能根據激勵目標的方向，設計激勵對象、激勵物、激勵方式、激勵頻率、激勵程度和激勵時間。沒有激勵目標的激勵方式、激勵時間等設計，往往使激勵活動失去導向性。「目標不對，努力白費」，這也是很多企業激勵活動失敗的根本原因。

（2）激勵對象是激勵機制設計的中心環節。激勵是對人的激勵，激勵目標是使員工達到某種狀態或能力水平，但並不是要激勵所有的員工都達到某種水平，不同工作職責的員工所需要達到的狀態標準和狀態內容是有差異的。因此，企業激勵機制設計應該根據激勵目標，設計出不同激勵對象需要達到的某種狀態或者能力水平。例如，企業經營目標是實現挖掘機生產數量從900臺到1,000臺，激勵目標是生產一線的員工勞動技能水平的提高，激勵對象是生產線的員工，而銷售部門、財務部門等其他員工則不屬於激勵的對象。同樣是生產性的員工，生產能力多餘的崗位也不是企業激勵的關鍵對象，而生產瓶頸崗位的員工則是企業重點激勵的對象。正確的圈定企業激勵對象，是激勵機制的中心環節，如果企業的激勵對象設計錯誤，無論企業的激勵方案多麼完美，結果可能使該激勵的員工沒有被恰當地激勵，不該激勵的員工卻被激勵，企業經營目標仍然難以實現。

激勵對象不同，企業設計的激勵物、激勵方式、激勵頻率、激勵程度等也必然存在差異。例如，文化水平不高的生產一線員工和文化水平很高的技術研發部門的員工，激勵的方法是有很大差別的。激勵對象被激勵後的勞動狀態，直接關系到其產生的效率和效益，直接關系到其產出成效，直接關系到企業經營目標的實現。

（3）激勵物是激勵機制設計的基本依據。員工的勞動成效是受其內在的動機驅使，而內在的動機又受到激勵物的驅動，有些激勵物能夠強有力地激發員工的工作激情，有些激勵物讓員工無動於衷。因此，激勵機制需要根據不同的激勵對象，選擇不同的激勵物。例如，生產一線

的員工，貨幣收入、被尊重和被信任作為激勵物產生的作用可能大於成就感作為激勵物產生的作用；而對於研發人員，成就感、企業前景、技能提高等的激勵物的作用可能大於貨幣和情感激勵。激勵物的不同，激勵的方式、激勵的時間等自然就有所區別。

（4）激勵時間、激勵方式、激勵程度、激勵頻率是激勵機制的重要組成。激勵是一個過程，同樣的激勵對象、同樣的激勵物，激勵時機、激勵方式、激勵頻率和激勵程度的差異，也會影響激勵效果。因此，激勵活動不僅具有科學性，而且具有藝術性，需要管理者根據任務、環境、目標、對象的不同，動態地靈活應用。

（5）激勵兌現是激勵系統運行的終點。當員工實現組織預期目標時，企業兌現曾經的承諾，給予相應的獎勵物，這種獎勵將滿足員工的內在需求，回饋員工的激勵努力，能夠強化員工對企業激勵活動的信任，有利於鼓勵員工類似行為的出現，有利於鼓勵員工按照企業的要求開展工作，有利於企業以後激勵活動的開展。如果企業經營目標完成，而企業卻沒有給予承諾的激勵物，那麼員工的積極性將受打擊，不利於以後激勵活動的開展。

綜合以上分析，可以看出激勵機制各構成要素之間的關系如圖 1-7 所示。

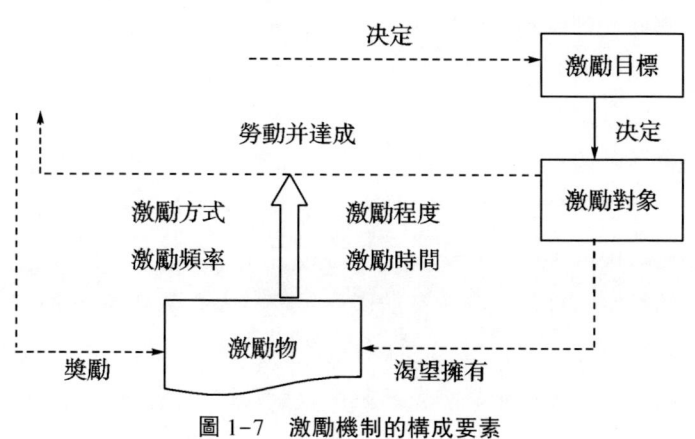

圖 1-7 激勵機制的構成要素

由這七個因素之間的彼此關系可以看出，企業的激勵活動中，企業和員工的效用目標是不同的。員工希望得到的是激勵物，滿足內在的需求；企業希望實現的是激勵目標，滿足經營活動的要求，實現企業的戰略規劃和預設目標。由於企業的目標和員工的目標常常不一致，要讓員工努力地工作，實現企業的經營目標，企業必須在員工勞動的事前、事中和事後給予員工恰當的激勵，讓員工實實在在地感受到自己的努力能夠得到渴望的激勵物，滿足尚未實現的需求，企業經營目標實現的同時個人目標能夠隨之實現。因此，評價激勵機制是否有效的最根本標準是看激勵機制是否將員工目標與企業目標聯繫起來。如果激勵機制僅僅實現了員工目標而沒有實現企業目標，意味著企業花費了成本而沒有取得效益；如果激勵機制實現了企業的目標而沒有實現員工的目標，意味著員工的不滿程度會增長，企業未來的活動和發展難以得到員工的支持，企業的可持續發展將面臨挑戰；如果激勵機制既沒有實現企業的目標也沒有實現員工的目標，意味著企業的激勵活動完全失敗，沒有任何成效。

七、激勵機制設計的主要步驟

企業設計激勵機制，不僅需要考慮上述七個要素，還要考慮這些要素之間的關聯和制約關系，依照一定的邏輯順序，合理有序地建立企業激勵機制。概括而言，主要包括五個步驟（如圖1-8所示）。

步驟一：確定企業預期的激勵目標。為了避免激勵活動的盲目性，企業的激勵活動要有明確的目標指向。企業激勵目標主要由企業的長期目標——企業長期發展的戰略目標和企業的短期業績目標來決定。企業長短期經營目標的不同，意味著企業激勵目標存在差異。例如企業短期經營活動的業績目標是提高企業的產品質量，提高產品的合格率，那麼企業激勵目標可能是改善員工的工作態度，控制員工的工作行為或者是提升員工的工作能力；企業經營活動的長期戰略目標是提高企業產品的市場地位和市場佔有率，那麼激勵目標可能是具體的業績目標，通過具

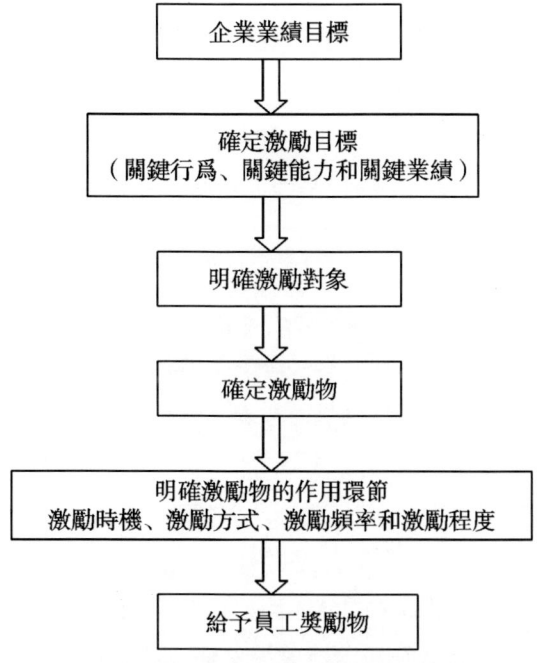

```
┌─────────────────┐
│   企業業績目標   │
└────────┬────────┘
         ↓
┌─────────────────────────────────┐
│         確定激勵目標             │
│ （關鍵行為、關鍵能力和關鍵業績） │
└────────┬────────────────────────┘
         ↓
┌─────────────────┐
│   明確激勵對象   │
└────────┬────────┘
         ↓
┌─────────────────┐
│    確定激勵物    │
└────────┬────────┘
         ↓
┌─────────────────────────────────┐
│       明確激勵物的作用環節       │
│ 激勵時機、激勵方式、激勵頻率和激勵程度 │
└────────┬────────────────────────┘
         ↓
┌─────────────────┐
│  給予員工獎勵物  │
└─────────────────┘
```

圖1-8　企業激勵機制建立的步驟

體的業績目標設定來激勵員工。

　　步驟二：明確激勵對象。企業確定激勵目標實際上是明確了企業需要重點激勵的行為和態度、能力和技能、業績目標。在企業實際經營中，這些實現經營目標的關鍵能力、關鍵行為、關鍵業績往往並不由某個員工所單獨擁有，也不為全體員工平均擁有，更多情況是某些關鍵能力由一群員工擁有，而另一些關鍵行為分屬於另外一些群體。因此，企業需要根據激勵目標，確定企業需要重點激勵的對象範圍，對這些員工的激勵才能夠對企業經營目標的實現提供有力支撐。

　　步驟三：確定激勵物。明確激勵對象以後，企業需要研究這些激勵對象現在擁有的關鍵能力和關鍵行為能否滿足企業實現預期經營目標的要求，目前的差距主要存在於哪些方面，從能力角度尋找適合員工的激勵物。研究激勵對象已經滿足的需求和尚未滿足的需求，判斷哪些需求

是員工的主導需求，從最迫切的需求角度尋找適合員工的激勵物。研究激勵對象的內心活動規律和特點，從興趣、偏好等角度預測員工可能偏愛的激勵物。通過這些活動，將誘導員工行為改變、業績提升、能力提高的因素形成一個集合，有針對性選擇刺激物，有的放矢地刺激員工的內在動機，使員工的行為不僅僅是因為企業外在強制壓力的要求，而是員工內心主動希望去做的。

步驟四：明確激勵物的作用環節。明確了激勵物以後，企業需要研究激勵物的作用環節，包括激勵的時間、激勵的方式、激勵的頻率和激勵的程度等都需要仔細考慮，全盤謀劃，這樣才能將激勵物的作用充分地發揮出來。以激勵時間為例，企業應該在什麼時間給予員工激勵物，事前、事中還是事後？同一個激勵物，包括不同的內容，企業應該考慮將激勵物的這些不同內容在什麼時間給予員工，什麼時間發揮激勵物的牽引力，什麼時間施展激勵物的壓力。以激勵方式為例，當激勵物和激勵對象確定以後，企業應該用什麼樣的方式激勵員工，例如，表揚的激勵方式往往公開效果更好，而批評的激勵方式往往隱蔽效果更好。因此，根據激勵物的特點、激勵對象的特徵，靈活地設計激勵方案，激勵活動的效果將迥然不同。

步驟五：給予員工獎勵物。企業經營目標實現後，意味著企業需要將承諾的獎勵物獎勵給員工，實現員工努力工作的目標。當員工得到獎勵物以後，其期望的個人目標得以實現，員工內心的滿意度得到強化，員工對企業的信任得到加強，企業的激勵機制充分發揮作用，有利於下一次激勵活動的開展。如果員工達到企業的目標而沒有獲得期望的獎勵物，員工內心對企業的信任將大打折扣，這時激勵機制將受到破壞，下一次的激勵活動將容易受到影響。給予員工獎勵物這個步驟，不僅僅是簡單的兌現承諾，把獎勵物給予員工，而且給付過程也是值得企業仔細思考的。有謀略地進行策劃，其產生的效果往往比直接地給予產生更大的激勵作用。例如，新員工入職培訓中，優秀學員將獲得榮譽證書、一定獎品，企業給予的過程要怎樣設計才能使效果更好呢？是悄悄地給予，還是公開地獎賞，效果顯然是不同的。

第二章

激勵機制設計的常見誤區

在所有類型的組織中，為成員提供恰當的激勵成為壓倒一切的任務，而我們所看到的管理工作的失敗往往就出現在這一點上。

——拉豐（2002）

激勵機制設計是一個以激勵目標實現為核心的系統工程，有效的激勵管理是幫助企業鼓舞士氣、提高工作效率、留住人才乃至獲得長久發展的重要因素。企業在激勵活動的設計中，不能僅僅只針對這個系統的某個方面。但在實踐中，大多數企業儘管在員工激勵方面下功夫，但是由於不得激勵機制設計的要領，常常使激勵效果無法達到預期。企業的激勵機制設計還存在以下誤區：激勵目標的誤區、激勵對象的誤區、激勵手段的誤區、激勵頻次的誤區、激勵方式的誤區、激勵時機的誤區、激勵程度的誤區。

一、激勵目標的誤區

激勵目標是企業經營目標的子目標，是為企業經營目標服務的，其為激勵活動指明了方向，也為員工的行動指明了方向。若不設立激勵目

標，員工就會在各方面均衡地分配自己的時間和精力，因為各種行為帶來的收益是一樣的。但是一旦設計了激勵目標，激勵系統考慮或者獎勵的工作態度、能力和業績是有差異的，就會引導員工朝不同的方向努力。員工努力的邊際回報率越高，員工努力的動力更強。因此，可以說激勵目標是激勵機制設計的起點，激勵活動的有效性有賴於激勵目標的聚焦。不是任何任務都需要激勵，不是任何員工都需要同等程度地激勵，企業需要根據任務、環境、員工素質等情況，設定不同的激勵目標。在現實中，常見的激勵目標誤區有以下幾種：

1. 激勵就是經營目標激勵

有些領導認為經營目標就是企業的激勵目標，只要把任務目標告訴員工了，就是對員工激勵了。實際上，經營目標只是激勵目標多種方式中的一種，激勵目標還可以是員工行為的改善、員工能力的提升、員工思想的轉變。很多領導認為，管理者把經營目標告訴員工了，員工自然而然知道提升自己的能力、改善自己的行為、改變自己的思想。這種理解是不正確的。例如，當企業設定的業績目標遠遠高於員工的能力時，高不可攀的業績目標不僅不能激勵員工，而且還會讓人望而生畏，打擊員工的積極性，員工不僅不會自動地改善行為、提升能力、轉變思想，而且還會用負面的態度和行為對待企業的激勵目標。有效的激勵目標是將這種宏偉的經營目標分解成為員工能夠達到的目標，這才能夠激勵員工。

案例：目標管理激勵法

聖羅公司是貴州省遵義市一家從事化工生產的公司，公司規模不大，員工165人。經過多年打拼，聖羅公司在遵義地區小有名氣，並在貴州市場上佔有不小的市場份額，而且發展較快。隨著市場競爭的激烈化，為了繼續保持快速超常發展，提高聖羅公司員工的積極性，公司總經理李偉生把當時業界較為風行的「目標管理激勵法」一股腦兒照搬進聖羅公司來對員工進行目標管理。其具體操作是這樣的：聖羅公司根

據第二年銷售額的預測（公司希望第二年實現銷售額翻一番的目標，因此，將其營業額的預測定為上一年度的兩倍），並將這一銷售額自上而下，分配到每一部門，再由各部門分配到每位員工頭上，取消了原執行的按銷售比例提成制度，改為未完成任務時只有極低提成，超額完成任務則有巨額提成。

表面上看來，如果業績真的如聖羅公司所願，能夠繼續快速增長，優秀員工在超額完成任務後，收入將大幅度提高，而對於不能完成任務的「不合格」員工，聖羅公司又降低了花在他們身上的成本，似乎是一舉兩得的好事。但員工在仔細分析後發現，由於聖羅公司處在競爭加劇的市場環境中，聖羅公司的產品優勢逐漸喪失，特別是隨著聖羅公司市場規模的擴大、銷售人員增加導致每位銷售人員所擁有的潛在「蛋糕」變小，並且聖羅公司在資金實力、內部管理、配套服務方面跟不上快速增長的需要，幾乎無人有信心完成兩倍於前一年的銷售額。多數員工產生了「被愚弄」的情緒。一年之後進行核算，聖羅公司沒有一個人能得到高額提成，於是核心銷售人員流失殆盡。兩年後，該公司已瀕於倒閉。

聖羅公司在這個案例中所犯的錯誤就是將經營目標作為了激勵目標，而不是根據經營目標設置不同的激勵目標，例如員工的能力目標、員工的態度目標、員工分階段的業績目標等。企業只有根據經營目標設置不同的激勵目標，才能支撐企業業績目標的實現。

案例摘自：周錫冰，王軍. 中小企業 28 種激勵誤區［M］. 北京：中國經濟出版社，2008.

2. 激勵目標過於複雜

有些企業領導覺得業績目標實現重要，員工的行為態度改善也重要，員工的能力素質提升也重要。為了準確地量化每一方面員工表現的改進，企業設計了複雜的激勵目標和激勵計劃。面對這套複雜的激勵體系，很多情況下，員工難以將它翻譯成「我接下來最應該幹什麼」「什

麼是企業最希望我做的」的行動計劃。激勵目標如同擺設，難以對員工的行為起到很好的激勵作用。拉豐（2002）認為，所設計的機制的複雜性會帶來更多的失誤或人為操縱的可能性；錢德勒（2001）認為，激勵機制越複雜，在工人中引起的反對就越大。

3. 激勵目標缺乏整體性

一些企業設定的激勵目標往往是頭疼醫頭、腳疼醫腳，在實際操作中，激勵目標東一榔頭西一棒子，目標之間沒有整體性和系統性；或者目標之間往往相互不銜接，甚至相互衝突；或者過於偏重某一目標，阻礙了其他目標的實現。造成這種現象的根本原因在於企業沒有進行激勵目標的規劃，激勵活動具有隨意性。與此相對應，企業的激勵目標也沒有事前的評判標準。例如，很多企業都會評先進，表彰優秀員工，目的在於鼓勵員工更好地完成企業經營目標。按理說，企業的激勵目標就應該是能夠有利於企業經營目標實現的表現，並事先告知員工，讓這個標準引導員工的行為。但是很多企業卻沒有設定或公布這樣的激勵目標，員工的行為具有盲目性，即使得了獎，也覺得是運氣好。

4. 激勵目標的偏離

在激勵機制不健全的情況下，激勵目標的設定偏離了企業營運管理的關鍵點。例如，某企業最為重要的激勵目標是團隊合作，但企業薪酬設計卻採用個人計件工資制。計件工資制鼓勵競爭，鼓勵個人工作效率，削弱員工之間的合作傾向，會使同事之間的關係變得疏遠，破壞團隊合作。在這種情況下，某一目標的激勵強度越大，產生激勵偏差的概率越大。威廉姆森（2002）認為，在強激勵的情況下，一些對整體目標至關重要但卻被激勵機制忽略的行為難以發生，並產生本不希望出現的副效應。例如，計件工資制度是一種比計時工資制度更強的激勵方式，在計件工資制下工人更容易提高產量而忽視質量，實際上質量對於企業來說同樣的重要。例如，研發崗位，按理說是研發結果比勞動過程更重要，但是在設定激勵目標的時候，很多企業可能更注重工作是否勤奮，態度是否端正，而忽視了工作效果。假設有甲、乙兩個員工，甲的

工作能力強，工作效率高，給人的感覺是他不需要經過太大的努力也能輕鬆地完成自己的工作；而乙的工作能力和工作效率都不如甲，時常加班加點，雖然很吃力，但總算完成了自己的工作。而按照企業設定的激勵目標，類似於甲的人往往得不到表揚，理由是工作不夠努力，而類似於乙的人可能會經常得到表揚，理由可能是工作勤奮、兢兢業業。這種激勵目標的設定就偏離了企業經營目標的關鍵點。

案例：格林的蟲子越來越多

許多年前，當格林・吉特發現他的一片種植園的豌豆殼裡有害蟲後，設計了一套根據捉蟲多少發放獎勵的方案。可是，格林・吉特發現這個獎勵方案實施後，讓他得到的卻是越來越多的害蟲。因為他的雇員很具有「創造性」，在捉走害蟲前，他們把從家裡帶來的害蟲放在豌豆上，從而得到獎金。

5. 激勵目標的不公平

在企業中，很多領導不管什麼崗位，不管員工的素質基礎，不考慮過去的營運狀態，忽視各種不同結果所依賴的條件，對所有員工、所有崗位設定一樣的激勵目標。例如，在基礎條件好的東部地區和基礎條件不好的西部地區設定相同的激勵目標，結果基礎條件好的地區的管理者不需要經過十分的努力，也容易做出成績來，而基礎條件薄弱地區的管理者，即使能力強、工作努力，也難以實現激勵目標。

6. 激勵目標違反了企業或員工的價值觀

很多企業設定的激勵目標，可能違反了企業宣傳的價值觀或者員工自身的價值觀。例如醫院或者診所，醫生的激勵目標常常包括銷售額、醫療服務態度、服務效率。銷售額，就是各種藥品和檢查的數量，服務效率實際上就是接診患者數量，這兩個激勵目標實際上是鼓勵醫生在每位患者身上花費更少的時間，在每位患者身上開更多的藥單和檢查單，讓病人到醫院來的次數更多，這顯然是不鼓勵醫生認真給病人看病，更

不符合醫院或者醫生的價值觀。

二、激勵對象的誤區

激勵對象存在誤區，很多人都不理解，認為激勵對象不就是企業員工嗎，怎麼會有問題呢？實際上，企業有那麼多員工，從激勵的空間上看，是激勵所有的人還是激勵其中某一部分人；從激勵的時間看，每年激勵同樣的人還是需要差別化，這些都是企業在確定激勵對象時應深入思考的問題。

1. 激勵對象的固定化

管理者常常在企業中倡導這樣的理念：「員工是我們最寶貴的財富，員工是企業的創造者」。口上喊得響亮，但是落實到實際的獎勵時，如評選年度績效標兵、年度優秀員工、年度工作明星等，各部門的領導、各部門的骨幹就占據了絕大部分江山，基礎員工成了零星的點綴。如果把歷年的獎勵進行總結，員工會發現企業每年重點激勵的就是那些職位的那幾號人。再看年終獎，很多企業普通員工和管理層的差距非常懸殊。有一個國有企業，一個普通職工的年終獎是一千多元，一個科長的年終獎是十多萬元，一個處長的年終獎是幾十萬元甚至百萬元，員工再怎麼努力也得不到很高的年終獎。

長期下來，60%以上的員工不再對年終獎、各種榮譽有所期望，沒有期望也就喪失了動機。企業的「激勵忽視」做法讓員工也開始忽視激勵，員工們覺得企業的這些激勵離自己太遙遠，不會真心參與到獎勵活動中，企業花大價錢所開展的獎勵活動對大多數人而言毫無意義，並讓員工開始懷疑領導說一套做一套，哪裡視員工為寶，明明是草。而受激勵的10%~20%的員工或者管理層，由於年復一年地拿到高額年終獎和各種榮譽，不僅產生了「優越感」心理，而且也產生了「麻木」的心理，覺得每年這些榮譽和獎勵是該得的，企業的「激勵過度」做法讓這些員工覺得拿那麼多是理所應該的，一旦企業不給予或者降低標準

給予，這部分員工還會非常不滿意。

　　無論是被企業「激勵忽視」者，還是被企業「激勵過度」者，這兩種員工在激勵對象固定化的情況下，都喪失了努力的動機，企業的激勵活動自然也就失效了。而且，在有些企業，這種激勵對象固定化的方式還內化為兩部分人群矛盾的根源。

　　企業這種激勵固定化的激勵行為大多數本意是希望通過「樹標杆，學榜樣」的方式激勵先進，鞭策落後，而無形中卻變味為「激勵過度」和「激勵忽視」。實際上，企業「激勵過度」的這部分群體，其晉升或者職位本身就是對他的一種激勵，其努力工作，很多是自身的追求和自我實現的需要。其最需要的不是金錢或者榮譽，而是認同，認同其能力，給他們提供更寬廣的舞臺；認同其成就，對其成績給予肯定（見案例：認同的力量）。對於「激勵忽視」的這部分群體，當企業在獎勵最頂尖的員工時，大多數員工也有一時衝動，希望努力改變，但回頭想想那麼遙不可及，也就放棄了。對於這部分人群，企業若想長期改變他們的行為，需要更多地給予表揚的機會，例如各種榮譽；而且這部分群體由於收入水平低，對金錢的需要更迫切，金錢激勵的效果更好。一個企業激勵10%～20%的頂尖人物很重要，但是60%的中遊群體也是企業激勵的關鍵，激勵對象是企業確定的達到某種績效水平的員工，而不要讓激勵對象模板化、固定化。

案例：認同的力量

　　有一家企業的一個部門，由於人數少，業務又非企業的主要收入來源，有一年績效考核得了全企業的最後一名。後來這個部門的領導非常努力，業務不斷拓展，次年績效考核還得了全企業第四名。但是企業的領導內心深處總是認為這個部門弱，這個部門的業務不是企業的主要發展方向，大會小會乃至私下從未對這個部門取得的成績給予認可，這個部門的領導私下總說這麼一句：「我這麼努力，我們進步那麼大，我們弱什麼弱！」錢在這個部門經理看來可能已經不是最重要的了，最重要

的是企業的認可，領導的認可。

2. 激勵對象的比例化

還有些企業，在設立「五一勞動模範獎」「三八婦女紅旗手」等獎項時，依員工人數的多少按比例分配名額，或者按照部門分配名額，有些部門人才濟濟，個個都能獨當一面，有些部門則冒尖的少，按比例選拔形成了「高個裡面壓矮子」「矮子裡面挑高個」，這樣的評選導致模範員工的水平參差不齊，而且一部分優秀員工所取得的工作成果、工作績效得不到應有的承認和獎賞，壓抑了他們的積極性，甚至造成群體之間的矛盾。

除了正激勵，當負激勵也採用這種激勵對象比例化的方式時，矛盾更加凸顯。例如，很多企業實行末位淘汰制鞭策員工努力進步，在一些部門可能員工個個是強手，而在另外一些部門可能整體都比較弱。當實行末位5%或者10%必須淘汰時，實力較強部門的員工整體素質較高，加之企業的環境也有利於其績效的發揮，那麼這個部門的整體績效水平就會較高，此時實施末位淘汰制，就會將本來已經很優秀的員工淘汰出去。即使再去招聘新員工，實際效果也未必能比得上原有的員工。而且實力較強部門淘汰的員工水平可能比實力較弱部門留下的員工水平要強很多，員工們內心會因此感覺不公平、不平衡，會感覺壓力很大，同事之間相互合作支持的氛圍被打破，勾心鬥角的現象開始出現，與此同時，員工對企業的抵觸心理增強，部門之間的摩擦不斷，企業在激勵員工的同時也製造了新的矛盾和衝突，員工之間、部門之間的人際關係在激勵中變得越來越緊張。

企業這種激勵行為本意是想企業的每個分支機構都能夠兼顧，免得顧此失彼，讓優秀全部高度集中於某幾個部門，讓淘汰全部集中於某些實力較弱的部門。但是這種激勵無形中卻變味為「高個裡面壓矮子」和「矮子裡面挑高個」，表面的均衡造成了實際的不均衡。造成這個矛盾的根本原因在於用一根線設定統一的標準。實際上企業可以分類設不

同的獎項，例如優秀獎、進步獎等，讓水平不同的員工可以根據業績水平、發展潛力等都得到充分的獎賞，而評選出的結果也能得到員工的認同。

案例：「末位淘汰法」還是「只公布最好的」

A企業是一卧室家具製造企業，有400多人，其中木工、油漆等加工車間就有400人，而行政人力、財務和銷售等部門有40多人。公司最近引入了一家諮詢公司，完善企業的管理。諮詢公司提出了一系列公司改革的方案，其中末位淘汰法深受老板的青睐，公司規定將部門年終評估中最差的10位解雇。實施這個方案後，以前銷售部門內部員工相互幫助共同解決客戶問題，現在各人自掃門前雪；以前生產部門前工序有點瑕疵的，後工序會自動幫助處理，現在後工序員工根本不會處理這些瑕疵，毫不猶豫地退貨，導致產品的生產不斷延期。

B企業是以兒童家具為主要業務的家具企業，人數和規模與A企業差不多，公司的績效考核採取360度考核辦法，由客戶、上級、同事三者打分，對員工的工作能力、工作態度、工作業績進行綜合評價，評估結果不是為了末位淘汰，而是公布和獎勵總分第一和單項第一的員工。「只公布最好的」的做法讓其他員工看到了其與優秀員工之間的差異，知道了哪一個項目應該向誰學習、向誰請教，自己的長處是什麼、短處是什麼。通過這種方法，以前排在末位的員工也有了長足的進步，而排位第一的員工因為受到激勵也更加努力，企業內部的學習和團隊合作氛圍更加濃鬱。

3. 激勵對象的新人化

有些企業認為已有的員工已經認同企業的管理、企業的文化和管理層的領導風格，這些員工沒有離開，說明對企業現有管理模式、激勵方式是滿意的。而新入職員工，其對企業的歸屬感、忠誠度還不高，要留住這些企業好不容易才找來的人才，一定要特別地關注這些員工的需

求，給他們更強的激勵。這樣做的結果，非常明顯，新員工感覺受到重視，激情較高，漸漸對企業有了認同；但是對於老員工而言，內心的不平衡感增強了，覺得企業這樣做非常的不公平，老員工辛辛苦苦在企業工作這麼多年得到的報酬、獎勵和重視還不如這些剛到公司的毛頭小子。例如有一個諮詢公司的教務助理崗位，老員工的薪酬是每月 2,500 元，而新人來要求的薪資是 3,500 元。企業為了獲得這名新人，接受了這一薪酬要求。當老員工知道這一薪酬信息後，直接就要求企業給予加薪。但經理沒有同意，沒過一個月，這名老員工就跳槽了。而其他老員工也覺得非常不公平，這名新人的業績還不如那名老員工，卻拿高得多的薪酬，由人及己，類似的事件多發生幾次，很多老員工都開始在尋找機會，都有了離開企業的意圖。而留下的新人呢，看著老員工漸漸的離去，心中也開始七上八下了，想著有一天這可能也是自己的結局，趁現在機會好，多積澱一些本錢，早些找到退路才是根本。結果企業陷入使用高價錢也留不住人的死循環。人事部門的人最頭痛的就是招人，也總是因為招人和員工離職被領導批評，激勵對象新人化成了企業人力資源管理問題的最大病根。

案例：新人比老人需要更多的激勵嗎

某企業好不容易通過獵頭公司找到一個技術過硬、創新能力強的科研骨幹譚博士。但對方開出的條件也高，要給房子，出門配車子，三個月後給位子加票子，並安排其妻子的工作和解決孩子的讀書問題。老總們同意了，他們的想法是，譚博士開出的條件都滿足了，企業稀缺的人才有了，就可以干一番事業了。殊不知，這樣的激勵方式，讓新來的技術骨幹滿意了，但是老員工不樂意了。老員工覺得自己的技術水平不比他差多少，為什麼自己好多年工資都漲不上去，自己的衣食住行公司從來沒有關心過，他能幹，公司用他好了，此處不留人，自有留人處。老技術骨幹走了，結果企業又不得不花高價錢四處招人。更糟糕的是，這個新來的譚博士本身就是衝著公司的物質待遇來的，現在有一家企業給

了更高的薪酬待遇，禁不住物質誘惑，帶著技術、團隊和客戶揚長而去。

4. 激勵對象領導偏好化

企業中員工的個性行為特徵多種多樣，形形色色，有些人實幹不行，但溜須拍馬是個高手，正事沒有做幾件，對領導家的家務事很關心，陪領導打麻將、喝酒、唱歌很在行；而有些人默默無聞，腳踏實地的苦幹，但一見領導話都說不了兩句就臉紅；有些人很有主見，很有創意，但不服管，話語刺人傷人。在這種情況下，企業應該獎勵哪種人呢？從理論上講企業應該激勵那種對企業最有貢獻的人，而不管他的性格行為特徵是什麼。但是企業中的實際情況呢？很多企業領導者往往傾向於把個人的好惡作為激勵的依據和標準，對那些自己喜歡的人就給予更多的鼓勵、獎勵甚至提拔。

一些領導者喜歡那些擅長於討好上級的、擅長於做表面文章的、擅長於拉攏群眾關係的、擅長於表現自己的員工，在工作中這些領導者常常不自覺地體諒他們的情緒，照顧他們的利益，常常在表彰、項目申報甚至發獎金的時候給予他們特別的嘉獎和重視，但這種人中可能有人華而不實。企業中如果很多領導激勵人的風格是這樣，那麼在企業之中往往容易形成溜須拍馬的不良風氣，拉幫結派現象嚴重，導致有實力而不喜歡這種工作氛圍的人才流失。

案例：團結的領導層

在一個企業，領導們之間的關係特別親密，總經理是財務部長、人事部長、生產部長、幾個分子公司領導的兒子或者女兒的干爹，而財務部長也是這些人孩子的干媽，人事部長又是這些人孩子的干爹……由於這層關係，週末、逢年過節，這些人家常常聚在一起，漸漸地，能和這個群體拉得上關係的人都拼命地加進去，而且也逐步走上了企業的領導崗位。

有一個部門經理，在這個崗位上有5個多年頭了，工作能力很強，為人剛正不阿，很受下屬好評和愛戴。但他經常在領導面前堅持己見，並為此很自豪，覺得作為一個正派人，應該少說多干。他很少找領導交流，更不願意在酒桌上、牌桌上浪費時間，也沒有成為領導圈子裡的人。多年下來，一些能力一般的同事因為屬於那個圈子都被提拔上去了，只有這個經理還在原地踏步。他總結來總結去，認定原因就是自己太正直，不圓滑，不會來事，沒有成為領導圈裡的人，領導喜歡阿諛奉承之徒，喜歡逢年過節送禮之人，這些自己都沒有挨上邊。看著前途沒有什麼希望，他開始留意身邊跳槽的機會了。

一些領導者喜歡聽話的、順從上級意圖的、不會給領導添亂的員工，這些員工常常為了完成領導交辦的任務加班加點，辛勤而又忙碌，基於他們的忠心耿耿，領導者在有好處的時候常常也會給他們分一杯美羹，但這種人中可能有人平庸無能，沒有什麼創意和冒險精神，工作作風保守。這種激勵方式適合那些喜歡工作不求有功、但求無過的員工。如果在一些程序性、穩定性強的部門，這種激勵方式有助於固化已有的流程和員工工作行為。但是如果處於一些開放性、挑戰性、創新性較強的部門，這種激勵方式往往扼殺了員工的創造性和冒險精神，想發展、想大展宏圖的員工往往感覺受到壓制，另立門戶、另擇良木而棲成為這群員工的選擇。

案例：聽話的領導和聽話的員工

由於新老板給出了不錯的條件，而且給了個「領導崗位」，王平毅然離開了工作近8年的公司，進入了另一家房地產公司。來到新公司，王平的工作思路有兩條：一條是老板的話就是聖旨，一定要聽老板的話，千萬不能得罪老板，老板讓你往東不能往西，說黑你不能說白，讓你衝絕不能後撤；第二條是帶一只有凝聚力的團隊，團隊的思想要統一，統一的標準就是一切按老板的意圖行事，不折不扣地執行老板的吩

咐。王平是不折不扣執行老板意圖的，這就是說王平的團隊成員一切要按王平的意圖辦事，否則，這個人就不能要，因為他一定會壞事，一旦壞事就會讓老板覺得王平沒有執行力。怎麼找到這些個聽話的人呢？王平認為一定要是自己瞭解的，常和自己交心的人。什麼人能交心、什麼人能互相瞭解呢？曾經的同事、同學、親戚這些都比較瞭解，還經常在飯桌上、牌桌上、球場上交心呢，王平把他們招為了自己團隊的主要成員。

一天在廁所，王平聽到了兩個同事的議論：「我覺得王平經理實際上沒有什麼能耐，就是會拍老板馬屁，用一些也會溜須拍馬的聽話的人，他們聽不得不同意見，像咱們這樣的人沒戲！」

此外，領導因為個人的喜好而給予員工特別的獎勵時，往往意味著自己是保護了想要關照的員工。殊不知，這種方式會讓其他員工覺得憤憤不平，以為領導在拉幫結派，搞小團體，而且在私底下還可能給這個員工穿小鞋，企業內部的員工關系變得非常微妙。

案例：高薪也高興不起來

高級寫字樓裡的白領麗人不是外表看起來那麼光鮮亮麗，奪人眼球，其從事的工作實際上是職位、金錢、績效的「格鬥場」。徐娜，大學本科秘書學專業畢業後，在一企業做行政管理。因為長相甜美，工作態度認真、負責、努力、刻苦，儘管工作能力和工作經驗都不突出，但是老板對這個「聽話」的員工特別看中，每次發獎金、漲工資總會對其特別照顧。這讓其他同事，尤其是那些能力或者資歷優於徐娜的人極為不滿，暗地裡，大家都覺得徐娜就會拍領導馬屁，實際上沒有什麼真本事。但礙於老總的權威，大家也不敢與她有正面衝突，只有私底下，背地裡，大家悄悄地把一肚子的怨氣往徐娜身上撒，對她的工作不配合或者暗中使壞，讓徐娜覺得公司中的人際關系怎麼這麼難處，自己怎麼就成了同事們的眾矢之的了？

5. 激勵對象的「大鍋飯」

企業工資、獎金「大鍋飯」的現象越來越少，但還是有少部分企業往往礙於面子，為了不得罪人，為了減少衝突，把平均主義帶到激勵中來，搞「撒網式」激勵，貢獻大和貢獻小的員工收入增長、獎金增長差不多，員工價值貢獻的差別沒有體現出來，平庸者得獎，創新者無功，干好干壞，干多干少都一樣。這種平均分配傾向，使核心員工、骨幹員工、優秀員工感到自身的價值和貢獻並沒有得到企業的認同，工作的積極性受到打擊，對企業的抱怨、不滿情緒滋長。員工越干越沒有勁，企業越辦效益越差。

案例：無差異激勵＝沒有激勵

嘉禾企業的科研團隊，經過多年的專研，終於攻克了本行業長久以來的技術難題，研發的產品獲得了國家專利，獲得了省裡的科學技術發明一等獎，並得到了100萬元的科研獎勵。看著這筆不小的獎金，大家興奮著。公司剛剛把獎金發到大家的手裡，其中的一位技術骨幹卻提出辭職，而辭職的理由卻是「獎金分配不均」。獎金分配本來是激勵員工、提升員工士氣的，沒有想到造成這樣的結果，這讓企業領導的心裡頗感意外。

這100萬元是怎麼分配的呢？人力資源部提出由團隊負責人李林提交總結報告，公司根據總結報告制訂分配方案，以公開的形式進行分配。但最後的分配結果讓李林傻眼了：全廠上下每個職工都對項目給予了大力支持，每個職工獎勵100元，科長500元，處長1,000元，副經理2,000元，總經理3,000元，項目團隊的每個成員2,000元，項目負責人2,500元，剛好分完。看起來拉開檔次的分配方案，卻對工作團隊每個人的工作量、工作貢獻沒有區分，與項目有關的無關的普通員工都得到了相同獎勵，項目組員工多年的奉獻得到的獎金和與此項目無關的副經理一樣多，大鍋飯似的平均分配讓項目團隊成員心中憤憤不平！

激勵對象「大鍋飯」最常見的方式除了獎金按人頭公平分配以外，還有一種常見的形式：按職行賞，就是在企業內部相同等級的崗位，給予相同的獎金，而不考慮同一職級員工之間的績效差異。有調查機構對激勵對象「大鍋飯」方式進行調查，結果顯示87%的被調查員工表示不滿意，有超過67%的被調查員工認為獎勵低於期望值。

案例：獎金分配按職行賞

安徽某國有企業領導在給員工加薪時犯難了，為了減少矛盾，決定按照職級差別化給員工加薪，這樣也好向員工解釋。加薪政策實施後，小李覺得這對自己的打擊特別大，原以為自己的表現能得到公司的認可，獲得較大幅度的加薪。然而按照職級加薪，自己和同職位等級的同事加的沒什麼區別，只有職位高才加得高，職位低的哪怕你能力再強、績效再高，在你沒爬上高位之前，還是別指望能夠多加。

激勵對象「大鍋飯」，在股權激勵中也常常表現出來。為了體現激勵員工、留住員工、公司與員工是利益共同體的管理思想，一些企業除了給予技術骨幹、核心成員、管理團隊股份外，還給予一般普通員工股份，有些企業管理層和員工之間的股份差異不大，企業股權高度分散。「大鍋飯」式的股權激勵在機制設計不好時，容易導致企業內部決策效率低下，大到公司營運決策，小到公司內部管理，意見往往難以統一，一個問題有時研究大半年，形成了「人人都想管事，人人都管不了」的局面。例如，蘇州某企業，在企業改制過程中實施員工持股，200多名員工全部擁有股份，且差距不大，改制的推進很順利。但是很快企業就出現決策不暢的問題，甚至達到了沒有決策可以通過的地步，因為股東眾多，眾口難調。此外，有些企業職工股設定為終身制，沒有推出機制，有些員工拿到股份後，就將股份賣掉，導致企業股權流動大，企業管理不穩定。

案例：股權激勵對象選擇的錯誤

一些老板認識到單一股東股權結構對企業管理的隨意性，同時為調動下屬工作的積極性，將股權結構轉變成多股東結構。其中有一個老板，非常大度，把50%的股份分給了全體員工。剛開始的時候，所有的員工都群情激昂，覺得企業是自己的，一定要加油干。但是過一陣後，員工發現自己的股份很少，能得到的收益並不多，因此，員工普遍認為應該是其他人對公司的經營負責，公司出了問題也不該自己負責，自己可以少干些，而作為股東，員工有權利過問很多的事情，企業就出現了這樣的局面：干預事情的人多，干活的人少。老板覺得很尷尬，想要收回股份，但是股權激勵就像和你的另一半結婚，不能輕易地撤銷。

激勵對象「大鍋飯」還有一種表現是激勵的論資排輩。職務、職稱晉升本身是一種激勵，它不僅僅是員工崗位權利和職責的變化，更是對工作能力的認可，其頭銜稱謂本身也是一種榮譽。在企業中，常常是因為某人工作時間長，對社會有一定貢獻，就照顧性地給予晉升職務的獎勵，而不管其是否具備該職務所需要的知識、技能和管理能力。要評職稱了，名額有限，讓誰上，讓誰不上常常讓領導為難，怎麼才能減少爭議？很多情況下，領導平衡的一個方法是按照學歷，參照工齡或者本企業工作年限，來決定誰能夠勝出。諸多企業階梯式的論資排輩提拔現象，導致年輕人、有才學之士難以有機會脫穎而出，其旺盛的精力和無窮的創造力在企業中難以施展拳腳，移情於工作之外渾渾噩噩過日子，或者捨棄企業另謀高就，每一種結果都使企業喪失了優秀員工，這與激勵本身的根本目的相去甚遠。

案例：論資排輩與競爭上崗

徐佳莉是改革開放後的首屆研究生，畢業後進入國家某部委工作。當時她滿懷信心的認為，現在碩士研究生並不多，憑著自己的高學歷和

能力在崗位上應該很快就能有所作為。但工作一段時間以後，徐佳莉的心情跌落到谷底，她發現吃飯、開會、坐車、晉升等，在機關裡都是要論資排輩的，她所在部門的處長才45歲，科長才37歲，輪到自己晉升，不知道還得熬多少年。

徐佳莉沮喪的心情在1998年結束了。這一年，她所在的單位實行機構改革、人員分流，處級及處級以下的公務員「競爭上崗、雙向選擇」，通過競爭確定留崗人員。面對這個機會，徐佳莉精心準備，成功競任為副處長。

競崗成功的第二天，徐佳莉即受命飛往日內瓦參加一項重要的國際談判，徐佳莉發揮多年來的積澱，很快完成了任務，結束了多年來中國在補貼領域的糾纏。

三、激勵物的誤區

1. 以職代賞

以職代賞就是指使員工晉升到一個比前一工作崗位有更大挑戰性的、需承擔更大責任的、擁有更多職權的、享有更高薪酬的職位來對員工進行獎賞。在官本位的風氣下，很多領導者腦海裡都形成了這樣一個觀念，認為一個人只要在目前的工作崗位成績突出，就表示這個員工還是有能力的，那麼在更高崗位上一定會有所成就，因此，應該被提拔到更高的崗位，授予更高的官銜和責任。晉升不僅是個人的能力、價值的體現，也是一種榮譽，可以光宗耀祖。

這種激勵物的確是能夠讓被提拔者心中感到被領導重視、重用，干出業績、不負領導期望、加倍努力也是被提拔者內心的願望。但是，願望是一回事，能否干出業績又是另外一回事。很多企業都出現這樣的情況，專業技術人員做出成就了，就提拔到管理崗位，結果往往讓領導大跌眼鏡。由於管理工作和技術性工作性質的差異，對人的素質要求不一樣，有些專業人員可能只是在技術方面比較精專，而在人際技能、管理

能力、領導力方面並不擅長，在新的領導崗位不僅難以施展拳腳，干出業績，而且原來擅長的學術也荒廢了。實際上，並不是任何人在做出了業績後都應該採用晉升激勵，業績只能代表他現有的知識水平、技術能力和工作態度能夠很好地符合現有崗位的要求，而在新的領導崗位是否也能幹出好的業績，關鍵在於被提拔者是否具備新崗位要求的能力特徵。

案例：以職代賞不一定是好事

發型師小王在「美麗絲」沙龍工作已經四年了，四年來，小王工作積極主動，努力學習，從小工已經做到了發型師，而且還進修了發型專業設計。小王已經成為「美麗絲」沙龍的主要干將，很多顧客也很認同小王設計的發型。

老板覺得小王給發廊吸引來了不少客人，就想應該獎勵下小王，除了一定的獎金外，還安排小王為門店主管。

這下可為難了小王，小王雖然發型設計得好，但他不善於管理，況且管理又浪費了他的很多時間，這樣，發廊的管理工作也沒有做好，反倒影響了自己服務客人的時間，到最後也引起客人的不滿，因為不能按時給客人服務。

2. 激勵就是加薪、發獎金

在報紙的招聘欄常看到這樣的文字：「位子加權力，高薪加福利。你還要什麼？你還等什麼？」言外之意是給你高薪水、高福利，你就該滿意了，就可以選擇到這家企業上班了。在企業的員工滿意度調查中，調查的結果也常常顯示員工最不滿意的是企業的薪酬水平，最想得到的獎勵是實實在在的現金。因此，很多管理者都以為，要激勵員工，非常簡單，就是給員工加薪、發獎金，錢可以激勵所有員工，錢是調動員工工作積極性的最佳方式。長此以往，企業形成了固定不變的金錢激勵方式，工資、獎金成了企業唯一的激勵手段。

的確，企業通過加薪、發獎金，在短期內推動員工的工作積極性上能起到一定的作用，特別是對於剛參加工作的、低收入員工來說作用較大。例如，福特公司1914年1月5日，將工人日薪從當時的2.5美元起提到5美元起。高達380%的員工流動率降低了90%，曠工率更是從10%降到了0.3%，工人們以在福特工作為榮，在休息日還要將公司的徽章別在領帶上，走在街上都會引來羨慕的目光。

　　然而，無數的企業的實踐證明，薪金獎勵在很多人身上起到的作用非常有限，金錢並不能完全解決員工激勵的問題。有人說：「金錢若能改變銷售的話，那麼銷售就不會存在任何問題了。」要想讓員工甘心付出更多，金錢並不是唯一的激勵方法。實際上，對於事業已經小有成就的員工來說，高薪的作用實際上並不明顯。因為當薪酬到達一定水平後，隨著工資、獎金的增加，其邊際效用是遞減的，也就是說，每增加100元錢的薪金帶給員工的滿足感不如之前增加的100元錢。例如從900元增加到1,000元和從10,000元增加到10,100元，對員工的激勵性是有差異的。因此，對於企業內部工資、獎金較高的員工來說，薪金的增長帶給其的激勵作用是有限的。

　　從企業的管理成本來看，單純依賴工資獎金的激勵方式將使企業的人工成本居高不下。因為工資、獎金的刺激具有剛性，一旦上漲就很難下調。而且企業給一個人漲工資，往往會把整個公司的薪資體系、薪資差距打亂，會給其他員工帶來不公平感，也給人力資源管理者帶來勞動力成本控制的壓力。而且工資、獎金的上漲幅度是有限的，員工的薪酬一旦超過其為企業創造的價值，就會使企業效益負增長，拖累企業的發展甚至拖垮企業。企業給員工超出其能力範圍的高薪，會讓員工覺得自己可以輕輕鬆鬆、穩穩當當地拿高薪，根本沒有壓力、沒有動力去學習提升，去努力拼搏，員工坐享其成、不思進取的心理會非常嚴重，這種心態，哪裡能夠激發出員工的高績效。所以，僅僅依靠錢來激勵員工，常常得不償失。

案例：高薪≠高效

F公司是一家生產電信產品的公司。在創業初期，依靠一批志同道合的朋友，大家不怕苦不怕累，從早到晚拼命干。公司發展迅速，幾年之後，員工由原來的十幾人發展到幾百人，業務收入由原來的每月十來萬發展到每月上千萬。企業大了，人也多了，但公司領導明顯感覺到，大家的工作積極性越來越低，也越來越計較。

F公司的老總黃明裁一貫注重思考和學習，為此特別到書店買了一些有關成功企業經營管理方面的書籍來研究。他在介紹松下幸之助的用人之道一文中看到這樣一段話：「經營的原則自然是希望能做到『高效率、高薪資』。效率提高了，公司才可能支付高薪資。但松下先生提倡『高薪資、高效率』時，卻不把高效率作為第一個努力的目標，而是借著提高薪資，來提高員工的工作意願，然後再達到高效率。」他想，公司發展了，確實應該考慮提高員工的待遇，一方面是對老員工為公司辛勤工作的回報，另一方面是吸引高素質人才加盟公司的需要。為此，F公司重新制定了報酬制度，大幅度提高了員工的工資，並且對辦公環境進行了重新裝修。

高薪的效果立竿見影，F公司很快就聚集了一大批有才華有能力的人。所有的員工都很滿意，大家的熱情高漲，工作十分賣力，公司的精神面貌也煥然一新。但這種好勢頭持續不到兩個月，大家又慢慢恢復到懶洋洋、慢吞吞的狀態。這是怎麼啦？

F公司的高工資沒有換來員工工作的高效率，公司領導陷入兩難的困惑境地，既苦惱又彷徨，不知所措。那麼癥結在哪兒呢？

案例摘自：劉祖軻. 為何高薪不高效 [J]. 人才資源開發，2008 (8).

僅僅採用工資、獎金的激勵方式，用錢來維繫和衡量企業的勞資關係，會使企業內部氣氛過於功利化，會削弱企業文化對員工的激勵和凝

聚作用。一些企業對核心人才往往是要房子買房子，要車子配車子，要位子給位子，不斷加薪加票子，還要安頓好妻子和孩子，各種物質化的激勵招數可謂全部用上了。但是令企業老總意想不到的是，該給的都給了，怎麼其他企業給出更高的薪水和待遇，這人就跳槽了呢？其實，企業這種僅僅依賴高薪聚才、留才的做法，會造成人才把目光都放到物質上面去，一旦有更高的物質誘惑，或者自己有獨立的機會，就會帶著技術、團隊和客戶揚長而去。實際上企業需要將物質的給予分目標和分步驟進行，同時不斷加強企業文化建設，這樣才能讓人才對自己的所得產生價值感和感激的心態。

工資、獎金激勵是企業基於員工過去的業績表現給予的嘉獎，而激勵並非僅僅是表彰過去，而是希望未來員工的表現能夠有助於實現企業的目標。企業用工資、獎金來激勵員工，不僅需要一定的技巧，而且需要引導員工正確地看待這種激勵，才能對員工的行為產生影響。例如，很多企業年底費盡心思地給員工發了高額年終獎，結果一些員工前腳領了錢，後腳就跳槽了。實際上，員工的需求是多方面的，除了經濟性需求以外，還有其他需求，企業應該結合其他激勵元素，例如工作環境、企業文化、發展潛力等，多元化地激勵員工，才能真正發揮激勵的作用。物質獎勵更需要和內在感情激勵結合在一起，才能發揮最大的功效，領導一句認可的話、同事一句鼓勵的話所產生的激勵效果，有時遠遠大於現金獎勵。

案例：高薪也留不住人才

X公司是一家季節性很強的茶葉生產銷售企業。這幾年，公司的業務不斷拓展，發展勢頭很好，銷售量、淨利潤逐年上升。但茶葉是季節性產品，每到銷售和生產旺季，公司就會招聘大量的銷售人員和生產人員，一旦到了淡季，公司又會大量裁減銷售人員和生產人員。公司蔣經理認為，人才市場中有的是人，只要自己開出的工資待遇夠高，就一定會想要人的時候有人，而一年四季把多餘的員工「養」起來，費用太

大了。在這樣的經營理念下，顯然公司的員工隊伍流動性很大，一些銷售骨幹、技術骨幹紛紛跳槽。儘管如此，蔣總也不以為然，仍照著慣例，缺人了就去人才市場招聘來填補空缺。

然而，2012年，蔣總沒有如願以償，在茶葉的銷售旺季，公司的銷售經理、大部分銷售骨幹和銷售員集體辭職，公司的銷售工作頓時幾乎陷入癱瘓。蔣總發現往年臨時招人填補空缺的招數也不靈驗了，因為一般的銷售人員，人才市場上還可以招到一些，但是產業行業的優秀銷售人才和管理人才在這種緊急關頭卻難以找到。即使蔣總開出了極具誘惑力的年薪，也沒有找到合適的人才，更沒有喚回以往的銷售骨幹。

這時，蔣經理後悔了，但也陷入了困惑：如此高薪，為什麼也留不住也找不到人才呢？

3. 激勵物的固化

激勵物的固化是指企業長期以來以固定不變的激勵物激勵員工，激勵物、激勵的方式、激勵的內容缺乏創新，每年、每季度、每月將做什麼、發多少金額甚至發什麼獎品等激勵項目「固化」，多年連續同樣的激勵方法，容易導致激勵被固化為一種福利，員工對獎勵麻木了，各種獎勵難以有效地起到激勵的效果。例如，在一些事業單位，每年春節、中秋、國慶節、五一節發多少獎金多年都是固定不變的，員工到了那個時間點就覺得該領那麼多錢，如果單位沒有按時發或者少發了，員工將非常不滿意，但是如果按時足額發了錢，員工覺得該拿的，工作積極性也並沒有得到提高。顯然，這一政策的激勵效果遠遠沒有達到管理層的預期。評先進是激勵員工的一種方式，但獲獎後的激勵物在很多企業幾乎是年年如此，獎勵金額長期不變，搞老一套。八珍是上好的佳餚，你第一次吃激動異常，第二次吃依然讚不絕口，第三次吃也許就索然無味了。當成為「先進」已是家常便飯的時候，其吸引力還有多大呢？「先進」所能產生的動力和積極性還有多大呢？連續多年還是同一種激勵法，員工都厭煩了，激勵也就起不到應有的效果了。

案例：一成不變的獎勵

河南某企業喜歡在銷售旺季開展銷售競賽，對在銷售競賽中獲獎的銷售人員給予銷售精英稱號，同時發放獎品。而一老業務員由於能力強，銷售經驗豐富，每次銷售競賽都能獲獎。但到這兩年，該業務員一聽競賽發獎就逃之夭夭，問其原因，則告之，同樣的獎狀已經有五六張了，同樣的獎品磁化杯也有五六個了，全家人手一個還用不完。可想這樣的激勵怎能起到作用。針對這種情況，企業採納諮詢顧問的建議，取消銷售旺季設立銷售競賽，改為銷售淡季設立「銷售攻關小組」，選擇優秀銷售人員參加，使他們對難以攻破的客戶攻關，增加他們任務的難度，從而激勵他們去面對新的挑戰，結果收到了不錯的效果。

案例摘自：佚名. 銷售激勵的誤區［OL］．［2014-05-25］http://www.vsyo.com/a/t/c12e1813d0b3a7ed.

有人說，優秀的制度應該保持其穩定性，激勵政策應該延續制度的一貫性，才能有利於企業的穩定性經營。實際上，企業的激勵政策卻不完全是這樣，激勵政策的長久不變，難以適應市場環境的變化和員工需求的改變，激勵政策頻頻與企業發展前沿和員工需求脫節，會使企業越來越缺乏活力，整個企業可能變得按部就班，成為死水一潭。

案例：跟不上變化的激勵制度

A白酒企業的激勵政策是花「巨資」請「專家」制定的，在A企業的成長期起到十分重要的作用，於是A企業長期以來一直將其保留下來。近兩年，由於白酒市場競爭激烈，終端費用越來越高，而A企業仍保留原高責任、高回報的激勵政策，造成銷售人員的壓力過大，收入逐年降低，激勵失去了效力，整個銷售隊伍怨聲載道，無心「作戰」，銷售員工不斷流失。因此，企業對銷售人員的激勵制度應該根據市場的變化，隨之應變，不能沉浸於過去成功的激勵政策中。

案例摘自：佚名. 銷售激勵的誤區［OL］.［2014-05-25］http://www.vsyo.com/a/t/c12e1813d0b3a7ed.

企業的激勵方式、激勵形式、激勵內容也是需要創新的，需要創意的，需要不斷地注入新的活力，產生新的吸引點，讓員工產生好奇心和未被滿足感，刺激員工的積極性和參與性，才能保證激勵政策的效果。

案例：讓員工上網自選生日禮物 企業彰顯人性關懷

2013年4月2日，自貢輸氣作業區徐家衝輸氣站90後員工李捷，坐在電腦前，正專心地比對著圖冊在網上挑選著自己的生日禮物。

「（輸氣管理處）工會送的生日禮物真是越來越貼心了！前些年送杯子，既好看又實用；去年給我們每人做了生日賀卡，又發了購物卡；今年更好，根據工會發的圖冊，在網上就能自己選禮物！」李捷樂呵呵地說著。

今年，西南油氣田公司輸氣管理處工會為滿足員工日益個性化的需求，策劃了「員工上網選禮物，工會買單」對症式的送禮方式。根據這種方式，每位即將過生日的員工都會收到一份精美的圖冊，然後員工就可以根據圖冊上提示的產品信息上網選自己喜歡的禮物了。特別溫馨的是，在圖冊每頁的頁腳上還有一段祝福的話語。

經過一陣精挑細選，李捷最終決定為自己心愛的手機選擇了一臺充電寶。點擊兌換，輸入冊子上的帳號、密碼再輸入自己的地址，再過幾天，心愛的禮物就要到手了，想到這裡李捷的心情暖暖的，臉上掛著可愛的微笑。

四、激勵方式的誤區

激勵方式是企業用什麼樣的方式把激勵物給予員工，激勵方式不一樣，激勵效果差異很大。在實際中，常常出現這些激勵方式誤區：

1. 激勵就是獎勵

很多管理者一提到激勵，就簡單地認為是給予員工各種獎勵，而不認為忽視、約束和懲罰也是激勵的有效方式。實際上，激勵有兩種：正激勵和負激勵。正激勵就是激發、鼓勵，給予員工獎賞來促進其符合組織目標的行為，使這些行為得到進一步加強；負激勵就是漠視、批評、處罰，給予員工懲戒來削弱、杜絕不符合組織目標的行為。企業把激勵的這兩方面含義割裂開來，認為激勵就是獎勵，在設計激勵機制時，在對員工進行激勵時，往往只片面地考慮了正面獎勵措施，而忽視了負面激勵對員工的引導作用，導致激勵手段單一。

案例：不爭氣的馬

觀看了精彩的賽馬會，在回家路上，主人感嘆地對座下的馬說：「我的馬啊，今天的比賽你可都看見啦，那一匹匹騰雲駕霧、追風攆月般的駿馬多棒呀！可你，走起路來慢慢騰騰，一步三搖，活像一頭老驢！要不是熟馬難捨，我真想把你賣了。唉，你就不能給我爭爭氣嗎？」

「我怎麼能跟那些駿馬相比！它們的裝備可比我強得多，就說鞍子吧。」「哦，對！對！」主人恍然大悟，「那些駿馬的鞍子確實都是明光鋥亮的！好，我立即就給你配一副好鞍子！」馬鞍很快就配好了，可這匹馬依然如故。

主人忍不住又發起牢騷來。

馬說：「你不就配了一副鞍子嗎，可是那些駿馬的裝備還是比我強，比如說轡頭吧。」「哦，」主人想，「那些駿馬的轡頭似乎是要強點。」於是，他又買來了新轡頭。

對馬的所有慾望和要求，他都盡量滿足。遺憾的是，這匹馬依然沒有絲毫長進。

主人十分苦惱，百思不得其解：「我給了它一匹駿馬所擁有的一切，可它為什麼不能成為一匹駿馬呢？」

一個朋友告訴他：「因為你手裡缺少一根鞭策它上進的鞭子！」

實際上，有些時候，負面激勵是一種非常有效的手段，其激勵效果可能比正面激勵的效果還要好。

案例：開會缺勤的管理

某高校的一個學院，開會時，老師總是來得稀稀拉拉，找各種理由不開會。學院領導決定採用「滿勤給獎」制度來加強管理，每個月開會全部出勤的發獎金100元，如果教研組活動、政治學習一次缺席、兩次遲到者，該月就沒有獎金。這種辦法實行後第一個月效果很好，無人缺席、遲到，開會秩序趨於正常。兩個月後，趙老師在月初的第一週就遲到2次，在他看來，一個月的獎金已經沒了，於是在後幾周的工作就隨隨便便了，何必準時來開會呢？還有幾天天氣特別熱，李老師心裡想，算了，還是在家裡涼快一些，這個月就不掙這100元了。

而另外一個學院的管理制度規定，開會遲到一次扣薪20元，缺勤一次扣薪100元。該學院老師不會因為已經遲到了兩次，而第三次就乾脆缺勤；缺勤的時候想著自己是把口袋裡的100元錢，活生生地拿出來交罰款，那痛苦勁比少掙100元要疼一些，因此，能堅持開會就去吧。自然而然地學院的老師養成了按時開會的習慣，很少有人遲到，缺勤。

好的制度可以引導員工的行為，不管這個制度是正面激勵還是負面激勵！

當採用負面激勵的時候，激將法也是一種不錯的選擇。激將法是利用別人的自尊心和逆反心理積極的一面，用刺激性的話或反話的方式，激起他人不服輸情緒，得到鼓動人去做某事的效果。例如，當員工做錯了某件事的時候，直接的批評往往讓員工覺得臉上掛不住，如果此時領導說：「你太有才了，這事現在只有你才做得出來。」此時雙方往往會知心地一笑，避免了尷尬的教訓場景，而又達到了批評的目的。

在企業中，正面激勵方式應該和負面激勵方式一同使用，而且，一

般來說，正面激勵方式應該高於負面激勵方式，從而讓員工有更多正面的、積極的情緒。管理者應該經常發現員工的優點，經常給予員工鼓勵，讓員工充滿希望。但是一些企業管理者傾向於負面激勵過多的誤區。不管是開會、面談、檢查工作還是偶然見面都總喜歡數落員工、批評員工、責備員工，企業中負面激勵的應用遠遠大於正面激勵，導致員工整體情緒低落，內心容易抵制領導的建議，或當面一套背面一套，致使企業的執行力低。

2. 激勵依據的「刻板化」

企業在實施激勵時，所考慮的因素和依據標準單一，沒有建立健全的、多因子測評考核機制。例如，很多企業以業績水平作為唯一的標準，只要業績好就獎勵，而業績差就不獎勵甚至給予處罰。這種按照業績來獎勵的方式，容易導致團隊成員對於容易獲得的業務彼此爭先恐後都想幹，難度大的業務大家都相互推脫，短期見效快的業務大家相互搶，長期見效慢的業務誰也不願意做；同事之間不再是作為一個團隊相互幫助，共同完成業務，而是大家之間相互爭搶或推脫業務。而且這種激勵方式，會使得以下員工無法得到激勵：①業績水平不在前列，但進步很大的員工；②有特殊情況無法滿勤，但在出勤的工作日內效率很高、日業績突出的員工；③業績水平不高，但在其他方面有突出的才能，並能夠給企業創造價值的員工。以上這些員工，按理說都應當得到企業的鼓勵，因為他們擁有能夠為企業創造價值的潛在能力。但激勵依據的單一化，使這些員工成了企業中被忽視的群體。

案例：全面實行工資全額浮動以後

WH建築裝飾工程總公司是國家建設部批准的建築裝飾施工一級企業，實力雄厚，經濟效益可觀。

鋁門窗及幕牆分廠是總公司下屬最大的分廠，曾經在一線工人和經營人員中率先實行工資全額浮動，收效顯著。1995年年初，為了進一步激發二線工人、技術人員及分廠管理幹部的積極性，該分廠宣布全面實行工資

全額浮動。決定宣布後，連續兩天，技術組幾乎無人畫圖，大家議論紛紛，抵觸情緒很強。經過分廠領導多次做思想工作，技術組最終接受了現實。

實行工資全額浮動後，技術人員的月收入，是在基本生活補貼的基礎上，按當月完成設計任務的工程產值提取設計費。如玻璃幕牆設計費，基本上按工程產值的0.3%提成，即設計的工程產值達100萬，可提成設計費3,000元。當然，技術人員除了畫工程設計方案圖和施工圖，還必須作為技術代表參加投標，負責算材料用量以及加工、安裝現場的技術指導和協調工作。分配政策的改變使小組每日完成的工作量有較大幅度提高。組員主動加班加點，過去個別人「磨洋工」的現象不見了。然而，小組裡出現了爭搶任務的現象，大家都想搞產值高、難度小的工程項目設計，如市外貿公寓樓的鋁門窗設計，而難度大或短期內難見效益的技術開發項目備受冷落。

彭工原來主動要求開發與自動消防系統配套的排蒸窗項目，有心填補國內空白，但實行工資全額浮動三個月後，他向組長表示自己能力有限，只好放棄這個項目，要求組長重新給他布置設計任務。

李工年滿58歲，是多年從事技術工作的高級工程師。實行工資全額浮動後，他感到了沉重的工作壓力。9月，他作為呼和浩特市某裝飾工程的技術代表赴呼市投標，因種種複雜的原因，該工程未能中標。他出差了二十多天，剛接手的另一項工程設計尚處於準備階段，故當月無設計產值，僅得到基本生活補貼278元。雖然，隨後的10月份，他因較高的設計產值而得到2,580元的工資，但他依然難以擺脫強烈的失落感，他向同事們表示他打算提前申請退休。

組長總是盡可能公平地安排設計任務，但大家的意見還是一大堆。小組內人心浮動，好幾個人有跳槽的意向，新分配來的大學生小王乾脆不辭而別。組長感到自己越來越難「做人」了。

案例摘自：羅帆. 工資全額浮動為何失靈 [J]. 企業管理，2002 (4).

3. 激勵標準的隨意化和教條化

在許多企業中，由於各方面的原因，企業並沒有制定出一套系統的激勵方法。領導者在激勵員工時，往往具有很大的主觀隨意性，想給多少就給多少，高興的時候就多給點，不高興的時候就少給點，甚至不給。這種事後的隨意激勵，導致企業難以在事前恰當地引導員工的行為，而激勵物的多寡不一致會讓員工產生不公平感。員工即使是獲得了獎勵，內心還在不斷地猜測為什麼我多些，為什麼我少些，激勵變成了員工之間攀比、競爭、較量的對象，反而容易引發員工的不滿意。

激勵標準隨意化的一個根本原因在於沒有事前的激勵規劃，這是很多企業普遍存在的一個問題。有些企業年初沒有什麼激勵計劃，往往是年底的時候才給出一個獎金的發放方案。這種方式導致獎金發放的目的不是對員工工作行為的持續激勵，而是對員工過去12個月工作結果的獎懲，這使員工在一年的時間裡都不知道自己努力工作將會得到企業什麼樣的獎賞，自己的工作目標究竟應該是什麼，不同的績效結果對自己的收益差異有多大影響，大家只知道埋頭拉車，抬頭卻看不到路，這是非常糟糕的。因為，激勵的本質是通過調控員工未來的努力方向和努力程度來推動企業戰略目標的實現，激勵強調的是影響員工未來的行為，而不是側重於對員工過去成績的獎賞。因此，企業需要制訂激勵方案，不僅要考慮獎勵的大小、時間、頻率，而且要考慮獎勵的內容，把每項獎勵的原因明明白白地告訴員工，讓員工做到心中有數，這樣就可以使員工在工作中有針對性地完成工作。同樣的錢，不同的給法，其產生的效果可能會天壤之別，激勵是一門非常強調規劃性和操作性的藝術。

與激勵標準隨意化不同，一些企業存在著激勵標準教條化的現象。也就是認為企業既然已經定出了這樣的激勵制度，一定要嚴格地按照制度執行，不允許有半點通融和變通，結果教條化的執行方式導致員工的不滿。

案例：教條化的激勵標準

河北某企業趙經理觀念新潮，他看到這兩年人們流行旅遊，就在銷售淡季讓員工去旅遊。他把旅遊分開檔次：業績達到 300 萬元以上者參加「東南亞一週遊」；業績在 100 萬~300 萬元者參加香港、澳門遊；業績在 50 萬~100 萬元者參加北京遊。制度一公布，大家都高高興興去旅遊。但業務員小王滿臉的不高興，因為他的業績為 299 萬，就差 1 萬就可以進入第一梯隊了。他找到趙經理要求參加「東南亞一週遊」，結果被趙經理的「按政策辦」堵在門外。由此，業務員小王工作熱情降低，抱怨增多，致使後來業績滑坡。

第二年，楊經理接替了趙經理。楊經理上臺後先修改了原來的激勵政策：如果業務人員做了 299 萬元或稍少於 300 萬元的業務，也可以參加「東南亞一週遊」，但需拿出一定的差額來補足。另外，達到獎勵級別後每增加 10 萬元獎勵 1,000 元，其他依此類推。這有效地解決了銷售人員對原激勵政策的不滿。

案例摘自：佚名. 銷售激勵的誤區［OL］.［2014-05-25］http://www.vsyo.com/a/t/c12e1813d0b3a7ed.

4. 激勵方式的錯位

激勵方式錯位是指員工的需求和企業提供的激勵不匹配。許多企業在設計激勵方案時，並沒有對員工的需求進行認真的調查分析，而是「一刀切」，用同樣的方法激勵所有的人。實際上，每一個員工的需求是有差異的，如果你問員工「你為什麼要工作？」不同的人一定有不同的理由：有的人說為了賺錢或為了養家糊口；有的人說習慣性地上班、下班，害怕被說成是遊手好閒的人；有的人說覺得工作讓自己充實，讓自己成長，能夠實現自己的抱負和理想；有的人說工作讓自己有一個屬於自己的朋友圈；有的人說，工作是自己的責任、使命，我即使病了也必須努力工作，還有很多人等著我呢……每個人工作的理由不一致，他

所期待得到的也就有差異，需求的不同，激勵方式自然應該是有區別的。如果用同樣的方式激勵不同的人，很可能驢脣不對馬嘴，難以達到激勵的效果。

案例：「一視同仁」的獎勵

一個生產企業將全體員工簡單地「一視同仁」，對企業所有員工的獎勵方式都是獎金加表揚，包括科技人員和工人。例如，公司經營業績好，發獎金；公司產品獲專利，發獎金加表揚；員工提了合理化建議，發獎金加表揚。生產一線的員工普遍對企業非常滿意，但是科研人員的積極性卻怎麼也提不起來。有一位熱心鑽研的小伙子小江，經過兩年的辛勤勞動，取得了一項科技成果，也受到了領導的表揚和物質獎勵。但科研成果被放在了櫃子裡，如何在企業推廣，領導並不放在心上。不久，這位科研人員離開了該單位，因為他更看重的可能是科研成果的轉換，他追求的是事業的成就感，而不僅僅是獎金和表揚。

同一組織內不同的員工有不同的需要，同一員工在人生的不同階段需求也是有差異的，企業應該針對員工的不同發展階段採用差別化的激勵措施。例如年輕人，為了買房成家，在高收入的激勵下，他們可以忍受無休止的加班，但當他有了孩子以後，你給他再高的收入，他都不願意加班，因為他要陪孩子，陪家人。因此，一些企業為滿足員工的這種個性化需求，會在福利方面實施彈性化福利。

還有一種激勵錯位的方式，即很多領導者常常容易陷入而不自覺的誤區，是喜歡以自己被激勵的方式去激勵自己的下屬。例如，管理者自己是一個特別喜歡挑戰的人，他常常傾向於給手下的員工全部安排挑戰性的工作。他認為大家肯定能受到激勵，其實並非所有人都會受到激勵。有的人年輕，喜歡挑戰；有的人喜歡冒險；有的人穩健，希望工作能夠穩定一些、可控一些；有些人經濟條件好，其家庭能夠承擔失敗所帶來的風險，允許其去挑戰更高難度的工作；有些人經濟負擔重，需要

收入非常穩定可靠，不喜歡挑戰。領導者用自己被激勵的方式去激勵所有的員工，會讓員工覺得這個領導不理解人，只知道滿足自己的需求，而不管下屬死活。

在現實中，激勵錯位的方式還表現為有些企業看到其他企業的某種激勵措施好，便「依葫蘆畫瓢」地完全照搬過來，而不管是否符合本企業的實際，結果一廂情願，費了力卻沒有討著好。有一個企業看著別的企業實施關鍵績效指標（KPI）績效管理方法，員工的工作積極性很高，就拿著別人的考核制度和考核指標，在企業內開始搗騰KPI績效管理了。員工一聽績效管理，完不成績效，就要扣績效工資，潛意識裡認為老闆就是想通過這個來扣大家的錢，員工抵觸心理非常強烈。

案例：生搬硬套的激勵

A、B同屬食品類企業，近年來由於種種原因，A公司業績呈下降趨勢，B公司業績則蒸蒸日上。A企業老總心急之餘，看到B公司的激勵政策十分合理，就不假思索，決定用人之長補己之短，採用了B公司的激勵政策。然而不久A公司的業績反而下降更快了，A企業老總不禁迷惑。實際上，B企業採用高責任、高激勵的辦法來刺激銷售人員，是由於B企業業務處於上升階段，銷售人員對未來期望較高，高責任、高激勵能起到作用；而對A企業來說，企業整體業績正在下滑，面對這種高責任形成的壓力，員工都產生了逆反心理，從而使高激勵也成了空中樓閣。企業激勵政策的制定要結合企業自身規模和企業的發展階段，不切實際，生搬硬套只會導致企業陷入困境，難以自拔。

案例摘自：佚名. 銷售激勵的誤區［OL］.［2014-05-25］http://www.vsyo.com/a/t/c12e1813d0b3a7ed.

斯蒂芬·P.羅賓斯教授認為：「激勵是通過高水平的努力實現組織目標的意願，而這種努力以能夠滿足個體的某些需要為前提條件。」也就是說，企業在激勵員工時，一定要關注員工的個體需求，只有當結果

能夠滿足員工的個體需求時，員工才有足夠行動的動力，激勵的關鍵在於對員工內在需求的把握與滿足。

5. 越級激勵的誤區

在激勵過程中，常見的一種誤區是越級激勵，認為激勵員工的領導級別越高，激勵的力量越大。這種說法看起來理由非常合理，但是試想，如果領導級別越高，激勵力越大，是不是所有的員工都應該由總經理來激勵效果才最好呢？如果這樣，總經理是不是會一天到晚都忙著激勵所有的員工呀，其他重要的事情怎麼辦呢？而且，如果總經理越級去激勵基層員工，基層員工的直線領導是不是有被架空的感覺呢？因為員工覺得做得好與不好的評價者和獎勵制定者是總經理，自己做得好或者做得不好直線領導並沒有什麼實質性的獎勵，自己為什麼還要聽直線領導的呀，只有聽總領導的才行。這樣一來，不是明擺著把直線領導給晾在旁邊了。基層員工是被激勵了，但直線領導被冷落了，高層領導給累死了，這種激勵實施方式顯然是不行的。特別是當員工、直線領導都在的場面，高層領導不能獎勵基層員工，批評懲罰直線領導，這樣將讓直線領導的威望掃地，在群眾中沒有公信力。直線領導如果確有不當，高層領導應該在沒有基層員工的場景下交流，主動維護直線領導的威望。

案例：小老板的錯誤做法

一次，企業的一個小老板一大早就帶著秘書到車間視察了，他所到的車間都非常歡迎他。當檢查完一車間後，小老板就聞到一股不好的味道，原來二車間衛生很差，於是小老板立刻讓秘書召集二車間的員工一起來打掃衛生，並且他自己也參與打掃衛生，還時不時地鼓勵員工今後要好好地愛護車間衛生，員工看到這些、聽到這些感覺大受鼓舞，都表示今後好好做好衛生，不辜負領導的期盼。過了一段時間後，二車間主任才趕來，於是小老板非常氣憤，當眾嚴厲批評了該車間主任，但是二車間主任不敢言語只能連連說是，使得車間主任威信全無。然後小老板轉身對員工說，今後對工作有什麼意見可以直接找他。

後來，員工真的是有什麼事情就找小老板，小老板還真發現了不少問題，也都解決了，小老板的功績在公司裡傳頌，直接找他反應問題的人越來越多，小老板也特別重視。可是一年以後，小老板終於積勞成疾，臥床不起，同時許多車間主任因為長期不被小老板信任，也都不辭而別了。

　　高層領導的激勵力確實很強，高層領導應該選擇什麼樣的方式激勵基層員工，而又不會導致越級激勵的問題呢？

　　第一種常見方式是領導人在公眾場合下用充滿豪言壯語的激情演說來激勵廣大員工，或者利用公開的表彰大會對獲獎者進行獎勵。

　　第二種常見方式是通過某種慣例，高層領導者深入基層，深入瞭解員工的動態，但是不會對員工表達對某某幹部的不滿。例如時代華納公司的總裁杰弗里·比克斯，每年會下到基層，與 10～12 名業績突出的員工共進午餐，而在平時，這些人幾乎沒有機會與他接觸。他會花上兩個小時，同他們暢所欲言，談談自己的願景，並回答他們的問題。參加過比克斯午餐會的員工都說，他們覺得自己「在公司中更加自信了」，而且和老板之間的關系也更加親近。

　　第三種常見方式是高層領導者對於部分基層優秀員工，通過信件、電子郵件、短信、打電話、親自表揚等方式給予鼓勵，表彰其對公司的付出。家具設計公司諾爾公司（Knoll）總裁兼首席營運官林恩·厄特每星期都會給四位高管發送電子郵件，請他們從自己的團隊中選出業績堪稱典範的一名員工。然後，厄特會一一給這些員工打電話，對他們的具體成就表示感謝和祝賀。厄特的時間和我們很多人一樣寶貴，但她說，如果她每星期不能打四個電話，對員工的傑出成績予以肯定，那麼她就算不上稱職。

　　第四種常見方式是高層領導正好看到基層員工某種傑出表現，現場給予基層員工口頭表揚。

　　由以上方式可以看出，高層領導激勵基層員工時，有非常重要的兩

條規律：一是不激勵所有的員工，只選擇某些員工進行激勵；二是絕不評價基層員工的領導，只關心員工的狀態，只表達公司的願景和公司對員工的期待。

6. 激勵方式的不公平

員工的工作積極性不但受其所得到的絕對報酬的影響，而且也受到相對報酬的影響。員工會將得到的報酬與他人的報酬進行比較，也會將得到的報酬與過去進行比較，更會將得到的報酬與自己的付出進行比較，通過這些比較，判斷激勵機制是否公平。當員工覺得不公平時，其往往會消極懈怠，或者離開企業。

案例：這樣的激勵公平嗎？

某大型家電銷售公司為提高銷售業績，決定以抽獎的方式來獎勵銷售部的前20名業務員。獎品大至一輛轎車，小至一張禮品券。在活動期間內，每個業務員憑業績順序抽獎券，第一名可以領到20張獎券，就是說有20次抽獎的機會，第二名有19次機會，依此類推。結果是：轎車被第10名抽去了，而第一名只抽到了一箱牛奶。其他業績排在前5名的員工抽到的也都是微不足道的獎品。在飽受取笑之餘，這些人群情激憤，索性集體跳槽到了其他公司。

案例摘自：王霞. 常見的激勵誤區與對策 [J]. 新西部，2008 (20).

很多企業的官僚等級制度森嚴，員工與領導之間待遇、地位等差距明顯，即使領導崗位相差僅僅一級，權力、待遇也相差巨大。這種官僚文化在激勵方式上也盡顯其等級化特徵。例如，有個企業在表彰五一勞動模範的時候，是領導層就戴大紅花，是一般職工就戴小紅花，本來只是象徵榮譽的激勵物，這樣一來，活生生地被賦予等級化概念，讓一般員工心裡很不舒服，產生心理落差和低人一等的感覺。再如，很多企業為了規範會議紀律，都制定了相關的會議制度，但在執行的時候，如果

違反制度的是一般員工，就嚴格執行會議制度，如果是領導層，特別是高層領導違反制度，會議制度就如同虛設。這種正面激勵或者負面激勵的等級化方式，容易將領導層樹立為一個特殊群體，使領導層與員工脫離，企業對員工的激勵方式往往會被認為不公平，從而使激勵效果大打折扣。

案例：平等對待

日本松下公司為了創造一種平等的環境，讓每個員工都覺得自己是集體的一分子，而積極為企業出謀劃策，公司高層領導對會議桌進行了改革，在開會時採用的桌子是圓的，位置不是固定的。

在聯想，柳傳志也試圖去掉員工之間的等級化色彩。員工崗位可以不同，貢獻可以不同，但是作為人的尊嚴確實相同。聯想剛創立的時候，工作人員懶散，管理較松懈，柳傳志為了改變這種狀況，頒布了一個制度，誰開會遲到，不僅要罰款還要罰站 5 分鐘。罰款大家並不在乎，但是罰站還是挺丟面子的。這個制度的實行很嚴格，連高層領導——副總裁、總裁這一級別的都被罰站過，甚至柳傳志本人也被罰站過。正是企業領導人這種一視同仁的態度，讓每個員工在企業中都能找到被平等對待的感覺。

7. 用道德覺悟替代激勵制度

一些企業覺得沒有必要把激勵制度化，自己企業的員工本身道德水平就很高，用一些制度把員工自願都會做的事情寫下來，沒有任何意義，還不如不寫。這實際上就是用員工的自願道德覺悟來替代企業的激勵制度。但當存在道德風險的時候，當員工們看到不遵從道德獲得收益而跟風的時候，依賴於員工自身的道德水平來替代激勵制度就是非常危險的。

案例：孔子對做好事的態度

有一次，子貢在外地碰見了幾位魯國老鄉，也不知是被擄去的還是被騙去的，老鄉們已經淪為奴僕。子貢是仁人，有不忍之心，況且又是老鄉，於是出錢把他們贖出來帶回了魯國。魯國有這樣一條法規：凡是魯國人到其他國家去，看到有國人淪為奴隸，可以自己墊錢把他們先贖回來，待回魯國後到官府去報銷。官府用國庫的錢支付贖金並給予一定的獎勵。但子貢是在做好事啊，怎麼能拿著發票去報銷呢？所以，子貢沒有去領取獎勵。

那些被贖回的人把子貢的美德爭相傳頌，人們都稱道子貢仗義，人格高尚。一時間街頭巷尾都把這件事當作美談。然而，事情傳到孔子那兒，孔子不僅沒有表揚子貢，還對他進行了嚴厲的批評，責怪他犯了一個有違社會大道的錯誤，是只為小義而不顧大道。孔子說，如果像子貢這樣的行為得到大家的獎賞，那麼以後魯人被拐賣了，恐怕就沒人再去贖了。

相反地，有一次子路見義勇為，搶救了落水者，被救的人千恩萬謝，最後說，也沒別的，這頭牛你牽了去吧。子路竟不客氣，施施然牽著牛回了家。眾人都批評子路，覺得他乘人之危，但孔子得知，竟大加肯定，斷言，魯國人民從此必將爭先恐後地拯救「溺者」矣。

8. 重個體激勵，輕群體激勵

很多企業在激勵方式的選擇上，願意選擇個體激勵，而較少選擇群體激勵。因為個體的業績容易量化，容易比較，有利於競爭，有利於鞭策落後。但是這種激勵方式很容易壓抑大多數人的積極性，特別是隨著科學技術在企業經營管理領域的快速滲透，社會分工越來越細，任務的複雜性不斷增加，一個組織中的工作更多情況下是大多數人團結協作完成，單純依靠個體的力量往往難以完成，一個人的績效不僅反應自己努力的結果，而且反應其他人努力的結果，因此，企業的激勵應該注重

群體激勵。但是群體激勵往往導致特別優秀者的積極性受到抑制，而企業的很多關鍵性工作往往總是由特別優秀者的創新性努力而完成的，這些精英群體沒有工作激情，企業的業績自然沒有保障，因此，企業在激勵的時候也需要注重個體激勵。究竟選擇集體激勵方式還是個體激勵方式，企業需要根據企業的文化、任務之間的關聯度來具體確定，避免只有個體激勵而忽視集體激勵方式。

五、激勵時機的誤區

機不可失，時不再來，激勵時機是激勵機制成功的一個非常重要的因素。激勵在不同時間進行，其作用與效果是有很大差別的，就如廚師炒菜，火候的把握、調料的放入時間對菜品品質的影響非同小可。很多企業儘管制定了各種激勵政策，可是在執行的時候由於激勵時機的把握不當，如超前激勵可能會使下屬感到無足輕重，遲到的激勵可能會讓下屬覺得畫蛇添足，結果激勵的效果沒有達到預先的期望，有時甚至成為員工不滿的一個緣由。那麼應該選擇怎樣的時機對員工進行激勵呢？實際上，激勵如同發酵劑，何時該用、何時不該用，都要根據具體情況進行具體分析。根據激勵時機的及時與否，激勵可分為及時激勵和延時激勵；根據激勵時間連續與否，激勵可分為連續激勵與間隔激勵；根據激勵時機在工作中的時間節點，激勵可分為事前激勵、事中激勵和事後激勵。激勵時機存在多種形式，企業應該根據多種客觀條件，進行靈活的選擇，機械地強調某種激勵時機就容易陷入激勵時機的誤區。

1. 事前激勵的誤區

馬雲曾說：「今天很殘酷，明天更殘酷，後天很美好，但大多數人都死在明天晚上，看不見後天的太陽。」為了在今天、明天活得更有盼頭，有希望，為了能有持續的動力堅持活到後天，有效的管理方式是企業給員工描繪公司未來的美好藍圖，並且讓員工知道，目標如果實現，員工能得到什麼樣的獎勵，事前的目標激勵方式可以大大鼓舞士氣。如

同「畫餅」，先畫一個企業發展遠景的「大餅」，讓員工看到未來發展、成長的空間，然後勾勒員工個人利益的「小餅」，讓員工感覺到與企業共享成長發展，個人的結果將是什麼。但這種事前激勵方式在實際工作中容易存在激勵過早誤區。

激勵過早的誤區是指員工的工作能力、企業的績效水平遠遠未達到某種境界，領導過早地向員工表露如果達到那種境界將給員工什麼樣的獎勵。出言過早，時機不到，導致員工覺得領導期望實現的目標根本就是空中樓閣，難以實現，而許諾的獎勵只是信口說說而已。員工在內心裡不認可可能會實現這個目標，也就沒有動力去實現這個目標。例如，很多公司的領導者在年初的時候興奮地宣布，如果銷售收入達到多少，銷售提成獎翻番，新客戶增加多少則銷售提成比例將上漲多少，一些員工會驚訝得瞪大雙眼看看領導，然後冷漠地自顧自地，根本不把領導的話放在心上。因為目標太遙遠，員工打心眼裡認為不可能實現這些目標，這種做法不僅不能夠激勵員工，反而給員工士氣帶來負面影響，員工私底下詆損目標的話語四處彌漫。

案例：國內一流高校的夢想

國內某地方二本高校，剛剛建成了一個面積2,000多畝（1畝≈666.67平方米）的設施一流的新校區。領導雄心壯志，準備大展宏圖，在新校區落成儀式上，慎重地向全校師生宣布，該校將打造成為國內一流的高校，到那時，在這裡教學的老師都將成為國內的知名教授，在這裡讀書的學生都將是公認的名牌大學學生。教師們聽後，都覺得是天方夜譚，名校不是華麗的建築，幾年工夫就可以建成，學科的建設需要一批人的長期不懈堅持和奮鬥。會後，老師們都竊竊私語，覺得領導的講話是一個不切實際的夢想，只是想掙政績。老師們，該干啥干啥，工作態度並沒有什麼改變。

2. 事中激勵的誤區

事中激勵是指在任務執行過程中的激勵。如果說事前激勵是目標激勵、鼓舞士氣，那麼事中激勵是激發潛能、昂揚鬥志。在實際工作中，事中激勵常常出現以下兩個誤區：

（1）有問題才激勵的誤區。在工作執行過程中，領導常常認為目標已經明確，任務已經布置，員工只需努力工作，不需要激勵。特別是當看到員工的工作熱情很高，領導們更認為員工不需要激勵，再怎麼激勵都是多餘的。只有當感到員工的工作態度、工作進度、工作能力有問題甚至很多員工辭職時，領導們才會和員工交流，深入瞭解問題、原因的癥結所在，而結果往往是激勵方式不對、激勵不足。此時，為了讓員工能夠更投入地工作，很多企業都會出抬相關的激勵補救措施。這種員工工作狀態出問題才激勵的方式，會給員工一種錯覺：鬧情緒（之類）能獲得好處，而那些踏實工作的員工卻難以得到好處，此時他們會覺得企業不公平，會哭的孩子才有奶吃。因此，領導者不能等員工的工作態度都出現問題了才著手去解決，而是要在工作執行的過程中有計劃地激勵員工。

案例：員工需要不斷的激勵

有些企業老總認為，任務下達給銷售部門，銷售部門如何完成任務、如何激勵銷售人員都是他們自己的事，與領導沒有什麼關系。然而他們卻沒有意識到激勵員工時領導參與與不參與產生的效果是截然不同的。就好比公司請銷售人員吃一頓飯，假如領導參加，則會使銷售人員感到自己備受重視，當然後期他們會更加賣力。而僅僅銷售部門參與，銷售人員就感受不到領導拉近與自己的距離所產生的信任感和親切感。而這方面，松下電器的創始人松下幸之助的做法值得借鑑。松下幸之助無論每週工作再忙再累，都會抽出時間與公司的 4 名銷售人員一起共餐，從中他可以瞭解市場信息和員工需求，而員工也感到企業對自己的重視和關心，從而增強了員工的向心力和凝聚力，激發了員工的自

豪感。

案例摘自：佚名. 銷售激勵的誤區［OL］.［2014-05-25］http://www.vsyo.com/a/t/c12e1813d0b3a7ed.

（2）中途改變激勵政策的誤區。在工作執行過程中，很多企業常常發現事情的進展和原來的估計相差甚遠，如果原來制定的激勵政策員工太容易實現了，領導層慌忙調整規則，中途改變激勵政策，降低獎勵標準。這種在員工即將贏得獎金的時候改變規則是激發員工不滿情緒的「罪魁禍首」，員工會認為企業就是想省錢，見不得員工拿高收入，企業並不是真心對待員工。即使企業相信自己有很好的理由這樣做的時候，員工也不會輕易諒解企業，反而覺得企業的政策如同兒戲，想變就變，如此往復，員工對企業的激勵政策將抱懷疑、不信任的態度，有些員工一怒之下，甚至離開企業。實際上，在事中調整激勵政策時，一般情況下向下調低獎勵標準容易導致員工反感，向上調高獎勵標準員工會覺得企業有人情味，激勵政策更容易實施。例如，今年企業的新客戶開發非常困難，為了鼓勵員工積極開發新客戶，企業調高新客戶提出比例，員工往往更樂於接受。政策調整後收入更加確定容易被員工接受，而將確定性的高收入調整為不確定性的高收入，容易遭到員工的抵制。比如，有些公司發現當他們為員工提供更多的股權，但減少薪水時，員工反對這一改變，因為員工不知道究竟股權激勵後能拿多少，除非員工確定股權激勵後的薪酬肯定比現在還要高，那麼員工會積極支持這個計劃，如果未來的收入具有很大的不確定性，更多的員工可能會抵制這個計劃。

案例：沒有興趣扔石頭了

幾個小男孩喜歡玩扔石子比賽的游戲，經常把李老頭家的玻璃砸壞。李老頭非常生氣，常常把孩子們教訓一頓，甚至還告訴他們的父母。受到批評的孩子們並沒有因為受到指責而改正自己的行為，而是更

加盡興地和李老頭玩起了貓捉老鼠的游戲，以前的樂趣只是瞄準，現在的樂趣是和李老頭打「遊擊戰」。有一次，李老頭覺得應該改變「戰術」，他把孩子們叫到一起，告訴他們說自己一個人很寂寞，希望能和他們一起扔石子，同時為了鼓勵他們，每打中一塊玻璃，就獎勵孩子一元錢。當孩子們興致勃勃玩了一會兒後，李老頭說，因為他們扔得太準，自己快破產了，所以每打中一塊只能給5角了。這個時候，雖然孩子們還在繼續扔，但已經有些不情願了。最後，李老頭說已經破產了，沒錢再給他們獎勵了，孩子們也沒了興趣，走了。從此以後，孩子們再也沒扔過石子。

本來幾個孩子砸玻璃是他們發自內心喜歡做的一個「游戲」，但李老頭卻通過獎勵措施把內在動機轉化為外在的一種「工作」。雖然「游戲」本身沒變，但激勵政策的不斷調整，讓孩子們覺得自己的「勞動」所帶來的薪酬大大低於自己的預期，感覺和以前因為興趣而做、因為高報酬而做完全不同了，激勵政策的調整成為扼殺孩子們「激情」的最大殺手。

3. 事後激勵的誤區

事後激勵是員工工作績效的結果已經出來了，企業給予相應獎勵。事後激勵是認可激勵，是對員工工作績效的認可、反饋。當員工知道管理層對其工作績效是比較滿意的，並希望幫助他們進一步提高的話，員工更容易、更願意接受改進的意見。在實際工作中，事後激勵常常存在如下誤區：

（1）延期激勵誤區。員工完成了某項任務，期待著企業許諾的獎勵，或者按照慣例，企業將會給員工某種獎勵，但是員工等呀等，很久以後企業才兌現。這種延期的獎勵，在員工長期期望的過程中逐漸變成了失望，儘管後來得到了這筆獎勵，但是員工已經覺得無所謂了，延遲幾周甚至幾個月才發放的獎金削弱了員工與企業之間的情感聯繫，且此時的激勵也難以對員工在這段等待期間的行為給予鼓勵。

案例：遲來的獎勵

某企業在春節期間，搞了一個員工表彰大會，給王濤發了5,000元錢。王濤領過獎，一陣驚喜的背後卻是一臉的茫然，原來他在去年春節的時候值班抓了一個小偷，讓公司財產免於損失，那時候沒發獎，等了一年才得這個獎，王濤覺得都一年了，都沒報什麼指望了，都下過決心以後不要為了公司那麼亡命搏鬥了，如今卻得了這個獎，感覺公司為什麼不早些給自己這個獎呢，讓自己鬱悶了一年。

如果企業覺得員工的某種行為值得企業給予獎勵，如果企業期望激勵能夠影響員工未來的行為，在激勵員工時，企業應該採取及時激勵的做法，隨時隨地給予獎勵，讓員工能夠得到來自組織的認可、嘉獎。及時激勵並不意味著對員工的任何出色表現都予以經濟獎勵，有時表揚、鼓勵、拜訪等都是很好的激勵方式。

案例：賞不逾時

美國一家名為福克斯波羅的公司，專門生產精密儀器製造設備等高技術產品。在創業初期，一次在技術改造上碰到了若不及時解決就會影響企業生存的難題。一天晚上，正當公司總裁為此冥思苦想時，一位科學家闖進辦公室闡述他的解決辦法。總裁聽罷，覺得其構思確實非同一般，便想立即給予嘉獎。他在抽屜中翻找了好一陣，最後拿著一件東西躬身遞給科學家說：「這個給你！」這東西非金非銀，而僅僅是一只香蕉。這是他當時所能找到的唯一獎品了，而科學家也為此感動。因為這表示他所取得的成果已得到了領導人的承認。從此以後，該公司授予攻克重大技術難題的技術人員一只金制香蕉形別針。

激勵的及時性要根據不同工作的性質，恰當地給予激勵。對於員工錯誤的行為、低劣的業績，企業需要及時批評，而且需要每次都批評，

否則員工會存在僥幸心理，覺得偶爾做一次只要運氣好是不會受到處罰的，從而導致錯誤行為難以杜絕。當工作項目具體，持續時間較短，目標明確，時限性強時，它要求領導能夠及時發現問題及時糾正錯誤，及時發現好人好事及時給予表揚，如果延遲激勵，則沒有機會對以後的行為產生激勵作用。對於工作項目範圍較廣，持續時間長，多階段多目標的任務，如年度工作、三年規劃、五年發展目標等，企業需要在各個階段和整個任務結束時，進行考核、評比，此時可以稍微延時激勵。如果在活動中僅僅憑部分印象和材料給予獎懲，會以偏概全，難以服眾。對於隨機性的工作，由於任務具有臨時性、突發性和各部門之間的相互協調性，又由於事件的複雜性和不確定性難以衡量，任務持續時間難以明確，激勵的時機應該根據實際情況和需要激勵的急緩程度，採取及時性激勵或者延時性激勵。

（2）「空頭支票」誤區。事前的目標激勵能夠激發員工的鬥志，但是關鍵在於「餅」烙好了以後，企業是否能夠讓員工品嘗到「餅」的香氣？如果員工能夠在事後實實在在地獲得事前領導許諾的獎勵，那麼員工的士氣將持續高漲；如果事後領導沒有兌現事前的承諾，那些獎勵如同「空頭支票」，激勵制度形同虛設，這種「寫在紙上，掛在牆上，風一吹掉在地上」的激勵方式，將極大地打擊員工的積極性，將使員工失去對領導的信任，對企業的信任。

案例：承諾不兌現，亂開空頭支票

39歲的劉慧以前是一家家族企業的地區銷售經理，那份工作令她有點小小的受傷。「那家家族企業是一家快速消費品生產廠家，老板最大的一個毛病，就是喜歡開『空頭支票』。」

「我們地區，每年完成的銷售額達數百萬元。去年年初，老板承諾，如果全年完成1,000萬元銷售額，超出的部分，按照一定的比例獎勵給辦事處，留作日後的市場開發費用和福利。我們當時很高興，倒不是單純指望著福利，而是我們市場開發資金一直不足，多一些這方面的資金

是再好不過的事。所以，我們很努力地干，年底，終於完成了1,000萬元的銷售額。」劉慧和同事們當時很興奮，開始盼望老板的承諾能夠兌現，「年輕員工開始向往出國旅遊，我們幾個經理開始安排下面的市場佈局。」

可是，左等右等，這筆獎勵最終還是沒有等來。「後來，我們忍不住旁敲側擊提醒她，她卻裝得一臉迷茫地說，我根本不知道有這回事！」劉慧說，因為老板的「空頭支票」，讓她變得很被動，「我該如何面對我的下屬呢？當初，我可是向他們轉達了老板的承諾啊！」劉慧一臉的苦惱。

後來，這類「空頭支票」的事情一再發生，慢慢地，劉慧對上司失去了信任。終於有一天，她離開了這家公司。劉慧說，她十分不認可上司開「空頭支票」的行為，「不管你出於什麼目的，也不管你遇到怎樣的突發狀況，承諾的事情一定要辦到，辦不到的話要主動給予解釋和溝通，這是最起碼的職場誠信。」劉慧說，現在每當要向自己的下屬許諾什麼，心中都會想起以前的老板，「提醒自己引以為戒，不要輕易失去下屬的信任。」

案例摘自：張藜藜．上司的「空頭支票」[N]．杭州日報，2012-08-15.

有不少領導都有與上述案例類似的喜歡開「空頭支票」的習慣，不珍惜一諾千金的價值。當他為此次不花分文而調動了員工積極性而沾沾自喜時，卻不知其言而無信的行為將反向刺激員工，等待他的將是員工長時間的消極怠工和企業信任隱患。因此，企業一旦設立激勵制度，決不能無緣無故不執行，「君子重諾」才是為人之道，經商之本。即使當因為某種原因或者客觀條件變動導致領導難以實現諾言時，迴避、不正面面對是不明智的決策，管理者不能期望曾經的承諾能悄無聲息地自然消退，管理者應該和員工溝通，獲得員工的理解。有些情況下，管理者可以將先前的承諾方案進行調整，採取「補償」策略，讓員工知道

企業、領導是言而有信的。

案例：從反感到理解

張偉在一家廣告公司任職，說起上司的空頭支票，他有太多的感受。

一次，陪上司去談生意，張偉準備得很充分，把整個創意概念、實施流程都講得很清楚、很出彩，客戶當下就敲定了這筆合作。在回程的車上，上司對張偉說：「你立了大功，要好好獎勵你。」後來他去出差了，回來後，上司也沒有再提起這件事，張偉頗有些無奈。「不說不要緊，說了心裡就有個念想了，不舒服，還不知道怎麼提醒他。」張偉現在說起來還哭笑不得，「有幾次我對他說起這個事，他非但閉口不談獎勵的事，還像沒事人似的，叫我多多集思廣益，想想新的包裝方案。」

這事過去沒多久，一天晚上，張偉獨自加班趕方案。就在張偉專注地敲著鍵盤的時候，上司走過來，原來，他也沒下班。他對我說，上次的合作能談成，我立了汗馬功勞，承諾給我獎勵的事情，他也一直沒有忘記。只是現在合作進行得不是很順利，所以，經費有些緊張，希望我能理解。上司這番誠懇的言語，讓張偉覺得很感動。「其實，作為一個下屬，干好工作是應該的。怎麼會計較一份獎勵呢？」張偉說，有時候，直接跟下屬說出自己難處的上司比硬撐著讓承諾落空的上司可愛得多。

案例摘自：張藜藜. 上司的「空頭支票」[N]. 杭州日報，2012-08-15.

（3）獎勵發放過程不重要的誤區。獎勵政策到了最後實實在在落實的環節，很多企業認為把獎品、獎金發到員工的手裡，激勵就算完成了，卻沒有考慮發放方法、發放過程的差異會直接導致激勵效果的不同。例如，企業如果在給員工發獎品的時候，將企業未來的發展和當前的困境與員工交流，傾聽員工的觀點、經驗、進一步改進的思路，傾聽員工自身未來的打算，將會讓員工更有被重視的感覺，拉近員工和企業

之間的感情。又如，企業在發放獎金時，悄悄地把錢打到員工的帳上，或者通過某種頒獎儀式，並邀請獲獎者的父母、孩子、配偶等人參加，其取得的效果將會有很大的差異。

案例：中國文化情結的獎金發放

和西方人個體意識獨立不同，中國人的家庭觀念特別強。建立和維繫家庭及各種業內圈子等人際關係，是國人生活當中舉足輕重的部分。這些「圈子」中最最核心的是直系親屬，即父母、子女、配偶和兄弟姐妹。當圈子中某個人獲得升遷、嘉獎，整個家族都會覺得是一種榮耀。有些企業根據中國的這種獨特的文化情結，專門在獎金項目中設置了「孝順金」的獎勵，例如每個員工每月拿出100元的工資作為孝順金，企業再添補等值的孝順金，到了年底，企業會代表員工一次性給父母送去或者匯過去，這種獎金發放方式不僅讓員工深受感動，而且父母也被「拉攏」到保留人才的陣列中。所以，同樣的獎金，發放方式的不同，取得的效果是有很大差異的。

六、激勵頻率的誤區

激勵頻率是指在一定時間裡進行激勵的次數，一般是以一個工作週期為時間單位的，例如自然年度。激勵頻率與激勵效果之間並不完全是簡單的正相關關系，也就是說並不是激勵次數越多，激勵效果越好，但也不是說激勵次數少，激勵效果就好，而是要把握一個恰當的度。激勵頻率的選擇受很多客觀因素的影響，包括工作的內容和性質、任務目標的明確程度、激勵對象的素質、工作環境等。例如，對於各方面素質較差的工作人員，其理解能力、領悟能力比較低，企業可以提高激勵頻率；而對於各方面素質較好的工作人員，其本身就具有較強的成就動機和領悟能力，稍加點撥就可以充滿熱情地投入工作，企業可以降低激勵頻率。再如，對於工作條件和環境較差的工作崗位，企業可以提高員工

的激勵頻率，讓員工感受到企業對其的關心和體諒。當然，具體激勵頻率應該怎樣，企業通常需要因人、因事、因地制宜地實施。在日常工作中，企業常常出現如下激勵頻率誤區：

1. 簡單工作不需要激勵的誤區

一般而言，複雜性強、比較難以完成的任務，激勵頻率應當高，在員工洩氣、灰心的時候，在員工取得進展的時候，在員工冥思苦想、加油苦幹的時候都可以適時給予激勵；對於目標不明確、任務週期較長的工作，激勵頻率應該低；對於任務目標明確、短期就可見成果的工作，激勵頻率應該高。而對於工作任務比較簡單，工作流程比較固定，技能需要單一，對員工創新力的要求不高，不需要員工多高的素質，勞動力市場可以很容易找到替代的勞動者，很多企業認為這類工作就不需要激勵了，給予市場化的薪酬就可以了。實際上，做好這類簡單工作最重要的任職資格是員工的敬業精神、責任感，特別是直接面對客戶、從事簡單工作的員工，其工作的成果直接影響著企業的公眾形象，其服務質量、危機事件的處理態度等都要求其具有較高的敬業態度，才能將簡單的工作做好。而員工的敬業精神和責任感不是與生俱來的，而是需要企業激勵的。

案例：士為「讚賞」者死

韓國某大型公司的一個清潔工，本來是一個最被人忽視、最被人看不起的角色，但就是這樣一個人，卻在一天晚上公司保險箱被竊時，與小偷進行了殊死搏鬥。事後，有人為他請功並問他的動機時，答案卻出人意料。他說，當公司的總經理從他身旁經過時，總會時不時地讚美他「你掃的地真乾淨」。

你看，就這麼一句簡簡單單的話，就使這個員工受到了感動，並「以身相許」。這也正合了中國的一句老話「士為知己者死」。

怎樣才能更好地激勵從事簡單工作的員工呢？對於基層員工而言，

其工作有兩個主要動機：一是經濟性動機，通過工作獲得足夠的金錢收入，用於滿足生存的需要，這是員工最根本最主要的動機，可以被稱為「限制動機」，其高低往往影響員工的就業選擇；二是情感歸屬動機，員工希望在工作中受到企業的認可、尊重，找到合得來的同事，能夠在情感上得到來自組織和同事的支持。企業要激勵基層員工，應該從這兩方面著手。

案例：基層員工激勵故事

某快遞公司的司機老王，因為家中老人生病，一向工作踏實認真本分的他，最近也老是早出晚歸，疲憊不堪，還利用工作之便干私活……一看到這種現象，運輸部的李經理心裡直咕嚕，怎麼辦？來到人力資源部，和人資經理一協調，提出了如下方案：

首先在物質上給予支持。對於生活困難的老王，公司可提供低息貸款，幫助老王度過因意外而急需用錢的難關；對於老王以往一貫積極工作的態度，可給予物質獎勵作為補貼家用；由於老王家老人生病，可能會經常請假，因此建議對老王這樣的員工實行帶薪休假制度。

其次，在情感上給予支持，將企業文化與激勵結合起來。領導在情感上應多給予關心，員工之間提倡互助友愛，使老王在工作中能夠感受到來自員工之間的關愛，來自領導的關懷，情感上得到支持；在生活上，排除後顧之憂，比如在老王家老人出院的時候，由公司出面贈送鮮花和營養品表示慰問，從情感上提高老王對公司的滿意度和忠誠度。

再次，對於工作，老王干私活的行為，企業必須立即制止。

案例轉摘自：佚名. 基層員工激勵故事［OL］.［2014-05-25］http://info.10000link.com/newsdetail.aspx？doc=2009060200009.

2. 激勵頻率多少對激勵效果沒有影響的誤區

很多企業認為員工在獲得激勵物的時候，只關心激勵物的多少，而不關心激勵的頻率。例如，員工的年終獎假設是 5 萬，很多管理者認為

企業一次性發給員工和分多次發給員工效果是一樣的，因為員工是理性人，年底了，會核算企業究竟今年發了多少錢給自己。實際上，這種理解是不正確的，因為年終的時候一次性發年終獎，這種激勵方式在年終獎發放前後的短期內或許會推動員工工作的積極性，但要讓員工因此而有持續一年的工作熱情，實際上是不可能的。而當企業採用一年多次發放的方式，儘管獎金總額還是那麼多，但是每一次發放都能讓員工在短期內多一點滿意度和工作積極性，對企業來說，獎金發放的邊際收益就提高了。例如有一個知名企業，在薪酬設計的時候，將工資按月發放，將獎金設為季度獎、半年獎和年度獎，這樣一來，員工一年有好幾次發獎金的時間，員工覺得公司經常發錢，幸福感大大提升。這種獎金分次發放還可避免員工混日子和員工流失的情況。一次性獎勵對那些已找好新東家，卻要苦等年終獎發放日期的員工而言，最後待在企業等年終獎的時間大多都是在混日子，而且還會把這種負面的情緒傳染給周邊的員工；如果獎金是多次發放，發完這一次就離下一次不遠了，員工就總有一些期待，可以降低員工的離職願望。

當然，激勵頻率不是說越多越好。實際上，激勵頻率太高，時間間隔太短，員工會覺得厭倦，反而起負面影響；而且激勵頻率高，意味著每一次發放的獎勵就比較少，難以激發員工努力工作的動機，而且獎勵過低，反而讓員工覺得企業小氣，對企業的獎勵不上心。例如，有一個企業總喜歡隔三岔五的給員工發米、發油、發 100 元的購物卡，員工覺得那些都是不值錢的東西，覺得這是企業給自己的福利，該得的，員工的積極性並沒有因此而提高，反而抱怨企業能不能發點價值大的產品呀。

企業在激勵員工的時候，可以將不同的激勵項目安排在不同的時間段，而不是同一個時間段，這樣更能激勵員工的積極性。例如，有些企業年終的時候又是發年終獎，又是表彰先進，所有的獎勵活動都安排在這個時間段，理由是這個時間有空，業績都出來了，讓員工好好地高興一場。實際上，這種方式和一次性發獎金一樣，難以讓員工保持一年的持續工作積極性，如果將這些獎勵項目安排在不同的時間段，每一個時

間段員工都有幸福感、努力工作的理由。因此，如果有三個好消息要告訴員工的時候，應該間隔一段時間分別告訴員工。當然間隔時間不能太長，特別是相關的兩項獎勵，間隔時間更不能太長。

七、激勵程度的誤區

激勵程度的不當是指企業在獎勵員工時，給予了員工過分優厚的待遇，讓員工覺得得來全不費工夫，一下子所有的慾望都得到了滿足，喪失了繼續努力發揮才干的積極性；或者在獎勵員工時，給予了員工過分吝嗇的獎賞，讓員工覺得根本不值得這樣努力干；而在處罰員工時，又給予了員工過分苛刻的批評和懲罰，導致員工努力進取的信心被摧毀，乾脆破罐子破摔；或者處罰時給予的懲罰過於輕微，讓員工覺得無所謂，對錯誤的行為難以引起高度重視。因此，在激勵過程中，激勵程度直接關系到激勵的效果，能否恰到好處地掌握激勵程度，直接關系到激勵作用的發揮。激勵程度過度化或者激勵程度不足都難以實現激勵的目標。激勵程度不是越高越好，有時候，超出了一定限度，不僅沒有激勵作用，甚至還會起反作用，正所謂「過猶不及」。

一些企業流行摳門文化，吝嗇於給予員工獎勵。為了節約成本，企業常常以低薪招收雇員，福利待遇在這裡一切免談，員工沒有努力工作的動力和激情，繼續工作往往是希望通過這裡的學習鍛煉，有朝一日能夠擁有跳槽、另投明主的資本。這樣的企業，表面上看，是節約了不少成本，但是企業沒有凝聚力，如同一盤散沙，員工流失率高。做企業，目的是和員工一起做大蛋糕，創造更多的價值，千方百計地克扣員工所得，這是方向性的錯誤。有人說：「我不是因為錢多而支付高工資，而是因為支付高工資而有許多錢。」這句話道出了員工激勵的真諦。

小結：將以上這些激勵機制存在的激勵誤區進行總結，可以得出從激勵目標存在的誤區到激勵程度存在的誤區，一共有 31 種常見激勵誤區，如表 2-1 所示。這些激勵誤區的存在，導致企業的激勵活動常常失

效，應該怎樣進行激勵機制的設計，才能更有效地避免這些激勵誤區呢？除了激勵機制設計的步驟需要考慮外，企業需要思考激勵機制設計的思路。

表 2-1　　　　　　　　　激勵機制誤區表

誤區來源	主要表現形式
激勵目標誤區	1. 激勵目標就是經營目標 2. 激勵目標過於複雜 3. 激勵目標缺乏整體性 4. 激勵目標的偏離 5. 激勵目標的不公平 6. 激勵目標違反了企業或員工的價值觀
激勵對象誤區	1. 激勵對象的固定化 2. 激勵對象的比例化 3. 激勵對象的新人化 4. 激勵對象領導偏好化 5. 激勵對象的「大鍋飯」
激勵物誤區	1. 以職代賞 2. 激勵就是加薪、發獎金 3. 激勵物的固化
激勵方式誤區	1. 激勵就是獎勵 2. 激勵依據的「刻板化」 3. 激勵標準的隨意化和教條化 4. 激勵方式的錯位 5. 越級激勵的誤區 6. 激勵方式的不公平 7. 用道德覺悟替代激勵制度 8. 重個體激勵，輕群體激勵
激勵時機誤區	1. 事前激勵誤區：激勵過早誤區 2. 事中激勵誤區：有問題才激勵誤區、中途改變激勵政策的誤區 3. 事後激勵誤區：激勵延時誤區、「空頭支票」誤區、獎勵發放過程不重要的誤區
激勵頻率誤區	1. 簡單工作不需要激勵的誤區 2. 激勵頻率多少對激勵效果沒有影響的誤區
激勵程度誤區	激勵程度不當的誤區

第三章

目標激勵設計

功之成，非成於成功之日，蓋必有所由起。
禍之作，不作於作之日，亦必有所由兆。

——宋·蘇洵《管仲論》

企業的經營目標、業績目標、戰略目標本身就是對員工的一種激勵，通常稱之為「目標激勵」，即通過企業經營目標的引導來讓員工看到企業和自己未來的藍圖和遠景，未來具有吸引力的前景將激勵員工努力工作。在實踐工作中，幾乎每個企業都會制定未來的發展目標，甚至制定員工的工作績效目標，這樣是不是就可以激勵員工了呢？從企業目標激勵的效果來看，並不是每一個企業的目標激勵都對員工產生了激勵作用，那麼應該怎樣進行目標制定呢？目標激勵的機制設計應該如何操作呢？是否還有其他的目標激勵方法？

一、目標設定的技巧

員工在工作中會面臨各類工作目標和任務。有的目標比較籠統、含糊，有的目標具體、明確；有的目標簡單易行，還有的目標則複雜而困

難。那麼什麼樣的目標才是好的目標呢？一般而言，目標的設定應該符合與工作相關、具體的、可實現的、現實的、可衡量的、有時限的六個要求，這樣的目標更容易激發員工努力工作，在工作中更容易操作。

（一）設定與工作相關的目標

目標要與員工的本職工作相關聯。比如酒店的前臺服務，設定的目標是日常接待英語流暢，這個目標和前臺接電話以及接待的服務質量有直接關聯，員工更願意投入，而如果設定的目標是質量管理的六西格瑪（6sigma 這一目標與提高前臺工作水準這一目標相關度很低），員工的積極性就會較低，員工甚至不知道自己的工作應該在哪些方面達到6sigma。

（二）設定具體的目標

具體的（Specific）目標是指業績指標不能籠統，言無所指，不能模稜兩可，要有具體的指向和明確的工作指標。例如，為了激勵銷售人員努力工作，很多公司都規定銷售任務指標，如銷售額、新顧客數量、利潤率等，如果某銷售人員的目標設定是提高銷售額，增加新顧客數量，這樣的業績目標就比較籠統，究竟提高多少銷售額、增加多少新顧客數量才算是目標達成呢？此時，目標如果設定為銷售額或者新顧客數量比上期增長至少 10%，目標會更加具體明確，員工能更清晰地知道自己奮鬥的目標。再如，有的企業戰略目標定位：成為本行業中最具競爭力的企業。但什麼是最具競爭力，是價格最具有競爭力，還是成本抑或技術？目標比較模糊，員工難以知曉具體的目標是什麼，難以達成對員工的激勵作用。即使是定性的工作，也應該盡量設定具體的定量化目標，例如公司前臺接待員的工作職責是轉接電話，如何定量化？第一，迅速（電話振鈴不超過三次）；第二，聲音親切、清晰（您好，這裡是某某公司）；第三，周到（在分機電話人員不在座位時，準確紀錄來電人員姓名、電話）。這樣的目標設定非常具體，員工能明確清晰地知道

自己應該如何做。

案例：馬拉松比賽——目標的激勵作用

山田本一是日本著名的馬拉松運動員。他曾在1984年和1987年的國際馬拉松比賽中，兩次奪得世界冠軍。記者問他憑什麼取得如此驚人的成績，山田本一總是回答：「憑智慧戰勝對手！」大家都知道，馬拉松比賽主要是運動員體力和耐力的較量，爆發力、速度和技巧都還在其次。因此對山田本一的回答，許多人覺得他是在故弄玄虛。

10年之後，這個謎底被揭開了。山田本一在自傳中這樣寫道：「每次比賽之前，我都要乘車把比賽的路線仔細地看一遍，並把沿途比較醒目的標誌畫下來，比如第一標誌是銀行；第二標誌是一個古怪的大樹；第三標誌是一座高樓……這樣一直畫到賽程的結束。比賽開始後，我就以百米的速度奮力地向第一個目標衝去，到達第一個目標後，我又以同樣的速度向第二個目標衝去。40多千米的賽程，被我分解成幾個小目標，跑起來就輕鬆多了。開始我把我的目標定在終點線的旗幟上，結果當我跑到十幾千米的時候就疲憊不堪了，因為我被前面那段遙遠的路嚇到了。」

案例來源：佚名. 7個經典故事讓你明白目標管理的重要性［OL］.［2014-05-30］http://www.ipc.me/manage-your-target-is-important.html.

(三) 設定可實現的目標

可實現的（Attainable）目標是指目標是員工能夠達到並且願意達到的。在員工付出努力的情況下可以實現，工作目標要有一定的挑戰性，避免設立過高或過低的目標，過低的目標員工不努力也能達到，簡單重複、缺乏挑戰性的工作很多員工都不太有興趣，難以起到激勵作用，過高的目標如同「摘星星」，員工即使努力也難以達到。研究表

明，中等難度的目標使人知覺到目標達成的機會，而工作的一些小小的、正面的成就感會有利於員工慢慢建立自信，增強工作的「自我效能感」。自我效能感的概念是著名心理學家、社會學習理論的創始人班杜拉（Bandura, 1977）最早提出的，他認為「自我效能感」是員工對自己「完成特定工作或任務所需能力的自我判斷或自我評估，也是對其能勝任特定工作或任務的一種信念」。如果在工作中員工判斷自己擁有實現目標的能力，他就會努力工作，從而帶來工作績效，工作績效又能夠影響員工的自我效能感，從而形成「效能感—績效螺旋」，即自我效能感增加，進而影響工作績效，工作績效提高，員工的自我效能感增強，如此循環往復，形成交互式正向循環影響關系。例如，企業今年的銷售收入為1,000萬元，那麼明年的銷售任務目標如果定位為1億元，在基本條件沒有根本性改觀的情況下，這個目標顯然太難，員工自我效能感很低；如果目標設定為800萬元，員工覺得太容易完成，這兩種情況員工都會沒有太強的工作積極性，目標必須是員工需要努力才可以完成的目標。

　　目標的可實現性，就要求管理者在設定目標時，不能夠一次性地給員工很多有挑戰性的目標。因為成功的經驗能夠提高自我效能感，多次的失敗則會降低自我效能感。人們通常的習慣是，當要求太多，其中有一項做不到，就可能全盤放棄。因此，當員工面臨多任務、有難度的目標時，企業可以挑一件可行但有難度的目標作為工作目標，尤其是第一次，或者將目標分為不同的階段，讓員工逐漸完成。

　　目標的難度不僅影響員工對工作的承諾度，而且還會影響工作滿意感。當任務越容易時，越易取得成功，個體就會經常體驗到伴隨成功而來的滿意感。當目標困難時，取得成功的可能性就小，從而個體就很少體驗到滿意感。這就意味著容易的目標比困難的目標能產生更多滿意感。然而，達到困難的目標會產生更高的績效，對個體、對組織有更大的價值。因此，在企業管理實踐中，讓員工獲得更高的滿意度好呢？還是組織取得更高的績效更為重要呢？如何平衡這種矛盾，有下面一些可

能的技巧：

（1）設定中等難度的目標，從而使個體既有一定的滿意感，同時又有比較高的績效。

（2）當達到部分的目標時也給予獎勵，而不僅是在完全達到目標時才給。

（3）使目標在任何時候都是中等難度，但不斷小量地增加目標的難度。

（4）運用多重目標—獎勵結構，達到的目標難度越高，得到的獎勵越重。

目標能否具有可實現性，不是依據領導的主觀判斷，而是依賴於具體從事這一工作的員工的判斷。如果目標是員工認為能夠接受的、可達到的指標，員工具有對目標的承諾，願意努力工作；如果目標是領導者利用權力強壓給員工的指標，強壓的目標影響員工的承諾度，一旦目標完成不了，下屬有一百個理由可以推卸責任，認為這是領導目標設定不合理的原因。因此，業績目標應該是員工認可的、具有一定挑戰性的、可以通過努力實現的。

案例：目標的可實現性

2009年，巧勝家具公司召開年度工作會，總經理吳先生制定了公司今後五年的發展目標。包括：

（1）臥室和客廳家具銷售量增加20%。

（2）餐桌和兒童家具銷售量增長100%。

（3）總生產費用降低10%。

（4）新雇傭工人數不超過3%。

（5）準備上馬一條庭院金屬桌椅生產線，爭取5年內銷售額到500萬元。

聽完總經理的目標，公司副總經理老李覺得總經理根本就不瞭解公司的具體情況，因為：

第一項目標——太容易實現，這是本公司最強的業務。

第二項目標——很不現實，在這領域，公司就不如競爭對手，絕不可能實現 100% 增長。

第三項——難以實現，由於擴大生產，要降低成本，無疑會對工人和採購施壓。

第四項——有些意思，可以改變公司現有產品線都以木材為主的經營格局，但未經市場調查，怎麼能確定 5 年內達到 500 萬元呢？

看著這些目標，老李的心裡直打鼓，今後 5 年自己應該怎樣做？

(四) 注重結果導向的目標

重視結果導向（Result-based），而不只是過程。例如，1 個月減重 1 千克，而不只是每天早上不吃飯；或托福成績提升 50 分，而不只是每天花時間背單字。一些企業的績效考核關注員工遲到多少次，缺勤多少次，這些是不是完成企業績效目標最為關鍵的因素呢？對於安全保衛部門可能是關鍵的過程，對於智力勞動者來說這些可能不是最為關鍵的。企業的目標設定應該挑選對企業有影響力的，或重要的方面。

案例：讓員工敲鑼

臺灣有一家公司，在公司的大廳裡，裝置了一個大銅鑼，只要業績突破新臺幣 100 萬的人，就可以去敲它一響，突破 200 萬則敲它兩響，依此類推。該公司的辦公室，就緊臨著大廳，所以，只要這個銅鑼被敲，它的聲音馬上會傳入辦公室內，也等於是告知全辦公室內的人，有人的業績突破百萬大關了，當這位敲鑼的同仁步入辦公室的同時，所有的人又都會起立鼓掌，給予他英雄式的歡呼。據該公司管理部門有關人員表示，這種被大家鼓掌歡呼的場面，是多麼有面子的一件事。當然，誰都希望自己是下一個敲鑼者，也接受大家的歡呼，不過，想要敲響它，首先是把業績給做到，該公司裝置這個大銅鑼的目的就是通過業績

目標引導員工努力工作。

　　這個企業沒有設定轟轟烈烈的簽訂責任書儀式，沒有讓員工慎重地許下承諾，沒有一天到晚督促員工，只是輕輕地告訴員工，公司可以為他鼓掌喝彩的是什麼，員工就士氣高漲地創造了公司所想要的一切。

（五）可衡量的目標

　　可衡量的（Measurable）目標是指業績目標是否達到以及達到的程度要有具體的橫向標準，如果無法判斷，員工就不知道自己做到何種程度了，離目標實現還有多遠。例如，不要將目標定為「多做善事」，這不夠具體，也無法衡量，可改為每個月到老人院做義工一次。再如，營銷目標是「增強客戶意識」的描述就很不明確，因為增強客戶意識有許多具體做法，如減少客戶投訴、提高服務速度，如果把這個目標明確為減少客戶投訴，將客戶投訴率從3%減低到1%，將更加具體。

案例：游泳的故事

　　1952年7月4日清晨，加利福尼亞海岸下起了濃霧。在海岸以西21英里的卡塔林納島上，一個43歲的女人準備從太平洋遊向加州海岸。她叫費羅倫絲·查德威克。

　　那天早晨，霧很大，海水凍得她身體發麻，她幾乎看不到護送她的船。時間一個小時一個小時地過去，千千萬萬人在電視上看著。有幾次，鯊魚靠近她了，被人開槍嚇跑了。

　　15小時之後，她又累，又凍得發麻。她知道自己不能再遊了，就叫人拉她上船。她的母親和教練在另一條船上。他們都告訴她海岸很近了，叫她不要放棄。但她朝加州海岸望去，除了濃霧什麼也沒看到。

　　人們拉她上船的地點，離加州海岸只有半英里！後來她說，令她半途而廢的不是疲勞，也不是寒冷，而是因為她在濃霧中看不到目標。查德威克小姐一生中就只有這一次沒有堅持到底。

目標要看得見，夠得著，才能成為一個有效的目標，才會形成動力，幫助人們獲得自己想要的結果。

案例來源：佚名. 7個經典故事讓你明白目標管理的重要性［OL］.［2014-05-30］http://www.ipc.me/manage-your-target-is-important.html

（六）有時間限制的目標

有時間限制的（Time-bound）目標是指目標要設置具體的完成時間。在擬訂計劃時，光是有目標還不夠，更重要的是「確認最終目標的完成日期」，給予員工「限時完成的壓力」，員工便於對目標完成的進度進行把控，合理安排工作計劃，否則目標的實現過程很容易變得散漫冗長，不了了之。唯有在「落實的時間」十分明確時，才能降低懶散怠惰的傾向。

「知易行難」，要實現某個目標往往需要員工持久的堅持和努力，此時企業可以擬訂長、中、短期行動計劃，讓員工不僅明確自己「今天要做什麼」，而且通過長期目標明確「明天將做什麼」，避免因「看不到成果」帶來沮喪，造成怠惰與懶散。長期目標當然就是「最終目標」，中期目標則是進行到中段時的「檢驗點」，短期目標是中期目標的細分化，找出「每月甚至每天明確該做的事」，這樣目標實現的成功概率會比較高。試想，「我們企業將在半年後銷售業績達到1億元」，相較於「總有一天我們企業的銷售業績將成為全行業第一」，何者較為明確可行？

已有的研究表明，與含糊的、容易的目標相比，與工作相關的、具體的、中等難度的、可實現的、可衡量的、有時間限制並且反饋性強的目標，更能夠激發員工努力工作的動機，增強堅持性、促進任務有效完成。

二、目標激勵設計的思路

(一) 以經營目標為主導的激勵機制設計思路

這種激勵機制的設計思路是現代管理大師彼得・德魯克於 1954 年在《管理的實踐》中首先提出的。它主要是通過上下級共同參與協商和制定部門目標、個人目標，用設定的目標來激勵人們的動機，指導人們的行為，在工作的過程中員工自我控制、自我管理的授權式管理，充分調動員工的積極性，員工工作貢獻以最終勞動成果是否達到目標標準為衡量依據。這種激勵方式的操作步驟是：

第一，企業在外部環境和內部條件分析的基礎上，通過上下級意見的溝通，制定出企業的總經營目標。

第二，通過自上而下、自下而上的方式上下級共同商量將總經營目標層層分解、層層落實到各部門和各個員工，並明確相應的權利、責任和資源條件。

第三，下屬通過自我管理和自我控制開展工作，上級管理人員主要是指導、協助、檢查、提供信息和創造良好工作環境，而不是指揮、命令、監督。

第四，目標成果的評價。企業通過目標的完成程度與員工的努力程度來評價員工的工作業績，而不是根據領導印象、員工工作態度等定性因素來評價。

這種以經營目標為導向的激勵方式，具有以下特點：

（1）員工對目標的承諾是實施的前提條件。目標是員工參與制定的，自己認同的，內心深處沒有抵觸心理，這意味著員工對這個設定的目標做出了承諾，在工作中不會降低目標也不會放棄目標，有為目標實現負責的熱情和能力。員工對目標的承諾，源於員工的自我效能（Self-efficacy）評價，員工對自己能否成功地完成這些目標所具有的信息、

信念的主觀判斷，即成功的信念：「我能行」。自我效能的信念決定了面對目標員工如何感受、如何思考、如何自我激勵和如何行動，積極的自我效能感使員工覺得自己有能力達到設定的目標，將會持有積極的、進取的工作態度，而當員工持有消極的自我效能感時，認為無法實現目標，對工作有消極迴避的想法，工作積極性將大打折扣。大量的研究表面，設置具體的、有中等挑戰性的目標能夠激發員工的成就動機，讓員工更具有積極的自我效能感。

（2）充分授權和環境創造是實施的基本要求。在工作中，企業為員工提供各種資源和條件，充分授權給員工，讓員工有工作的自主性，不需要強制和命令，把達成目標的種種方式、方法的選擇權交給了員工，員工可以自由發揮，自由施展才能，這樣的工作大大地增加了員工的自主性和挑戰性，提高了員工工作的動機。以往是按照上司的指示工作，現在是自己動腦筋做事，員工更有工作的成就感、責任感和能動性。

（3）目標能否實現是評價的客觀標準。除非完成目標，否則得不到好的評價，態度再好、能力再強也沒有用。因此，目標管理的主旨是用目標引導員工，用自我控制代替壓制式管理，用目標達成推動員工盡力把工作做好。

由上述目標管理激勵機制的特點可以看出這種激勵機制設計具有以下技巧：

（1）從激勵目標來看，目標明確，不僅將組織的經營目標分解為個人的經營目標，將個人的經營目標作為激勵目標，而且將目標的實現與否作為考核的標準。除此以外，企業也可以採用願景激勵，用企業勾畫的藍圖與員工共勉。例如，目前有很多企業採取股權激勵計劃，尤其是針對中高層的領導者和骨幹技術人員，讓員工感覺到跟公司的命運息息相關，企業做得好，個人的收穫就越大，從而對員工產生很強的激勵效果。

（2）從激勵的對象來看，並不是所有企業都適合用這種激勵方式，

這種激勵適合自主管理和自我控制能力較高的員工。當企業與員工達成目標時，這類員工能夠自動、主動地完成目標，這種情況常常要求員工有較強烈的成就慾望或者自我實現慾望，而且員工的能力達到一定的水平，能夠自動自發地完成任務。

（3）從激勵物來看，企業主要通過授權、資源環境條件的創造、領導的輔導方式來幫助員工實現激勵目標，更注重員工工作成就感、工作自主性的內在精神需求的滿足。

（4）從激勵方式看，採用公開的激勵，公開制定的目標，目標是事前達成的固定目標。在業績評價時，企業按照事前的目標作為標準進行公開、公平的考核和反饋。激勵方式強調公開性和公正性，強調起點公平，過程自主，結果公平。在工作過程中，各級管理者可以通過目標的執行情況對下級進行有效管理，並且可以根據目標完成情況衡量員工的貢獻，避免事後「蓋棺定論」或「追認」的被動考核。而領導者對員工的實際評價，會影響員工的自我效能感，正向的自我效能感能夠提高員工的工作積極性。

（5）從激勵實施的環境看，企業面臨的環境要相對固定，目標不能經常變動，否則將花很多時間反覆商討上下級認同的目標。

（6）從激勵時機來看，注重事前激勵，在活動開始前，要讓員工從內心認同組織的目標和個人的目標。這種認同是員工內心的承諾，願意努力去實現這個目標，這種目標不是組織強加給員工的。當組織強制性地把目標下達給各員工時，由於員工內心存在抵觸心理和消極思想，往往難以對員工產生激勵。

案例：目標能激勵員工嗎？

某企業的總經理，大家對其評價褒貶不一，生產部經理和採購部經理是這樣評價的：

生產部經理說：「我不能說我很喜歡經理，不過至少他給我那個部門設立的目標我能夠達到。當我們部門圓滿完成任務時，他是第一個感

謝我們干得棒的人。」

　　採購部經理則牢騷滿腹地說：「經理要我把原料成本削減20%，他一方面拿著獎勵來引誘我，說假如我能做到的話就給我豐厚的獎勵；另一方面他又威脅說，如果我做不到，他將另請高明。但他定的這個目標根本就不可能達到。從現在起，我得考慮另謀出路。」

　　生產部經理對生產部的目標從內心是認同的，因此其工作的積極性較高，而對採購部經理來說，他從內心並不認同經理制定的目標，而且內心一直認為完成原料成本削減任務的可能性很低，因此，工作的積極性不高，開始在謀劃出路問題了。可見，目標是不是員工內心願意承諾實現的，對其積極性的影響很大。

　　在事中，激勵方式強調給予員工工作自主權，在需要組織支持和配合時能夠得到資源，領導能夠給予恰當的指導和幫助，而不是對工作過程的指手畫腳和過度監督。在事後，激勵方式是給予業績反饋，給予公平的業績衡量和評價。這種激勵思路可以用圖 3-1 來表示：

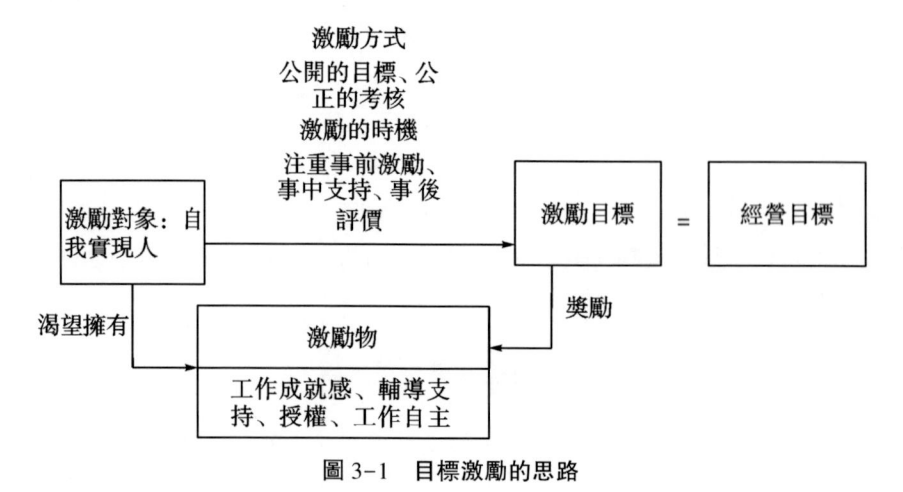

圖 3-1　目標激勵的思路

　　由此可見，以經營目標為導向的激勵機制設計全面地考慮了激勵目標、激勵對象、激勵物、激勵方式和激勵時機，使員工工作的目的性、

自主性和工作成就感結合在一起，從而使員工得到了激勵。但是，這種激勵機制設計在實踐中存在的問題有以下幾個方面：

（1）僅僅將企業的經營目標作為企業的激勵目標，而忽視了對員工能力的激勵、態度的激勵和觀念的激勵。而且，恰當地制定目標本身是一件較為困難的事情，企業制定的目標可能過高或過低，員工即使努力也難以完成或者員工不怎麼努力就可以輕鬆完成，這時目標對員工不僅不是激勵，反而可能是壓力甚至使員工喪失工作動力。此外，這種激勵機制設計要求企業的目標在相當長一段時間內是穩定的，目標不能經常變動，如果目標經常變動將導致企業和員工花費大量的時間來反覆協商目標，經常變動目標會導致員工對商定的目標不認真對待。

（2）就激勵對象而言，把員工作為了自我實現人，認為員工都具有較高的素質，只要給予目標就會自覺地努力，而且員工還要主動挑戰更高層級的目標，在目標協商的過程中，不會挑「軟柿子」，不會討價還價地只想做低目標的任務。實際上，現實中的員工不僅僅是自我實現人，有些員工可能是經濟人，有些員工是社會人，有些員工是文化人，即使在個人主義精神比較濃烈的北美地區，與生俱來的高成就需要者不足 10%～20%，在發展中國家這一比例無疑會更低。[①] 並不是所有的員工只要給予目標就會自覺主動地積極努力，很多員工在目標協商的過程中，更願意選擇無挑戰性的低目標，以提高目標達成率，避免完不成目標受到處罰。

（3）在激勵物的設計上，更注重工作成就感、工作自主性、個人成長方面的內在精神激勵物。實際上，員工不僅希望實現自主工作，得到領導的支持、輔導、認可和反饋等高層次的需求，而且對馬斯洛需要層次中的經濟需求、社會需求、安全需求同樣需要。很多員工工作的需求並不僅僅是精神上的滿足，而且還希望能夠獲得物質報酬，獲得良好

---

① 斯蒂芬 P 羅賓斯. 管理學 [M]. 李原, 孫健敏, 黃小勇, 譯. 11 版. 北京：中國人民大學出版社, 2012.

的人際關系。

（4）激勵方式的選擇上，主要是公開的目標、公正的考核，目標激勵的方式更強調短期目標，短期目標易於誘發短期行為。目標激勵不注重對工作過程的關注，忽視了激勵的頻率、激勵程度這些因素對激勵效果的影響。

案例：佳華公司的目標管理

佳華公司是一家主要從事生物制藥的高新技術企業，為了提高公司的管理水平，公司決定實施目標管理。按照公司發展計劃，總公司2003年的利潤總目標定為1.2億元，這是根據總公司研究發展中心的專家分析的結果。但是，從2003年4、5月份開始，全國的非典型肺炎（SARS）疫情擴散並蔓延，對血清蛋白等藥物的需求急速增加，整個公司加班加點趕制生產，其結果是，在7月份疫情減弱之後，公司的利潤已達到8,000萬元。如果按照原計劃，公司下半年員工可能將會無所事事，企業制定的目標員工輕輕松松就完成了，目標管理對員工並沒有帶來更強的動力和工作積極性。

隨後，公司將年度目標進行了調整，將年度利潤指標制定為1.4億元，公司的解釋是1.2億元的年指標就相當每月1,000萬元的月指標，儘管上半年已經完成了8,000萬元的實際業績，但下半年仍需要根據計劃，完成6個月，每個月1,000萬元的指標，因此全年指標需要調整為1.4億元。這樣，原本差不多完成全年利潤指標的員工們想不通了。大家對公司的做法抱有異議。

對此，公司的孫經理也引用哈羅德·孔茨的觀點來為自己的做法辯護：「計劃工作的前提條件已經發生了變化或政策已經改變的情況下，如果期望一位管理人員為已經過時的目標去努力奮鬥，那也是愚蠢的。」而員工則認為：「如果目標經常改動，就說明它不是經過深思熟慮和周密計劃的結果，那麼這樣的目標是沒有意義的。」

(二) 經營目標與員工目標相契合的激勵機制設計思路

洛克（E. A. Locke）和休斯在研究中發現，外來的刺激（如獎勵、工作反饋、監督的壓力）都是通過目標來影響動機的。目標能引導活動指向與目標有關的行為，使人們根據難度的大小來調整努力的程度，並影響行為的持久性。在企業中，員工追求除了工作目標以外，更重要的是希望借助工作實現個人的目標，例如經濟收入、社會地位、個人成長發展、穩定舒適的生活、和諧的人際關係等。每個員工都有不同的目標，不是所有的員工都會被同一個目標所激勵。因此，企業要調動員工工作積極性，除了考慮企業的經營目標外，還需要考慮員工的個人需求和個人目標，只有當企業的經營目標與員工的個人目標相契合，讓員工在實現企業經營目標的同時能夠實現個人目標，員工才有足夠的動力去努力工作。企業通過外在的刺激，可以影響員工實現組織目標的迫切性。員工對自己的行為有決定權，當員工預期自己的工作行為能夠實現個人所追求的某種目標時，這個目標對員工具有吸引力，員工就傾向於採取這種行為，這個過程可以用圖3-2表示：

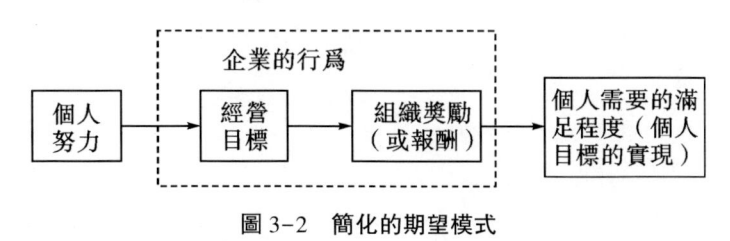

個人努力 → [企業的行為: 經營目標 → 組織獎勵（或報酬）] → 個人需要的滿足程度（個人目標的實現）

圖3-2　簡化的期望模式

也就是說，員工的努力程度取決於三層關係：

（1）個人努力與經營目標的完成之間的聯繫，即員工覺得個人努力工作與實現某種工作目標的可能性。如果成功的可能性大，則意味著期望值大，員工有更大的動力努力工作。

（2）經營目標實現與組織獎勵（或報酬）之間的關係。經營目標實現後，組織是否給予獎勵，獎勵是什麼？如獎金、晉升、表揚等。

（3）組織獎勵（或報酬）與員工個人需要滿足程度的關系。企業給予的獎勵（或報酬），對員工個人的吸引力如何，能夠滿足個人的需要，實現個人的目標？美國心理學家弗魯姆（1964）提出的期望理論 (Expectancy Theory) 中將這個關系稱之為效價。

案例：營銷新手小張

王麗是某藥品公司負責營銷工作的經理。去年王麗招來一位剛從大學管理系畢業的女大學生小張。可是這一年來，她在業務上的表現一般。王麗為了促進銷售的發展，制定了銷售額與獎金直接掛勾的政策，她很清楚小張很想能多賣掉些藥品，以便多賺些獎金，為她的成家準備好條件。而且她還承認東北地區對公司生產藥品類型的需求量不小，並且看來還會進一步擴大。可是王麗不明白的是，小張實際上做成的銷售額卻很低。為解決這個問題，王麗覺得下列行動方案中都可行，但具體選擇哪一條呢？

（1）把營銷員的工作成績在辦公室中公布出來，讓大家都知道誰干得好，誰干得差。

（2）找小張談一次話，清楚地點明她若能提高銷售額，會帶來多大的經濟收益。

（3）警告小張，下季度若再達不到布置給她的銷售定額，公司只好請她另謀高就了。

（4）要她跟著你去走訪幾家新用戶，你給她做示範，看銷售老手是怎樣做好工作的。

（5）啥事不用做，小張的工作不久就會好起來的，因為她會通過實踐累積經驗。

（6）單獨給小張做一個與其他員工不同的激勵方案，設定小張經過努力能夠達到的目標，以使她能有更高的工作積極性。

王麗通過對小張工作情況的分析，認為公司對銷售人員實現組織目標後的物質激勵還是很有吸引力的，也就是說效價還是很高的，但是小

張個人的能力目前可能難以達到工作的要求，她即使努力了，也難以達到組織制定的目標，也就是說期望值低。因此，要改變小張當前的狀況，關鍵是採用第四條措施。通過半年多的栽培，小張的業績節節攀升了。

　　上述三層關係說明，人們採取某項行動的動力或激勵力取決於其對預期達成該結果可能性（期望）的估計和行動結果的價值評價（效價）。期望是員工達成組織目標的可能性，是員工根據過去經驗、環境分析和自身能力的判斷，認為自己達到某種企業經營目標的可能性大小，這是一種主觀概率，反應了員工實現組織目標的信心強弱，恰當的目標能夠提高員工的期望值，使員工產生實現目標的心理動機，產生積極的行為。企業的目標激勵是對大多數員工的激勵，目標應該是大多數員工經過努力能夠完成的。效價是企業的獎勵對個人目標達成的吸引力，其受個人價值取向、主觀態度、優勢需要及個性特徵的影響，效價越大，需要動機越強，越渴望得到激勵物，員工越有動力去實現企業的經營目標。企業在激勵物的選擇上，要選擇員工感興趣的、評價高的項目或獎品。弗魯姆（1964）認為激勵力與期望值和效價之間存在如下關係：

激勵力量＝期望值×效價

　　在這種思路下，要提高對員工的激勵力，有以下幾個關鍵步驟：

　　第一，激勵目標是組織的目標，但是企業需要根據員工的能力設定恰當的目標，讓員工能夠有能力完成目標，如果目標太高，員工難以完成，員工沒有積極工作的動機，如果目標太低，員工輕輕松松就能完成，員工也沒有努力工作的動機。

　　第二，激勵物除了組織目標的目標激勵外，企業要讓員工知曉目標達成可以獲得的組織獎勵是什麼，激勵物可以是積極的，如工資、獎金、才干的展示、信任等，也可以是消極的，如降職、辭退、減薪、批評等。

第三，企業要思考上述激勵物對員工的吸引力有多大，也就是說企業需要將激勵物與員工的需求或個人目標相聯繫，如果員工發現某一結果對他有特別的吸引力，這些激勵物符合員工個人的需要和個人目標，那麼員工工作的積極性就高，員工就會努力地去實現組織的目標；如果企業給予的獎勵不是員工所渴望得到的，對員工沒有吸引力，員工就沒有努力工作的動機，員工工作的積極性就低。

案例：以為要發大獎了

A 生物制藥企業是行業內生產抗癌藥物的領頭羊，和北京某醫學院聯合研製的一款新產品剛剛獲得藥監部門准許進入 II 期臨床試驗的批件，III 期臨床申請已獲得國家食品藥品監督管理局藥品審評中心技術評審通過。這個成績是廣大員工廢寢忘食，犧牲個人的正常生活，從 2010 年至 2013 年的努力才贏得的。當藥監部門公布這個消息的時候，大家都欣喜若狂。公司領導很快就召集全體員工開慶祝會，會上公司董事長表達了對每位員工的感謝，宣布項目進展對公司未來發展的意義。他總結性地說道：「為了慶祝這次巨大的成功，全體員工都會得到一份很有意義的禮物。」此時，從員工中傳來一句：「現在就發吧！」大家都笑了，員工的心情就像過節一樣，渾身上下洋溢著喜悅。很快獎品發下來了，大家迫不及待地打開盒子：一個標誌著產品進展的玻璃喝水杯！頓時大家的笑容凝固了，無奈地搖著頭、苦笑著拿著杯子回家了。

員工對激勵物的需求不是一成不變的，一種激勵物的滿足將可能導致員工產生新的尚未滿足的需要，隨著時間和空間的變化，員工的需求是不斷調整變化的，《獵狗和兔子》的故事也許能夠讓我們體會到這一點。

案例：獵狗和兔子

有一天，有一個獵人，帶著他的獵狗來到森林裡打獵。

1. 如何讓員工像老闆一樣賣命地干活

看到一只兔子在兔窩裡，獵狗想盡方法終於將這只兔子趕出了窩，追了很久也沒有追到。後來兔子一拐彎，不知道跑到哪去了。牧羊犬見了，譏笑獵狗說：「你真沒用，竟跑不過一只小小的兔子。」獵狗解釋說：「你有所不知，不是我無能，只因為我們兩個跑的目標完全不同，我僅僅是為了一頓飯而跑，而它卻是為了性命啊。」

這話傳到了獵人的耳朵裡，獵人想，獵狗說得對呀，我要想得到更多的兔子，就得想個辦法，消滅「大鍋飯」，讓獵狗也為自己的生存而奔跑。獵人思前想後，決定對獵狗實行論功行賞。

於是獵人召開獵狗大會，宣布，在打獵中每抓到一只兔子，就可以得到一根骨頭的獎勵，抓不到兔子的就沒有。

這一招，果然有用，獵狗們抓兔子的積極性大大提高了，每天捉到兔子的數量大大增加，因為誰也不願看見別人吃骨頭，自己卻干看著。

可是，一段時間過後，一個新的問題出現了：獵人發現獵狗們雖然每天都能捉到很多兔子，但兔子的個頭卻越來越小。

獵人疑惑不解，於是，他便去問獵狗：「最近你們抓的兔子怎麼越來越小了？」

獵狗們說：「大的兔子跑得快，小的兔子跑得慢，所以小兔子比大兔子好抓得多。反正，按你的規定，大的小的獎勵都一樣，我們又何必要費那麼大的力氣，去抓大兔子呢？」

獵人終於明白了，原來是獎勵的辦法不科學啊！於是，他宣布，從此以後，獎勵骨頭的多少不再與捉到兔子的只數掛勾，而是與捉到兔子的重量掛勾。

此招一出，獵狗們的積極性再一次高漲，捉到兔子的數量和重量，都遠遠超過了以往，獵人很開心。

2. 如何讓員工保持很高的積極性

遺憾的是，好景不長。一段時間過後，新的問題又出現了：獵人發現，獵狗們捉兔子的積極性在逐漸下降，而且越是有經驗的獵狗下降得

越厲害。

又是咋回事呢？於是獵人又去問獵狗。

獵狗們對獵人說：「主人啊，我們把最寶貴的青春都奉獻給您了，等我們以後老了，抓不動兔子了，你還會給我們骨頭吃嗎？」

獵人一聽，明白了，原來獵狗們需要養老保險。於是，他進一步完善激勵機制，規定，每隻獵狗每月捉到的兔子達到一個規定的量以後，多餘部分可以轉化為骨頭的貯存，將來老了，捉不到兔子了，就可以享用這些貯存。

這個決定宣布之後，獵狗們群情激昂，抓兔子的積極性空前高漲。獵人也無比欣慰，覺得從此可以萬事無憂了。

3. 如何留住優秀的員工

就這樣，過了一段時間之後，一件意想不到的事情發生了：一些優秀的獵狗開始離開獵人，自己捉兔子去了。

面對這一情況，一開始，獵人以為是思想政治工作沒做好。獵人便連續開辦了「狗力資源與風險高層獵狗研修班」，培訓主題為：缺乏統一指揮所造成的狗力資源浪費、強調獵人的規劃對獵狗捕獵的重要性，並有意誇大了其負面影響。這一招對穩定獵狗隊伍起到了一定的積極作用，但優秀獵狗流失的狀況並未得到有效控制。

獵人有些著急了。他想，難道是獎勵的力度不夠？於是，他將優秀獵狗的獎勵標準提高了一倍。這一招收到了比較明顯的效果，優秀獵狗流失的問題得到了暫時緩解，但卻無法從根本上得到遏制，一段時間之後，離開獵人，自己去捉兔子的獵狗，又開始逐漸多了起來，而且基本上都是最優秀的。

聰明的獵人這下可犯愁了，他百思不得其解。萬般無奈之下，他決定直接去向離開的獵狗們諮詢。他用 10 根骨頭的代價把 5 隻獵狗請到一起，他十分動情地對它們說：「獵狗兄弟們，我實在不知道我做了什麼對不起你們的事，你們為什麼一定要離開我呢？」獵狗們對獵人說：「主人啊，你是天下最好的主人，我們有任何願望，你都盡力給予滿足，

沒有任何對不起我們的地方。我們離開你，自己去捉兔子，也不僅僅是為了多得幾根骨頭，更重要的是我們有一個夢想，我們希望有一天我們也能像您一樣，成為老闆。」獵人聽後，恍然大悟，原來他們是想實現自我價值！

怎麼解決這一問題呢？

4. 持續的激勵導致持續的動力

聰明的獵人經過較長一段時間的潛心研究，終於找到瞭解決方案。於是，他成立了一個獵狗股份有限公司，出抬了三條新政策：第一條，實行優者有股。優秀的獵狗可以將貯存的骨頭轉化為公司的股份，並根據貢獻率每年獎勵一定數量的股份期權，使優秀的獵狗有機會在公司發財。第二條，實行賢者終身。連續三年或累計5年被評為優秀獵狗者，可成為終身獵狗，享受一系列誘人的優厚待遇。第三條，實行強者孵化。優秀的獵狗可以隨著業績增長，逐步成為團隊經理、業務總監、總經理、董事長，實現做老闆的夢想。

這一招十分靈驗。從此以後，不僅該公司優秀的獵狗對獵人忠心耿耿，而且其他地方的優秀獵狗紛紛慕名加盟，獵人的公司越辦越火。

5. 下屬成為對手

日子一天一天地過去，冬天到了，兔子越來越少，獵人們的收成也一天不如一天。而那些服務時間長的老獵狗們老得不能捉到兔子，但仍然在無憂無慮地享受著那些他們自以為是應得的大份食物。終於有一天獵人再也不能忍受，把他們掃地出門，因為獵人更需要身強力壯的獵狗。

被掃地出門的老獵狗們得了一筆不菲的賠償金，於是他們成立了MicroBone公司。他們採用連鎖加盟的方式招募野狗，向野狗們傳授獵兔的技巧，他們從獵得的兔子中抽取一部分作為管理費。

當賠償金幾乎全部用於廣告後，他們終於有了足夠多的野狗加盟。公司開始贏利。一年後，他們收購了獵人的家當。

MicroBone公司許諾給加盟的野狗能得到公司n%的股份。這實在是

太有誘惑力了。這些自認為是懷才不遇的野狗們都以為找到了知音：終於做公司的主人了，不用再忍受獵人們呼來喚去的不快，不用再為捉到足夠多的兔子而累死累活，也不用眼巴巴地乞求獵人多給兩根骨頭而扮得楚楚可憐。這一切對這些野狗來說，這比多吃兩根骨頭更加受用。

於是野狗們拖家帶口地加入了 MicroBone，一些在獵人門下的年輕獵狗也開始蠢蠢欲動，甚至很多自以為聰明實際愚蠢的獵人也想加入。

好多同類型的公司如雨後春筍般地成立了，如 BoneEase, Bone.com, ChinaBone 等。

一時間，森林裡熱鬧起來。

兔子還是兔子，抓兔子的方法絲毫沒有改變，抓兔子的獵狗還是那只獵狗，業務內容沒有變，從事業務的方法沒有變，干這項業務的人沒有變，只要做這項業務的獵狗的心思變了，員工的需要變了，員工的個人目標變了，企業的激勵方式就需要相應的調整。

第四，建立科學、合理的績效考評體系，使員工清晰地知道企業將使用什麼樣的標準來評價他的工作業績，通過績效評價反饋明白自己的工作業績狀態。企業可通過實際工作績效與預定目標的比較，來確定組織目標的實現程度以及組織應當給予員工的獎勵物。

這種激勵機制的設計思路和以經營目標為導向的激勵機制設計思路相比，都是以實現組織目標為前提條件，都以公開的目標、公正的考核作為前提，但是在以下方面存在不同：

（1）從激勵物角度看，這種激勵機制不僅以工作的成就感來激勵員工，更考慮工作目標完成以後，通過滿足員工的個人需要，特別是員工的主導需要和尚未滿足的需要來激勵員工。

（2）從激勵對象來看，這種激勵機制不再局限於自我實現人，企業內部的所有有需要的員工都可以作為被激勵的對象。

（3）從激勵方式來看，這種激勵機制不僅關注事前的目標激勵，更關注組織目標實現後，滿足員工的需要和達成員工的目標。這種激勵

方式強調組織目標和員工個人目標的契合。

（4）從激勵目標的達成方式來看，這種激勵機制不再強調上下級共同商量達成共識的目標，企業可以單方面的做出規定，制定目標，員工被動執行，或者員工單方面設定目標，企業認可即可執行。這三種方式中，哪種方式好呢，還是不同的情景各有優劣勢？

首先，由上而下的目標設定方式。企業設定未來的業績經營目標，根據業績目標層次分解到各個部門和每個員工，最終形成各部門的激勵目標和個人目標。

案例：老猴王的目標配置

話說，在某一片深山老林裡，住著一群猴子。這裡山清水秀，食物豐富，猴子們在老猴王的帶領下，過著無憂無慮的生活。可是近來，老猴王卻開始發起愁來，因為他發現，子民們尋找回來的食物越來越少，而更多的則是每天曬曬太陽，抓抓虱子，只等其他猴子帶回食物。老猴王很生氣，他不理解為什麼一向勤勞的子民會變得這麼懶惰？

老猴王為了激勵子民們努力捕食，於是對猴子猴孫們說：「你們好好干，盡力而為地多捕食，冬天眼看快要來了，到時大家才有吃的！」可是幾天過去了，老猴王發現局面沒有什麼改觀。該怎麼解決這個問題呢？

為了改變這一狀況，老猴王花了幾天的工夫制定了一條規則。按照不同猴子的具體情況，給每只猴子都定一個水果指標，規定：只有每天帶回指標規定數目水果的猴子才能獲得吃飯的權利，超過數目的可以得到老猴王的獎勵，而沒有達到數目的猴子都得餓肚子。在實行了這一規定後，猴王欣喜地發現，猴山倉庫裡的水果越來越多了，看來，猴子們可以舒適地度過這個冬天了。

從老猴王激勵猴子猴孫們努力工作這個案例可以看出，這種至上而下的目標制定方法的優點是：

（1）企業的經營目標能夠快速地分解到具體的部門和個人，避免了員工與企業商定目標的討價還價，節約了時間和成本。如果老猴王對猴子猴孫一一地去商定每個猴子的「好好干」目標，那麼將花費大量的時間和精力。

（2）企業目標的標準的統一性。使公司各部門、各個員工由於角度、責任、利益、能力、性格、偏好、經驗、風格等的不同，在設定具體明確的目標管理的情況下，可以盡量減少和消除對目標的扭曲理解和偏離執行。

（3）每個部門和每個員工都知道什麼是最重要的事情，有助於合理安排時間和資源。根據一項國際調查，在公司中，30%的工作與實現目標沒有任何關係，40%的工作和大家對於目標有不同的理解有關，從而造成「內耗」。

但是這種目標設計方法也有缺點。目標是領導攤派的，不是部門認可的，更不是員工自己願意的，員工內心對目標的認可度低，承諾度低。下屬處於從上司那裡領任務、接受工作的被動地位，雖然這是下屬的「本分」，但是，誰願意整天像機器人一樣領到工作，唯唯諾諾地接受，又全心全意、不折不扣地執行呢？因此，自上而下的目標設定在執行過程中，部門和員工對目標可能存在抵觸情緒，當目標沒有完成時，部門和員工可以推卸責任，說：「之所以會這樣是因為領導要求這樣做的，實際上我們早就說了做不到。」

因此，自上而下的目標設定方式適合於上級對業績目標的達成有非常明確的瞭解，目標能高效率地分解到各部門和各個員工；或者領導的權威、威望比較高，能夠讓員工服從甚至認可領導安排的任務目標；或者員工對組織的目標已經比較瞭解，領導一說就能夠達成共識，不需要上下級共同商定。自上而下是一種高效的、依賴於權威的目標設定方式。

其次，由下而上的目標設定方式。企業不給員工設定工作目標，工作目標由員工自己設定，各部門將員工的目標匯總以後形成部門的目

標，部門的目標匯總以後形成企業的目標。這種方式在現實企業經營中主要是一些高科技的研發團隊在使用，技術的發展具有行業引領性，領導難以確定明確的目標，下屬得不到上司的明確指令；此外，在高管團隊共同商定企業的最終目標時，可以使用這種方法，團隊成員各自提出以後可以實現的目標，最終匯總成為團隊的整體經營目標。

這種目標設定方法的優點在於：

（1）目標是什麼，下屬需要自己動腦筋想，能夠激發員工的主動性和創造性。

（2）目標是自己設定的，等於員工做出了承諾，員工為目標的實現負責，員工的工作更有熱情，會努力實現它。

（3）目標達成的種種方式、方法選擇權由下屬確定，增加了工作的挑戰性，上司不再指手畫腳，而是要員工自己想辦法，不主動不行。

但是這種方法的缺點也顯而易見。員工設定的個人目標可能太低，沒有挑戰性，難以提升企業競爭力；員工設定的目標太分散，員工想做的，不一定是企業需要的，分散的目標難以形成企業的最終經營目標。

因此，這種方法要求企業的員工素質較高，有自我實現的慾望，有高成就需要，而且這些員工對企業未來的發展目標非常明確，對正在做的事業有著共同的認識和理解，非常認同組織的發展方向，能夠有效擔負起自己在企業目標達成中的責任。

經營目標與員工目標相契合的激勵思路可以用圖3-3來表示。

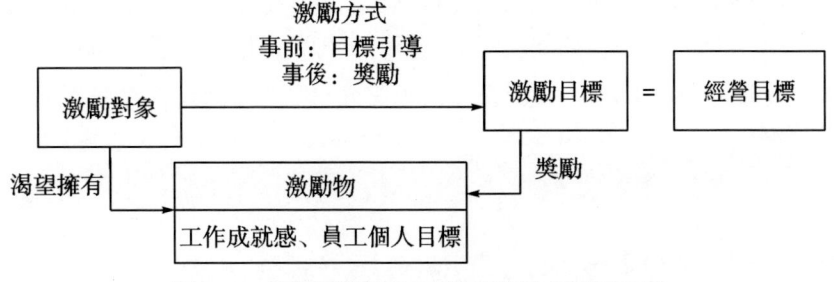

圖3-3 經營目標與員工目標相契合的激勵思路

但是，這種激勵思路也存在明顯的缺陷：

（1）激勵時機的呆滯。這種激勵思路強調組織目標對員工行為的引導作用，強調組織目標實現後才給予員工獎勵，這是典型的事前激勵和事後激勵，而忽視了事中激勵，對員工工作過程中的態度如何激勵缺乏可操作的思路，尚未涉及工作過程中的激勵頻率、激勵程度。

（2）激勵對象能力激勵的缺乏。這種思路重點關注組織目標對激勵對象的引導作用，是基於員工已有能力的條件下，設置合適的目標，引導員工努力工作，認為能力提高是員工自己的事，忽視了對員工能力的培養實際上也是一種有效的激勵方式。對員工技能的培訓、思想觀念的培訓和行為習慣的培養不僅能提高員工工作效率和產出，而且能讓員工感到自己受到重視，自己在不斷地成長，自己可以有更大的能力做更多的事，增強自信心和成就感。

（3）激勵目標仍然是企業的經營業績目標。這種激勵方式需要企業事前確定激勵對象行動的目標，當業績目標是動態的，那麼這個思路就難以運用。例如，完成銷售目標任務後，員工可以按事前的提成約定獲得相應的獎金，就可以運用這種思路；但當運用於職位晉升時，往往難以事前確定具體的目標，領導也難以在事前給予肯定的答復，因為晉升往往還需要徵求整個領導班子或者下屬的意見。

（4）忽視了激勵物的公平性分配。獎勵物主要是為了滿足員工的個人需要，但是不同的員工有不同的需要，如果某位員工的貢獻低，但是個人需要卻很大；而另一名員工貢獻大，個人需要卻比較小，當按需給予獎勵物時，將使得分配具有不公平性，即使激勵物是員工期望獲得的，能夠對員工有吸引力，但是不公平的分配必將導致員工之間不滿情緒的發酵。

三、員工需求的識別

經營目標與員工目標相契合的激勵思路需要識別員工的需求，在這

方面，已有的理論研究已經比較成熟，主要是馬斯洛的需要層次理論——識別員工的差異化需求、實施差異化激勵，以及赫茨伯格的雙因素理論——識別激勵因素和保健因素、實施差異化激勵。

1. 識別員工的需求因素，實施差異化激勵

這種思路的出發點是在不同的企業中，不同的時期，不同的員工，其需求充滿差異性且經常變化，要激勵員工，企業應該識別員工的差異化需求。因為員工已經滿足的需求不再具有激勵性，只有尚未滿足的需求才具有激勵性；在多種未被滿足的需要面前，最迫切的占支配地位的需求對員工的行為起決定作用，具有最強的激勵力。每個員工家庭背景和自身價值實現的抱負等存在差異，已經滿足的需求情況不同，尚未滿足的占主導地位的需求也不同，有些員工經濟需求和安全需求已經滿足，而迫切需要有社會歸屬感，有些員工卻急需自我價值的實現。企業應該對症下藥，投其所好，針對個人尚未滿足的、占主導地位的需求，設計出有針對性的激勵物，這樣激勵活動才能奏效。

這種思路的代表理論是美國著名的心理學家亞伯拉罕·馬斯洛（Abraham H. Maslow）於1943年在《人類激勵理論》中提出的馬斯洛需求層次理論（Maslow's Hierarchy of Needs），其認為人的需求從低到高分為五個層次：經濟需求、安全需求、社交需求、尊重需求和自我實現需求。某一層次的需求相對滿足了，該層次需求對行為影響的程度大大減小，不再是激勵的主要力量，而更高層次的尚未滿足的需求就會成為員工行為的主要驅動力。激勵機制設計的關鍵就是發現員工尚未滿足的占主導地位的需要層次，根據這個層次設計相應的激勵物。例如，員工尚未滿足的層次是安全的需要，企業給予員工長期雇傭、購買失業保險、工傷保險、意外保險等措施就能很好地激勵員工的工作熱情。其激勵的思路可以用圖3-4表示。

一般認為處於溫飽階段的員工主要關心經濟需求和安全需求，處於小康階段的員工更關心社交需求和尊重需求，處於富裕階段的員工更關心自我實現的需求。這種根據員工的差異化需求設計個性化激勵方法，

```
激勵對象:
  自我實現需求
  尊重需求      ← 尚未滿足的占支配地位的需求 ← [激勵物]
  社交需求
  安全需求
  經濟需求
```

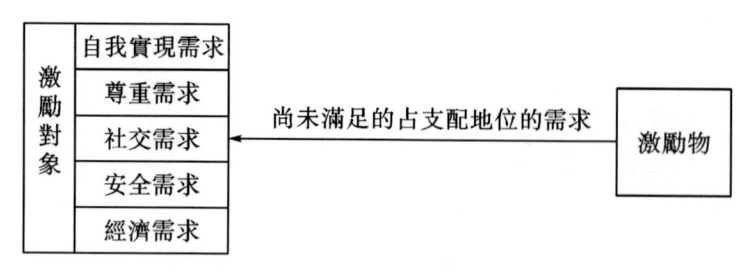

圖 3-4　馬斯洛需求層次理論的激勵思路

對企業管理實踐的指導意義在於：激勵對象是不同的，激勵對象的需求是不同的，因此激勵物是不同的；即使同一激勵對象，在不同時期其需求也是不同的，因此，企業的激勵物不應固定不變，而應不斷動態調整。

案例：海底撈員工拿低薪幸福工作的秘密

「人類已經不能阻止海底撈了」成了一句時尚的語言，是什麼讓海底撈在餐飲業用工荒的背景下員工流失率僅僅為10%，遠低於國內餐飲業28.6%的平均流動率？與同行相差並不遠的工資待遇，為何能讓員工實現如此之周到的服務？海底撈員工幸福工作的管理訣竅是什麼？差異化的福利在其中可謂功勞不小，對員工急需的需求給予滿足，帶來了很強的激勵作用。

海底撈的員工大多來自窮困的農村，在城市中生存，住宿、孩子就學和對家中老人的關懷是一個困擾很多家庭的難題。在住宿方面，海底撈的員工宿舍絕不是人們想像中的外地打工人員的宿舍那樣，狹小、不衛生和雜亂無章，海底撈的管理人員與員工都住在統一的員工宿舍，並且都是正式小區或公寓中的兩居室、三居室，而不是地下室。所有房間免費發放被褥，配備空調、電視、電腦、洗衣機、衣鞋櫃等，宿舍有專門人員管理、保潔。夫妻雙方任意一方在海底撈幹滿半年，可享受公司提供的夫妻房，在外租房就可以享受每月60元的補助；已婚的店經理則可享受400元以內的住房補助。就教育而言，入職滿三年的員工其子

女可以享受2,000~5,000元/年不等的教育補貼；任職半年的店經理級別孩子享受12,000元/年的教育津貼；店長以上幹部，公司幫助聯繫其子女入學並代交入學贊助費；海底撈還在簡陽建了一所私立寄宿制學校，海底撈所有員工的孩子可以免費在那裡上學，只需要交書本費。在關愛家中老人方面，海底撈規定，在海底撈工作滿一年的員工，若一年累計三次或連續三次被評為先進個人，該員工的父母就可探親一次，往返車票公司全部報銷，其子女還有3天的陪同假，父母享受在店就餐一次；給每個店長的父母發工資，每月200、400、600、800元不等，子女做得越好他們父母拿的工資會越多；優秀員工的一部分獎金，由公司直接寄給父母。董事長張勇說，這不僅僅是多少錢的事情，幾百塊錢對於農村也許很重要，但更重要的是，他父母有了榮耀。

也許海底撈的員工並不比其他餐廳服務員賺得多，但是他們所得到的人性化和親情化關懷，享受到的差異化福利，超過了一個打工者的期望，滿足了員工對個人、對家庭的特殊需求，這大大提高了他們的工作積極性。

為了探索不同人群的差異化需求，大量的學者進行了理論和實證的研究。例如，瑪漢‧坦姆僕認為知識型員工前四個激勵因素依次是個體成長、工作自主、業務成就和金錢財富；知識型員工非常重視自己的不斷發展，對知識的獲取、事業的成長有著持續不斷的追求，他們要求給予自主權，能以自己認為有效的方式進行工作，獲得工作的成就感，相對而言，金錢的邊際價值退居相對次要地位。張望軍和彭劍鋒（2001）的研究認為，非知識型員工的激勵因素依次是有保障和穩定的工作、工資報酬與獎勵、公司的前途；對知識型員工激勵策略應當以報酬激勵、文化激勵、組織激勵、工作激勵為主，造就學習型的組織和學習型的個人，提倡知識創造、傳播和應用，改變依靠監控、指示、命令等刻板的管理形式，通過授權管理、自主管理、工作團隊等方式激勵員工。美國心理學家大衛‧麥克萊蘭（David McCleeand）提出成就需要理論，其

認為員工在工作情境中有三種重要的動機和需要：成就需要、權力需要和人際關系需要。成就需要的員工工作追求的是克服困難、提高效率，渴望工作卓越，成就需要與員工所處的經濟、文化、社會風氣等相關；權利需要是影響和控制別人，使他人按自己的意願行事的願望；人際關系需要是尋求被他人喜愛和接納，建立友好密切關系的願望。管理者可以識別出下屬員工的需要類型，將其分派到不同的工作崗位，工作本身的特性就是對其的一種激勵。另外，具有不同需要的人，其激勵方式也是不同的，例如高人際關系需求者的激勵方式是領導者與員工建立良好的友誼和合作關系，加強彼此之間的溝通和交流；高成就需求者的激勵方式是為員工設立適度挑戰性的目標，並及時地將工作業績給予反饋，表揚其進步，對其改進給予幫助和指導；高權利需要員工的激勵方式是授權、授予權力，或者晉升，賦予職位權力，或者公開表彰和才能展現，凸顯其重要的地位。

美國耶魯大學著名管理學家克雷頓·奧爾德弗（Clayton Alderfer）提出 ERG 理論，認為員工的需要可以歸結為生存需要（Existence）、關系需要（Relation）和成長需要（Growth）三種。生存需要包括生理需要和物質需要；關系需要包括人在工作中相互間的關系和交往的需要；成長需要是員工自我發展和自我完善的需要，其通過創造性的發展個人潛能、完成挑戰性的工作得到滿足。ERG 理論提出了「受挫—迴歸」的思想，當員工較高層次需要的滿足受到抑制時，人們對較低層次需要的渴望會變得更加強烈。這和馬斯洛的需要層次理論不同，馬斯洛認為員工某一層次的需要尚未得到滿足，其需求就會停留在這個需求層次上，直到獲得滿足為止。ERG 理論認為員工低層次的需求得到滿足之後，對高層次的需求願望將會更加強烈，這和馬斯洛的觀點是一致的。ERG 理論對員工激勵機制設計的啟示是員工的需要是動態變化的，激勵機制應該隨員工需求結構的變化而做出相應的調整，制定出有針對性的激勵措施，才能達到激勵員工積極性的目的。

案例：成長的需求

小張是一位個體工商戶。

在大多數人一個月工資才幾百塊錢的時候，她已經擁有自己的小轎車了。因為她老公是做牛仔褲批發生意的，一個月能賺十幾萬塊錢，對於她來說，錢已經不是什麼問題。但是她為什麼還要來企業上班呢？她的回答很簡單，就是學一技之長，她不想在家裡做全職太太。她想學點本事，也許有一天等她老公可以把生意做大的時候，她能夠成為這個公司的有效的管理者。所以學一技之長，對於她來說是她目前最大的需求。

俞文釗教授提出了同步激勵理論（Synchronization Motivation Theory），認為員工不僅有物質需求，而且有精神需求。員工不僅僅是經濟人，用胡蘿蔔加大棒式的方式就能夠讓員工努力工作，物質需求只是員工追求的一個方面；人也不僅僅是自我實現人，精神追求、實現自我的追求只是員工工作動力的一個方面。企業不能單純地使用物質激勵或者精神激勵，也不能簡單地將精神激勵和物質激勵交叉使用，實際上，只有當物質激勵和精神激勵都處於最高值時才能讓員工有最大的工作熱情，物質激勵或者精神激勵有一個處於低值時，都不能獲得最強的激勵力。

每個員工的需求多種多樣，千差萬別，且在不同時期每個員工的需求還在不斷變化，這種激勵的思路要求企業花費大量的心思瞭解每個員工不斷變化的需求。海底撈員工的來源背景和需求比較雷同，員工容易分類，從而容易針對不同人群提出差異化的激勵措施。而對於很多企業而言，員工的來源複雜，家庭經濟背景複雜，員工的需求差異更是不同，除了低層次的經濟需求和安全需求以外，高層次的社交需求、尊重需求和自我實現需求也是很多員工急需的需求。企業希望制定一個激勵政策滿足所有的員工往往是不可行的，例如人力資源部門制定人才政

策、福利政策等，只能滿足某一部分群體的共同需求，難以滿足所有員工的特別需求。通過差異化需求的滿足來激勵員工更適用於小規模的企業或者小的部門，領導者容易掌握單個下屬的需求，而大規模企業的運用，則要求員工的特點具有同一性，如海底撈的員工背景大多趨同。

案例：節日的禮品

很多公司，在端午、中秋、春節等傳統節慶都會給員工發一些節日的禮品，一方面滿足員工節日的需求，另一方面以彰顯企業對員工的關懷和誠意，在細微處讓員工對企業產生歸屬感、認同感甚至自豪感，從而提高工作積極性。企業往往認為這是公司給員工的福利，員工應該高興才對，但是事實上並不是這樣。例如有一個企業，過年時喜歡發一箱海鮮，老闆理所當然地認為工人領到後肯定會開心，因為當地人都喜歡吃海鮮，而且又是特產，是很不錯的節日禮品。可員工領到這箱海鮮後，卻有很多聲音出現：本地的員工，歡天喜地把海鮮領回家了，覺得老闆真懂人心；兩夫妻都在這公司上班的，看到那麼多海鮮心理搗鼓著怎麼把它吃完或者送人，也算還滿意；但家在外地的年輕員工就發愁了，自己又不做飯，只能送人了，覺得公司不如發一些年輕時尚的電子產品更實在；而一些不吃海鮮的外地員工，則認為老闆在捉弄外地人，明知道很多外地人吃不慣海鮮，還拿海鮮當福利，心中充滿了怨氣。

滿足員工差異化需求的激勵思路比較簡單，管理者容易理解，現實中也容易操作，所以很多企業都以此為激勵機制設計的主要方法。但是，需要思考的問題是，滿足員工的需求僅僅是實現了員工個人的目標，是不是就一定能夠提升員工的積極性呢？是不是就能夠提升企業的業績呢？現有的研究還不能證實這一點。例如，麥克萊蘭提出的人際關系需求的員工，在工作中更容易講交情和講義氣，企業的制度、工作流程和工作原則易被違背，從而會導致組織效率下降；個人成就需求的員工，由於強調個人取向，用個人的業績標準來衡量成就，因個人目標的

實現而得到滿足，這容易導致個人成就需求與組織目標的難以契合，而且由於這些人的妥協、順應思想較弱，在團隊中容易影響整個團隊的合作和業績。因此，並不是員工有需求給予滿足就能夠帶來激勵力，並不是滿足員工需求就能夠實現組織目標。

案例：習以為常的節日員工福利

職工福利包括國家法定節假日的現金福利和實物發放。這些節日禮金和禮品可以說已經成為很多單位的慣例，很多領導都覺得這些軟性福利政策的健全，更能體現企業管理的人性化。但職工覺得千篇一律的、年年如此的職工福利是一種慣例，是節日不可或缺的項目，但並不能對員工產生激勵力。例如中秋節員工有月餅的需求，在端午節有粽子的需求，是不是企業在中秋節發月餅，在端午節發粽子，員工的積極性就會提高呢？很多企業的實踐表明，員工的積極性並沒有因此而提高。相反，當這種福利成為一種慣例的時候，不發放，員工對企業的不滿情緒卻大大增長。

因此，以滿足員工需求為思路的激勵方法，實際上只考慮了激勵物、激勵對象和激勵程度三個要素，忽略了企業的經營目標和激勵目標，也忽視了激勵物的激勵時間、激勵頻率等因素，以這種思路建立企業激勵機制，很可能出現的情況是員工的需求滿足了，但是企業的激勵目標卻沒有實現。

2. 區分不同需求因素對員工滿意度的影響差異

基於第一種激勵思路存在的問題，很多學者開展了更為深入的研究。學者們研究不同的需求要素對員工滿意度的影響，識別這些需求要素滿足後所帶來的激勵效果差異，提出企業在激勵實踐中應該重點關注那些能夠帶來更高員工積極性的因素。

這種思路的典型理論是美國的行為科學家弗雷德里克·赫茨伯格（Fredrick Herzberg）於 20 世紀 50 年代提出的雙因素理論。該理論認為

有些需求因素惡化到員工難以接受的水平時，員工沒有得到滿足，員工可能產生不滿情緒、消極怠工甚至引發罷工等對抗行為；而這些因素得到一定程度改善以後，員工得到了滿足，只是消除了不滿，而不是滿意，不會調動員工的工作積極性，起不到激勵作用。赫茨伯格把這些因素歸納為保健因素。通過對200多名工程師和會計師的調研，赫茨伯格發現保健因素往往是與工作環境、工作關係相關的外部因素，包括管理政策和制度、監督系統、辦公條件、人際關係、薪金、工作安定、地位、福利待遇等，這些因素的改善可以預防或消除職工的不滿，但不能直接起到激勵的作用。相反，一些需求因素一旦改善或者員工得到滿足，將會使員工獲得滿意感，產生強大而持久的激勵作用，而這些要素一旦沒有得到滿足，員工會覺得不滿意，會覺得精神沮喪，對企業產生失望等消極情感，赫茨伯格把這類因素稱為激勵因素。他發現這類使員工感到滿意的激勵因素主要與工作內容、工作成果相關，包括成就、賞識、挑戰性的工作、增加的工作責任、成長發展的機會等。

企業在激勵員工時，不僅要考慮員工的需求，更要考慮滿足這些需求是否能夠帶來激勵作用，企業應該重點運用那些具有強烈激勵效果的激勵因素；而對於保健因素，是必需的，要防止員工不滿情緒的產生，這樣有的放矢地進行激勵能夠達到更好的激勵效果。例如，根據1973—1974年美國全國民意研究中心的調查，50%以上男性員工認為工作的首要條件是能提供成就感，把有意義的工作列為首位的人，比把縮短工作時間列為首位的人要多7倍。在這種情況下，要讓男性員工具有更大的工作積極性，企業就需要通過工作擴大化或者工作豐富化提高工作的意義，讓員工具有更強的工作成就感。總體而言，赫茨伯格雙因素理論的激勵思路核心在於將滿足員工需求的因素，區分為激勵因素和保健因素，增強激勵因素，從而提高員工的工作積極性。這種思路可以用圖3-5來演示。

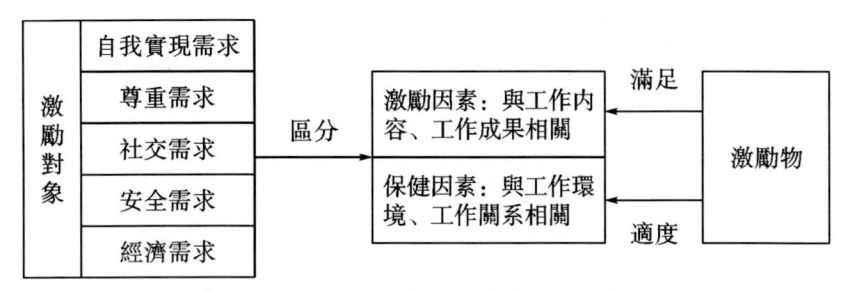

```
┌──────┐  ┌──────────┐              ┌─────────────────────┐   滿足   ┌──────┐
│      │  │自我實現需求│              │激勵因素：與工作內  │ ←──── │      │
│      │  ├──────────┤              │容、工作成果相關    │         │      │
│ 激勵 │  │ 尊重需求  │    區分       ├─────────────────────┤         │ 激勵物│
│ 對象 │  ├──────────┤  ────→       │保健因素：與工作環  │         │      │
│      │  │ 社交需求  │              │境、工作關系相關    │ ←──── │      │
│      │  ├──────────┤              └─────────────────────┘   適度   └──────┘
│      │  │ 安全需求  │
│      │  ├──────────┤
│      │  │ 經濟需求  │
└──────┘  └──────────┘
```

圖 3-5　赫茨伯格雙因素理論的激勵思路

　　這種激勵思路不是讓企業只片面強調激勵因素，而忽視保健因素。對於企業激勵實踐來說，企業要重點考慮工作挑戰性、晉升、賞識等激勵因素的內在激勵，也要考慮工資、獎金、醫療、住房、工作條件、員工關系等保健因素的外在激勵。企業只片面地強調工作的成就感、責任心、晉升，對於一些剛剛上任的員工或者希望發揮潛能的員工來說可能在短時間內會起到很大的激勵作用，但是工資、獎金等保健因素長期達不到員工的需求，遲早也會激發員工的不滿意。同時，企業在激勵的過程中，對於保健因素要避免激勵過度的誤區。例如，工資、獎金等金錢激勵是保健因素，企業一味地增加工資、獎金，在短時間內可能奏效，但達到一定程度，只會增加成本，而不會提高員工的工作積極性。因此，在激勵過程中，以職代賞或者認為激勵就是加薪的做法是錯誤的。

案例：除了表揚還需要什麼？

　　唐杰在佳佳軟件開發公司工作了 8 年。這些年來，他一直認認真真、勤勤懇懇、任勞任怨地工作，技術能力不斷提高，從普通的程序員晉升到了資深的系統分析員，成了公司的技術骨幹。領導們看在眼裡，樂在心裡，公開場合多次表揚他，「唐杰是我們公司的技術骨幹，是一個具有創新能力的人才……」並且給予他更多的更難的工作任務。幾年來，雖然他的工資在公司中不是很高，住房也不寬敞，但他對公司、對工作還是比較滿意的，特別是工作中的創新能夠帶給他很強的成就感，

並經常被工作中的創造性要求所激勵。

去年1月份，公司有住房分配給員工，唐杰有條件申報最大面積的住房，但和他競爭的還有一個學歷比他低、工作業績平平的老同志。最後領導把這個名額給了老同志，他想問一下領導，誰知領導卻先來找他：「唐杰，你年輕，機會有的是。」

最近，唐杰瞭解到一位剛從大學畢業的程序分析員的工資僅比他少100元，儘管唐杰平時是個不太計較的人，對此他還是感到大惑不解，甚至有些氣憤，為此他找到了人力資源部李主任，問他此事是不是真的？李主任說：「唐杰，我們現在非常需要增加一名程序分析員，而程序分析員在人才市場上很緊俏，為使公司能吸引合格人才，我們不得不提供較高的起薪。為了公司的整體利益，請你理解。」唐杰問：「那市場上，我這種人才的工資又是多少呢，能不能提高我的工資？」李主任說：「唐杰呀，你的工作表現很好，領導都賞識你，但公司的薪酬制度你是知道的，我相信有機會調薪的時候，領導一定會給你加薪的。」唐杰無語了，他知道自己加薪的願望成了被踢來踢去的「皮球」，沒有人會真正考慮。唐杰困惑了，覺得離開公司，或者能夠有更高的工資，但是現在的工作，自己還很滿意，自己該何去何從呢？

對激勵因素和保健因素的劃分，實際上，對於不同職業的員工，不同階層的員工，以及不同社會的文化和風氣，各種需求因素的歸屬是有差別的。例如對於一線操作工人，工資薪金可能是重要的激勵因素，而工作成就可能只是保健因素；而對於企業高管層來說，工作成就可能是激勵因素，工資薪金可能卻是保健因素。其次，有些因素既是保健因素，又是激勵因素，兩者可能重疊。例如，賞識和高額獎金對於管理層來說可能既是激勵因素，也是保健因素。獎金對於一線工人來說可能既是激勵因素，又是保健因素，這些因素都能產生激勵作用。這就是說，要確切地判定一個因素是激勵因素還是保健因素是有一定難度的。

案例：環境也是激勵因素

位於美國西雅圖的華盛頓大學，其教授的工資與美國教授的平均工資相比一般要低20%左右。但是教授們卻願意接受這種較低的工資而不到其他大學去尋找更高薪酬待遇的教職。其中一個很重要的因素是因為他們留念學校的湖光山色，學校所在的西雅圖，靠近太平洋，大大小小的湖泊星羅棋布，雷尼爾雪山近在眼前，還可以開車去聖海倫火山……這些美景讓教授們寧可犧牲更高的收入機會。可見，舒適宜人的環境對員工來說，也可以是一種激勵因素的。

案例來源：劉昕. 薪酬管理［M］. 北京：中國人民大學出版社，2007.

同時，員工有了工作的激勵性，提高了對工作的滿意度，也並不意味著工作產生的績效就是企業期望的績效目標。例如，員工追求個人的成長與發展，但如果這種成長和發展已經超越了企業現有的需要，激勵的結果可能是員工的流失。因此，這種激勵思路還是沒有以企業的經營目標和激勵目標來設計企業的激勵方案，只考慮了激勵對象、激勵物、激勵程度，而忽視了激勵的過程管理，沒有考慮激勵的時間、激勵的方式和激勵頻率。

從上述兩種激勵思路來看，這兩種思路都有一個共同的假設：要激勵員工，必須滿足員工的需求，要深入研究員工需要的個性特徵、心理特徵、變動特徵、文化特徵和時代特徵，識別出員工的差異化需求信息。只是馬斯洛需求層次理論認為應該滿足員工的需求是員工尚未滿足的、占主導地位的需求，而赫茨伯格認為激勵因素能夠帶來更好的激勵效果，應該滿足的員工需求是應該能夠帶來更強激勵力的需求。

企業在激勵機制設計中，過度考慮員工的需要，過度使用外在的物質激勵，容易讓員工產生「德西效應」（Deci Effect）。「德西效應」是指在某些情況下，人們在外在報酬和內在報酬兼得的時候，不但不會增

強工作動機，反而會降低工作動機。管理者通過滿足員工的個人需要、個人目標而給予員工激勵刺激時，希望推動員工的工作努力。但是如果工作活動本身已經讓員工感到很有興趣，此時過分突出的外在獎勵會使員工把獎勵看成工作的目的，會強化行為的外部控制源，導致工作目標的轉移，使得員工對工作行為和獲得獎勵原因的看法更為「外在化」，認為積極的工作行為是由於外在獎勵激勵的緣故，從而只專注於當前的名次和獎賞物，削弱工作價值的內在激勵效應。這就是說一項愉快的活動（即內感報酬），如果提供過多的外部物質獎勵（外加報酬），反而會減少這項活動對參與者的吸引力。

案例：德西效應

心理學家德西在 1971 年做了一個專門的實驗。他讓大學生做被試者，在實驗室裡解有趣的智力難題。實驗分三個階段：第一階段，所有的被試者都無獎勵；第二階段，將被試者分為兩組，實驗組的被試者完成一個難題可得到 1 美元的報酬，而控制組的被試者跟第一階段相同，無報酬；第三階段，為休息時間，被試者可以在原地自由活動，並把他們是否繼續去解題作為喜愛這項活動的程度指標。實驗組（獎勵組）被試者在第二階段確實十分努力，而在第三階段繼續解題的人數很少，表明興趣與努力的程度在減弱，而控制組（無獎勵組）被試者有更多人花更多的休息時間在繼續解題，表明興趣與努力的程度在增強。

實驗證明：當一個人進行一項愉快的活動時，給他提供獎勵結果反而會減少這項活動對他內在的吸引力。這就是所謂的「德西效應」。

「德西效應」在如下這個故事中可謂體現得淋漓盡致：

一群孩子在一位老人家門前嬉鬧，叫聲連天。幾天過去，老人難以忍受。

於是，他出來給了每個孩子 25 美分，對他們說：「你們讓這兒變得很熱鬧，我覺得自己年輕了不少，這點錢表示謝意。」

孩子們很高興，第二天仍然來了，一如既往地嬉鬧。老人再出來，

給了每個孩子 15 美分。他解釋說，自己沒有收入，只能少給一些。15 美分也還可以吧，孩子仍然興高採烈地走了。

第三天，老人只給了每個孩子 5 美分。

孩子們勃然大怒，「一天才 5 美分，知不知道我們多辛苦！」他們向老人發誓，他們再也不會為他玩了！

在這個寓言中，老人的算計很簡單，他將孩子們的內部動機「為自己快樂而玩」變成了外部動機「為得到美分而玩」，而他操縱著美分這個外部因素，所以也操縱了孩子們的行為。寓言中的老人，像不像是你的老板、上司？而美分，像不像是你的工資、獎金等各種各樣的外部獎勵？

人的工作動機分兩種：內在工作動機和外在工作動機。如果按內在工作動機去行動，員工就是工作的主人，如果驅使員工的是外在工作動機，員工就會被外部因素所左右，成為激勵物的奴隸。為工作而工作，才是工作的意義。希望借工作而獲得報酬的人，只是在為報酬效勞而已，一味依賴薪金等物質的外在刺激，未必能事事如意，畢竟「金錢不是萬能的」。而且，滿足員工的需求，提高員工個人的滿意度和工作積極性，並不意味著能夠提高企業績效，這只代表著員工個人滿意感的提高，並不代表員工的業績和績效。因此，如何滿足員工的需要是一種藝術。

四、超越員工需求預期的激勵技巧

管理學家和心理學家從滿足員工的需求角度提出了員工慾望的滿足、個人目標的實現能夠提升員工的工作滿意度。在此基礎上以美國普林斯頓大學的心理學教授丹尼爾・卡尼曼（Daniel Kahneman）為代表的行為經濟學家提出了著名的「前景理論」（Prospect Theory）來替代「期望效用理論」，指出激勵不僅僅在於滿足員工的需要，同樣數量的

激勵物，調整激勵時機、激勵頻率和激勵方式，可以超越員工的需要預期，使員工的滿足程度超越一般的激勵方式，員工的快樂感和幸福感將顯著增加。在同樣的激勵成本下，讓員工更加快樂，前景理論提供了好的激勵思路。2002 年，諾貝爾經濟學獎授予丹尼爾·卡尼曼教授，獎勵他成功地將人類決策和判斷的心理學研究成果帶到了經濟學研究中，發現了一系列影響人們進行非理性選擇的因素以及提出的前景理論。

（一）前景理論的基礎

行為經濟學家通過對錨定效應、阿萊悖論、利他主義行為等現象的分析，否定了傳統經濟學完全理性人的假設，修正了傳統經濟學關於人的理性、自利、完全信息、效用最大化及偏好一致基本假設，提出人是有限理性人，人不是完全利己的，也存在利他主義思想。在此研究基礎上，卡尼曼和特沃斯基（Tversky）進一步提出了「心理帳戶」（Psychological Account）概念來解釋人們在心理上對結果（尤其是經濟結果）的分類記帳、編碼和估價過程①。他們認為心理帳戶導致員工在行為決策上與理性的經濟學和數學運算方式存在著顯著差異：心理帳戶的決策是很感性的，不是追求理性認知上的效用最大化，而是追求情感上的效用最大化，從而使員工表現出一些不理性的行為。心理帳戶具有如下特點：

第一，心理帳戶的損失和收益是相對的，不是絕對的。損失或者收益是員工相對於某個自然參照點而言來做出得或失的心理感覺。但是人們在計算損失和收益的時候，並不是按照絕對的損失或者收益來計算，而是相對於某個自然參照點而言來做出收益或者損失的心理感覺。

案例：稱糖的故事

作家劉墉曾講過這樣一個小故事，小時候到店裡買糖，總喜歡找同

---

① KAHNEMAN D, TVERSKY A. Choices, Values, and Frames [J]. American Psychologist, 1984, 39 (4): 341-350.

一個店員，因為別的店員都先抓一大把拿去稱，再一顆一顆往回扣。而那個比較可愛的店員，每次都抓不足重量，然後一顆一顆往上加。雖然最後拿到的糖沒什麼差異，但他就是喜歡後者。為什麼呢，因為人們對增加糖和減少糖的敏感程度不一樣。根據厭惡損失的心理特點，等量的損失要比等量的獲得對人們的情感體驗產生更大的影響，員工對於損失更加敏感。

赫爾森（Harry Helson，1964）研究指出，員工對自己的現狀與參照點之間的差別更加敏感，卡尼曼和特沃斯基也認為，實際情況與參照點的相對差異比實際的絕對值更加重要。比如某商場搞活動，很多物品都打折，圍巾從原價 20 元降到 10 元，某服裝從 120 元降到 110 元，實際上差別都是 10 元錢，但是對於圍巾的優惠評價將明顯高於對服裝的評價。再如企業給全體員工漲薪 100 元，對於工資只有 1,000 多元的基層員工來說這將是非常大的貨幣激勵，但是對於年薪 10 多萬的高層員工來說，這只是毛毛雨，起到的激勵作用非常小。

第二，員工是厭惡損失（Loss Aversion）的，損失和收益的情感體驗是不一致的，等量的損失要比等量的獲得，對人們的感覺產生更大的影響，人們通常賦予損失更大的權重。這也就是說，等量財富減少帶來的痛苦與等量財富增加帶給人的快樂不相等，前者大於後者。例如損失 1,000 元錢所帶來的痛苦比獲得 1,000 元獎金而帶來的愉悅更強烈。如圖 3-6 所示，中心點表示參照點，前景理論的價值函數為 v，自變量表示效用的變化，這個函數呈現 S 形，而且損失區域的函數圖像是凸的（x<0，v(x)>0），而在收益區域的函數圖像是凹的（x>0，v(x)<0），因為人們是風險厭惡的，v 在損失區域要比收益區域更加陡峭，這也就是說個人在面對獲利時所感受到的價值明顯低於面對損失時的感受，獲利的邊際效用小於損失時的邊際效用。

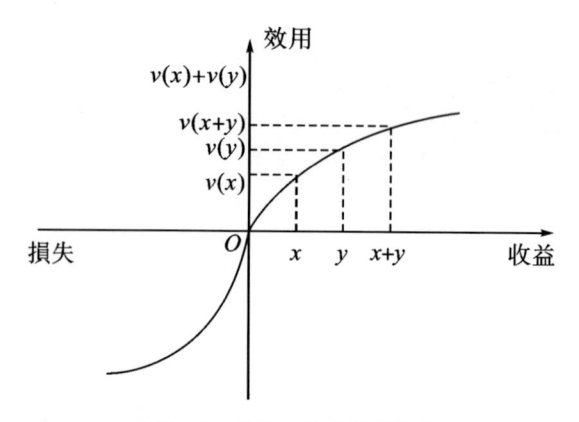

圖 3-6　前景理論的價值函數
資料來源：Shefrin, Stateman（2000）

案例：損失的感覺不太好

小李今天心情特別高興，單位評選他為本季度的銷售明星，特別發了 500 元的紅包以資鼓勵。小李哼著小曲一路高高興興地回到家中把好消息和全家分享，當準備把錢拿出來炫耀炫耀時，哪知道東摸西摸卻怎麼也找不到那 500 塊錢，一宿睡得不踏實，腦海裡不停地回憶著這 500 元可能會遺落的地方，實在沒有頭緒。小李第二天早早起床匆忙來到公司，東翻西翻還是沒有找到那 500 元，為此小李鬱悶了好多天，相比當時拿到 500 元的快樂勁兒，現在的痛苦來得更持久一些、更猛烈一些。

這個故事說明，損失 500 元帶來的痛苦往往超過盈利 500 元帶來的快樂。實際上，即使同樣是損失，參照點不同，帶來的心理感受也是不一樣的。例如，某員工預期獎金的損失很大，實際發生的損失較小，此時他的感覺往往不是損失而是賺了。相反，同樣是盈利，但是預期的盈利很好，實際的盈利卻很小，此時大多數人的感覺不是盈利而是虧損。因此，損失和收益的心理感覺不是實際的結果是虧損還是盈利，而是相對於參照點做出的。

案例　獎金發放

今年以來某行業由於市場萎縮全行業虧損，年底的時候，行業中很多企業都開始裁員。該行業的龍頭 A 公司通過各種經營努力，即使經營情況屬於全行業最好，但是仍然虧損 1,000 萬元。儘管經營績效不盡如人意，但是年底的時候公司領導層向全體員工承諾今年不裁人，只是獎金將非常微薄。員工們聽到這個消息雀躍相告，不用擔心下崗了，雖然損失了獎金，但是最壞的結果下崗沒有發生，這已經讓員工們非常滿意了。

第三，敏感度遞減，不論是獲得還是損失，其邊際價值都是隨著獲得的不斷增大而減小，或者隨著損失的不斷增加而減少。也就是說，在激勵過程中，企業要適當控制激勵的程度，過度的激勵，由於邊際價值遞減，企業花費了很多物力和人力激勵員工，但是激勵的效果邊際遞減，激勵活動難以達到預期目的。人們通常有這樣一種理念，認為企業給單個員工的激勵程度越大，員工的積極性就越高。但是激勵程度太大，企業給予員工的物質激勵太多，一方面公司的財政會難以承受，企業的淨利潤會下降；另一方面，頻繁的、過多的精神激勵和物質激勵的邊際效用遞減，員工對物質和精神激勵變得麻木，對各項激勵沒有心動的感覺；此外，過度的激勵可能反而會增加員工的壓力和思想包袱，它分散了員工的注意力，在工作中員工不僅僅是專注於目標，而是多了很多雜念，為了避免失去可能的所得，員工的行為往往會更拘謹和小心，經營的績效可能難以達到管理者的預期。

案例：馬太效應式激勵

馬太效應來自聖經《新約‧馬太福音》中的一則寓言：「凡有的，還要加給他，叫他多餘；沒有的，連他所有的也要奪過來。」讓強者愈強、弱者愈弱。這種方式在企業的激勵過程中常常可見。

小李的科研成果得到國家授予的榮譽之後，他回到所在的城市，又得到了其他的很多榮譽：某某名譽主席、人大代表、客座教授、傑出的中青年專家、創新能手、勞動模範、技術顧問等，集萬千寵愛於一身，成了當地名人，結果他每天疲於各種會議和社會事務，身不由己，搞科研的時間越來越少。而且除了獲得的各種獎金外，小李還獲得了別墅、汽車和每月固定的高額突出人才津貼等，眾多的獎勵讓他覺得即使不努力干也能收入頗豐。不想干也沒有時間干，馬太效應式的激勵讓小李擁有太多太多的物質獎勵和精神獎勵，這種激勵方式不僅沒有激勵小李，反而讓小李沒有了努力干的激情。

而對於小李團隊中的其他成員，所得到的獎勵則屈指可數，這時大家都覺得自己辛辛苦苦半天，原來是為他人做嫁衣，工作的積極性也大大下降，眾人划槳的熱情再也看不見了。

讓少數人獨享各種榮譽和好處的馬太效應式激勵往往導致企業存在激勵過度和激勵不足的問題。

第四，決策權重效果。個人在評價事物時未必會以客觀的概率為衡量指標，而是會依照心中的標準給予事物主觀的評價。當個人認為事件發生的概率為近於 0 的極小概率時，會過度重視，而給予高於客觀概率值的主觀評價；對於大概率事件，卻忽略了例行發生的事，所給予的主觀評價會低於事件本身的客觀概率。例如，企業在給員工制定年終獎金分配制度時，往往規定如果達不成預期目標將會給予相應的處罰，即使這對員工來說是一個小概率事件，但員工心理往往會放大這一事件的概率，在有所壓力的情況下，員工會有更高的績效表現。

心理帳戶的這些特點說明，在激勵的過程中，管理者不僅僅需要關注激勵的對象、激勵的目標、激勵物和激勵手段，更需要關注心理帳戶的運算特點和規則，瞭解情感體驗在員工現實決策中的重要作用，讓同樣的激勵成本帶給員工更高的工作動力和工作熱情，更高的滿意度和幸福感體驗，增強對企業的認同感和歸屬感。

（二）心理帳戶的計算規則

心理帳戶對於事物的編碼方式是假設何種方式可以讓自己獲得最大的快樂。為了追求快樂最大化，人們對兩個或多個事件進行評價時，會根據事件的損益來對事件進行分離或者整合，讓自己感到快樂。泰勒（Thaler）提出了四個「快樂編輯原則（Principles of Hedonic Framing）」（如表3-1所示）。

表3-1　　　　　　　　心理帳戶的運算規則

	事件 X	事件 Y	運算方式
多重利得	+	+	分開
多重損失	−	−	合併
混合利得	+（−）	−（+）	合併
混合損失	+（−）	−（+）	不確定

註：「+」表示利得；「−」表示損失。

（1）多重盈利（Multiple Gains）。對於兩個有收益的事件，對於個人而言，分割編輯的價值較大，人們更偏好分開體驗，因為價值函數在右上角為凸函數，所以 v（x）+v（y）>v（x+y）。

案例：如何發獎金

若你是老板，想給員工發5,000元錢，有兩種方式可以選擇，你認為哪一種能夠帶給員工更多的幸福感？

A：一次性發5,000元。

B：先發3,000元，再發2,000元。

顯然，第二種方式能夠讓員工感受到兩次發錢的快樂，價值函數在右上角為凸函數，v（3,000）+v（2,000）>v（5,000），所以第二種方式員工的發錢心理體驗更多，幸福感更強，對企業的滿意度更高。類似

的情境在企業中還有很多，例如，企業有兩個好消息要向員工發布，一個消息是某員工獲得了優秀員工獎，一個消息是該員工獲得最佳建議獎，此時應該把這兩個好消息分開告訴員工還是一併告訴員工呢？分開告訴員工能夠讓員工有更多的成就感和快樂的情感體驗。由此可以看出，花一樣多的錢，做一樣多的事，但是，調整每次激勵的強度和激勵的總頻度，帶給員工的心理體驗是不一樣的。

儘管增加激勵頻度能夠提高員工的幸福感，但是企業不能夠因此而將激勵次數分為無數次，例如上述 5,000 元的激勵，分為 50 次，每次 100 元就不恰當。一是因為單次金額太低，激勵物難以起到刺激作用；二是因為激勵太頻繁，容易讓員工麻木，難以起到激勵作用。

此外，對於只有一個有收益的事件，企業可以延長員工收益獲得的過程體驗，增強其幸福感。

案例：好事晚說不如早說

如果你的下屬今年業績出色，公司獎勵他一次去巴黎旅遊的機會，你有兩種方式告訴他這個好消息：

A：提前一個月告訴他，他將會到巴黎旅遊。

B：臨行前幾天，告訴他，趕快準備，安排好相關工作，準備到巴黎旅遊。

請問，你將採用什麼方式？你覺得你的下屬更喜歡哪一種方式？你覺得哪一種方式帶給你的下屬快樂多一些？你的下屬什麼時間最開心？

快樂來自於對快樂的期待，顯然第一種方式從聽到這個消息以及期盼著去巴黎的那段時間更長，你的下屬有更充裕的時間做各種安排，這些過程都將使他體會到更多的快樂。因此要給員工獎勵的話，晚說不如早說，早說更能延長員工快樂的時間，更能達到激勵的效果。

（2）多重損失（Multiple Losses）。對於兩個均虧損的事件或信息，因為在面臨損失時，價值函數在左下角為凹函數，所以 $v(x)+v(y)$

<v（x+y），此時，把幾個「失」結合起來，它們所引起的邊際效用遞減會使各個壞消息加總起來的總效用最小。也就是說，將兩件事件合併編輯的價值較大，對於多個損失員工更偏好於整合價值。例如，對員工某些違紀行為給予罰款或者處罰，最好一次性處理，讓員工一次傷心夠，如果今天處罰一名員工，明天處罰一名員工，企業給員工的工作氛圍是天天都在處罰人，員工每天都生活在不快樂的氛圍中；如果企業將各種處罰集中在一起發布，其餘的時間沒有這些處罰信息，那麼員工痛苦的程度將會降低，企業的氛圍也會不同。再如，某位員工因為犯了某種錯誤，企業如若大會小會都給予這名員工批評，會增加員工的痛苦感，員工會認為企業的處罰沒完沒了，一次次的批評或者處罰即使這個員工覺得自己真的錯了，也容易產生不滿情緒。再如，企業有幾個方面的壞消息，一併發布帶給員工的痛苦感比分開發布帶給員工的痛苦感要弱一些。

案例：損失次數多的影響力

美國籃球協會（NBA）的著名球星丹尼斯·羅德曼（Dennis Rodman），曾經先後在馬刺隊、公牛隊、湖人隊、小牛隊效力，多次獲得「籃板王」的稱號。但是他的脾氣較壞，場上場下經常惹是生非，例如辱罵攻擊裁判、訓練比賽遲到、對記者和對手出言不遜等，可謂「罪行累累」。為了幫助 Dennis Rodman 改掉壞脾氣，1997—1998 賽季，公牛隊與其簽訂了一份變動的合同：①底薪 450 萬美元；②如果在本賽季中不惹事，加 500 萬美元；③如果能夠第七次獲得「籃板王」的稱號，加 50 萬美元；④如果助攻次數超過失球次數，再加 10 萬美元。這份合同顯然很有成效，在這個賽季，Dennis Rodman 只有一場因違紀而缺賽，獲得了「籃板王」，助攻 230 次，失球 147 次，公牛隊也獲得了 NBA 總冠軍。

案例來源：劉昕. 薪酬管理 [M]. 北京：中國人民大學出版社，2007.

對於一個有損失的事件，如果企業希望延長員工痛苦的過程體驗，可以提前告知消息，等待壞事情的過程是折磨人的，直到員工正式得知這個消息時，每每想到這個損失，員工都會處於痛苦的狀態中；如果企業希望減少員工痛苦的過程體驗，應該在消息即將執行的時候告知員工，這樣員工痛苦的週期可以縮短。

（3）混合盈利（Mixed Gains）。對於兩個事件，其中一個為收益事件，一個為損失事件，就整體而言是淨盈利（稱為混合盈利），即價值函數 v（x+y）>0，因為損失函數更陡峭一些，所以分開價值為 v（x）+v（y）的值小於整合值 v（x+y），此時，對於個人而言，合併編輯的價值較大。例如，有一個大的好消息和一個小的壞消息，應該把這兩個消息一起告訴別人。如此整合，壞消息帶來的痛苦會被好消息帶來的快樂衝淡，負面效應也就小得多。另外，當企業要帶給員工的是一個負面的消息時，可以降低員工的預期，再給予一定的安撫，從而能夠增強員工的幸福感。

案例：不被「裁員」了

一家企業面對2007年的金融危機和企業效益的不景氣，意識到年底給員工事前承諾的各項獎勵都難以兌現。如何才讓員工的士氣不受打擊呢？

有一陣公司內部小道消息四處飛：公司即將「裁員」。員工們人人自危，很擔心自己被裁回家。當這樣的消息在企業內流傳了一小段時間後，高管組織召開高層會議，決議「要與員工共渡難關，決不裁減員工」，但是（好消息總是有條件的）今年的年終獎、調薪計劃取消。此消息一出，員工都鬆了一口氣，不用擔心失業了，至於獎金，沒有就沒有吧。

眼看到了年關，老闆又突然宣布：「鑒於員工的優秀表現，公司在困難之際仍然拿出一部分資金，給大家發一點過節費。」雖然過節費並不高，但對於員工而言卻是「意外之得」，因而個個都很高興，也很感

謝企業的付出。

（4）混合損失（Mixed Losses）。對於兩個事件，其中一個為收益事件，一個為損失事件，就整體而言是淨損失（稱為混合損失），即小得大失。此時如果 v（x）+v（y）>v（x+y），應將得與失分開計算；如果此時 v（x）+v（y）<v（x+y），應該將得失整合計算。例如企業的領導有一個大的壞消息和一個小的好消息要告訴員工，如果在同一天告知員工，員工往往還是會沉浸在痛苦中，好消息所帶來的正面效應會被淹沒。

案例：好消息被淹沒了

A 銷售團隊由於跟進一個關鍵客戶時未及時地滿足客戶的需求，導致企業一大筆訂單泡湯，今年的銷售任務肯定難以完成，年終的銷售提成肯定泡湯了，所有的員工都感到非常傷心。與此同時，銷售部王經理為鼓勵士氣，告訴大家，一個小客戶增加了一筆訂單。當員工得知這個好消息時，卻沒有因此而高興起來，普遍的想法是：這個小客戶的訂單頂什麼用？員工還是處在悲傷的情緒中。

B 銷售團隊也是因為售後服務不到位，導致一名關鍵客戶流失，企業的訂單少了 1/3，所有的員工都覺得非常傷心。銷售部李經理當天也接到一個好消息。但是他沒有馬上告訴大家，而是隔了幾天，當大家的悲傷情緒有所緩解時，才告訴大家一個跟進了很久的小客戶終於被公司的誠意打動，準備和公司簽約。這個好消息一發布，員工們過去幾天的陰雲密布頓時變為陣陣喝彩。

快樂編輯原則在實驗上已經驗證，人們的決策及偏好確實會受到快樂編輯原則的影響，人們的行為會因為心理帳戶的盈虧而改變。管理者可以根據員工的心理帳戶計算特點，預測激勵方式、激勵頻率、激勵強度對員工行為的影響，通過恰當的激勵強度和激勵頻率的調整，使激勵

活動更加有效。

(三) 前景理論在激勵中的應用

1. 實施貨幣激勵的技巧

(1) 如何調整薪酬

「心理帳戶」（Mental Accounting）的原意是人們會根據收入的來源、資金的所在和資金的用途等因素，對資金進行歸類，在人們的心目中隱含著一種對不同用途的資金的不能完全替代使用的想法。例如，在日常生活中，員工會根據薪酬的穩定性劃分為穩定持續的收入帳戶和暫時性收入帳戶。對於持續穩定的收入帳戶（例如基本工資、固定獎金），員工在內心中常常將其看得更為重要，在消費支出上往往列為家庭日常維繫支出、家庭建設支出（教育花費、購房花費、投資支出等），當企業的薪酬在這個帳戶中進行調整時，對員工的心理衝擊往往較大；而對於暫時性的收入帳戶（如臨時的小額獎金、抽獎中獎等），在員工心目中的分量沒有那麼重要，其消費支出上常常具有小錢大花、大錢小花的特點，用於人情開支、休閒娛樂開支等，如果企業對這個帳戶進行調整，對員工的心理影響要小一些。

究其原因是因為稟賦效應的存在。稟賦效應是指當個人一旦擁有某項物品，那麼他對該物品價值的評價要比未擁有之前大大增加。穩定性的收入一旦形成，員工對這部分收入就賦予了更高的評價。即使還沒有獲得這部分收入，實際上這部分預期的收入員工在內心深處已經視為所得，類似於稟賦，其發放並不會帶來太大的驚喜，但減少這部分收入時，員工會視為損失，會產生很大的痛苦；相反，當增加員工持續穩定收入帳戶的收入時，員工在短期內會產生欣喜的愉悅感，但是員工很快就將這部分收入視為該得的收入，快樂感不會持續很長時間。而對於暫時性收入帳戶的收入，員工心理沒有形成預期，帳戶中內容為空，即使知道有哪些臨時性獎金，因為金額變動不定，所以對其金額沒有固定的預期，當得到時，員工就會產生愉悅感，而沒有得到員工也不會產生太

強的痛苦感。

同樣是薪酬調整，調整員工持續穩定收入帳戶和暫時性收入帳戶對員工的心理感覺是有差異的。當員工的持續穩定性收入下降時，將大大地增加員工的痛苦感。意外的收入被員工視為變動收入，意外收入的增加能夠給員工帶來更大的驚喜，而其減少員工也不會產生強烈的抵觸心理。這也就是說，企業在調整員工薪酬時，不僅僅應該考慮加多少、減多少，更需要考慮對員工的哪一部分收入進行增減。

案例：怎麼加薪？

一個企業的老板由於企業經營業績的不斷改善，想給員工增加報酬，一方面實現「有福共享」的承諾，另一方面也希望薪酬的增加能夠提高員工們的工作積極性。他現在有兩種最直接的方法：

第一種是加工資，比如由年薪 5 萬元加到 5.5 萬元。

第二種是發獎金，就是保持 5 萬元的年薪不變，但是每年不定期地給員工發幾次獎金，獎金總額約為每年 5,000 元。

哪一種方式更好呢？顯然是第二種方式，因為：

首先，加工資，在總數相同的情況下，一次性漲工資最初可能給人帶來很大的快樂感，但人有很強的適應性，並不能為物質方面的東西快樂多久。時間久了，幸福程度又回到了沒有漲工資時的水平。而間歇性地、不定期地發獎金給人的快樂一直在發生，因此和漲工資比起來，發獎金帶來的快樂更頻繁。

其次，加工資，實際上員工把這部分收入放在了持續穩定的收入帳戶中。經濟難免會有不景氣的時候，緊縮成本是一項必備的舉措，裁員、減薪等都是可能的。如果公司本來採用加工資的形式來增加報酬，那麼就不得不降低員工的工資水平。這樣一來，降工資給員工帶來的不開心程度要比加工資給員工帶來的開心程度更大。相反，如果是發獎金，員工把這部分收入放在了暫時性收入帳戶，對於員工來說這部分收入本來就是變動的，其增減對員工的心理影響要小一些。因此，發獎金

給公司帶來較大的回旋餘地，對員工的心理影響更小。

（2）調整員工的薪酬預期

美國經濟學家薩繆爾森提出了著名的幸福方程式：

$$幸福 = 效用/慾望$$

其中，效用是指人們消費某種物品或者服務所能獲得的滿足程度，慾望是指一種缺乏的感覺和求得滿足的慾望。要提高員工的幸福度可以通過以下途徑：①在員工同樣的慾望前提下，提高激勵物的效用；②在同樣激勵物效用的前提下，降低員工慾望。因此，要提高員工的幸福感，在同樣的薪酬成本下，企業應該降低員工的薪酬預期；或者在員工薪酬慾望不變的情況下，增加企業的薪酬成本，提高員工的幸福度。

案例：員工漲薪帶來的離職

有一個企業由於當年員工流失率較高，企業內普遍存在「因為我們工資水平低，所以那麼多人才離職」的言論，老板也覺得員工流失率這麼高，或許是工資出了問題，因此決定趁年底的機會，給公司員工加薪。為了「穩定軍心」，老板在大會小會上宣傳：公司將基於外部市場調研，對員工進行普遍調薪。同時，為了把加薪工作一次做到位，留住核心員工，老板又於百忙之中抽時間與員工面談，瞭解他們對薪酬水平的期望值。於是乎，一段時間內，公司內部「漲聲」一片，大家都在期盼著能夠得到理想的薪酬待遇，那麼原本有離職之心的員工，也確實暫且安穩下來「靜觀其變」，而大多數員工，則加緊了「埋頭苦干」的形象，希望「近因效應」能夠發揮作用，給老板、上級主管留下一個好印象，以便多給自己加薪。

但老板沒有想到的是，經過反覆測算的加薪方案實施後，不僅沒有穩住員工，提高他們的滿意度，反而是怨聲載道，一時間公司管理處於混亂狀態，又有一批員工遞交了辭職報告。客觀而論，這一次加薪幅度還是較大的，但是企業在操作的過程中，卻向員工傳遞了要「大幅漲

薪」的信息，大大提高了員工的期望值，結果就造成了期望越高，落差越大的現象。

2. 發布激勵信息

企業在設計激勵機制時，不僅要考慮給員工什麼激勵，給多少激勵，還要考慮激勵的參照點。相對於參照點，激勵方式是做增量加法還是做減法？是一次性加法還是多次加法？是一次性減法還是多次減法？激勵方式有差異，激勵效果是有很大不同的。

案例：這樣發布消息

一家企業面對金融危機和企業效益的不景氣，先傳出公司即將「裁員」的小道消息，員工人人自危，很擔心自己被「裁」回家。

當這樣的消息在企業內流傳了一小段時間後，高管組織召開高層會議，決議「要與員工共渡難關，決不裁減員工」，但是（好消息總是有條件的），今年的年終獎、調薪計劃取消。此消息一出，員工鬆了一口氣，不用擔心失業了，至於獎金沒有就沒有吧。

眼看到了年跟，老板又突然宣傳「鑒於員工的優秀表現，公司在困難之際仍然拿出一部分資金，給大家發一點過節費」。雖然過節費並不高，但對於員工而言卻算是「意外之得」，因而個個都很高興，也很感謝企業的付出。

由上述案例可以看出，損失和收益是相對於參照點而言的，企業對員工的激勵程度設計需要考慮參照點因素，應該洞察員工對激勵強度反應的敏感程度。很多企業喜歡在事前給予員工宏大的許諾來激勵員工的士氣，但是一旦承諾沒有兌現將給員工帶來很強的心理衝擊，打擊員工的工作激情。因此，一般情況下，企業在設計激勵機制時，可以適當降低員工的期望，承諾力求保守，讓員工減少損失的心理情感，增大得到的心理感受，這樣做，員工往往有更強的正面情緒，對組織信任感會增

強，激勵的效果更明顯。要實現這個目標，企業激勵機制設計的一個關鍵點就在於選擇好參照點。

案例：心理感覺一樣嗎？

企業A：假如你是某公司的一名員工，近一週來，公司裡的所有同事都在傳播一條令人興奮的好消息，說是公司領導要鼓勵員工這段時間的辛勤勞動，決定給大家額外獎勵，據說數額高達2,000元，而且消息來源似乎很可靠，你和你的同事對此堅信不疑。

今天就是發獎金的日子，錢是直接打到銀行卡上。你興衝衝地跑到自動取款機刷卡，一看只有500元，這時你的心情如何？

企業B：假如你是某公司的一名員工，目前正值中秋前夕，你卻高興不起來，因為最近一週，公司的同事都在傳播一條令人沮喪的壞消息，說公司今年效益不佳，領導決定今年中秋不發福利。按照慣例，中秋節每年會發2,000元，你和同事也一直在期盼這筆錢早日發放，但如今你們都感到非常沮喪。

正當你無望地準備下班回家過中秋時，部門領導給了你一個裝有500元的紅包，說是公司今年的中秋福利。這時你的心情如何？

上述兩個案例，企業都是發500元錢，但是員工的心理感受一樣嗎？帶來的員工工作熱情一樣嗎？

3. 個性化激勵

企業在設計激勵程度時，除了考慮刺激物帶給員工的心理感受，更要分析員工的風險偏好類型，激勵程度應該與員工的風險偏好類型相一致。因為同一激勵物，對於不同風險偏好的員工而言，有些人可能得到的是激勵，有些人可能得到的是壓力。例如，員工是規避風險的類型，員工承擔風險的能力和心理素質都比較低，其更偏好於穩健和保守的激勵措施，企業激勵強度可以設計得小一些。此時，激勵強度越大，員工越容易產生緊張心理和壓力感，當各種風險疊加在一起時，員工無法放

松，甚至週末假期也處於緊張狀態，長期過度緊張和疲憊，反而容易導致員工難以做好工作。

案例：連鎖店的激勵

某連鎖店，為了激勵分店經理努力工作，有三種可供選擇的方式：

A：總店付給分店經理固定工資，而分店的收入全部歸屬總店。

B：總店與分店進行業績提成。

C：總店給予分店經理一定的股份，實行利潤按股份分成。

這三種方式中，如果你是分店經理，你願意選擇哪一種方式呢？

這三種方式中，第三種激勵強度最大，但是分店經理面臨的風險也最大，第一種激勵強度最小，但是分店經理面臨的風險也最小。分店經理會選擇哪一種方式，取決於分店經理的風險偏好和承擔風險的能力。企業設計激勵強度時，應該與員工的風險偏好相一致。

丹·艾瑞里（Dan Ariely，2010）的實驗研究結果表明，激勵與員工的表現呈「倒 U 型關系」，[①] 如圖 3-7 所示。當激勵程度較低時，激勵物對員工沒有吸引力，員工沒有動力和願望去積極工作，儘管企業的成本壓力會減少，員工的績效水平也低。此時，企業加強刺激，增加激勵的強度，可以提高員工的表現值。但是，隨著激勵基數的提高，進一步加大激勵會事與願違，員工的表現值會降低。與此同時，Dan Ariely 指出激勵與員工表現的「倒 U 型關系」與工作類型也有關系，如果工作僅僅是敲擊鍵盤等簡單的機械類重複工作，獎金越高，員工的績效越高；但是，一旦工作需要基本的認知能力、思維能力等腦力活動，高額獎金會使員工過度關注獎勵，分散了員工的精力，壓力過大反而會對績效造成負面效果。

[①] 丹·艾瑞里. 怪誕行為學 2：非理性的積極力量 [M]. 趙德亮，譯. 北京：中信出版社，2010：19.

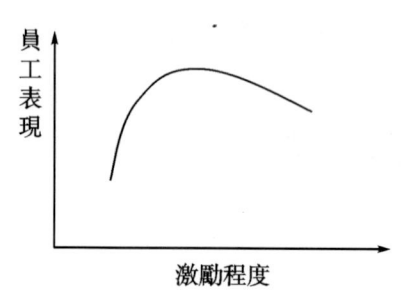

圖 3-7　激勵與員工表現的倒 U 型關係

4. 小獎該不該獎

通常企業管理中存在這樣的顧慮，員工做了一點小事，究竟該獎還是不獎？如果給予獎勵，擔心員工以後做事情斤斤計較，沒有獎勵就叫不動人；如果不給予獎勵，又似乎覺得員工還是有努力，有付出，不管多少都應該給員工一點表示，有總比沒有的好。面對這一難題企業應該如何解決呢？

如果企業平時的激勵較少而且激勵水平較低時，當企業給予員工一些微薄的獎勵，此時獎勵能夠給員工帶來較強烈的鼓勵，員工的愉悅感強烈，員工工作的主動性和積極性會提高。相反，當員工平時或者過去的激勵水平較高時，如果企業此時對員工做的一點小事給予微薄的獎勵，那麼根據心理帳戶理論敏感度遞減的特徵，此時這點微薄的激勵在員工心理帳戶中難以得到重視，員工反而感覺原來自己做的這點事價值就這麼大，自己根本不值得為了這點小錢去做這件事。本來員工是出於內在的動力很積極地投入做事的，現在一旦有外在激勵加入，內在的動力反而被扼殺了，所以此時最好不要採用外在激勵的手段去鼓勵員工，讓員工感覺做這件事只是一個經濟行為，不然本來不拿錢員工也願意做的事情會反而沒有人想做了。

行為經濟學視角的激勵機制設計，以人的行為心理特徵為基礎，不僅僅要考慮外部刺激物的吸引力和員工的內在需要，更要強調員工的內在心理活動特徵、思維方式和風險承擔特點，強調通過激勵強度和激勵

頻率的恰當設計使員工對企業、對工作、對領導產生更高的滿意度。

五、激勵的公平性

以上目標激勵機制設計的起點和終點實際上都是基於企業經營績效目標的顯示。為了貫徹落實這個目標，企業在管理過程中必須要花費大量的精力和人力進行制訂績效計劃、實施績效考核、給予員工績效反饋等績效管理工作，對員工是否達到目標給予公平公正的評價。此外，當員工完成業績目標，企業按照事前的承諾兌現了員工需要的獎勵物，這些獎勵物不僅要滿足員工的需要，而且還要考慮員工之間的獎勵是否公平。

案例：該滿意嗎？

李燕是公司採購部的一名員工，在這個公司工作了 3 年，一直都很勤奮，工作任勞任怨，想方設法為公司完成各項採購任務。到了年底，她的任務目標不僅完成而且還超額，公司為此發給了她 2 萬元的年終獎，李燕拿著這筆錢，心理可高興了，謀劃著怎麼過個好春節。

有一天，李燕無意中從同事的口中得知，和她同一個崗位的胡紅，任務目標和自己一樣，但今年只是剛剛完成業績目標，公司給她發的年終獎是 24,000 元。李燕想不明白了，怎麼自己的業績表現比胡紅好，平時表現也不差，是什麼讓自己的年終獎還要低些呢？是不是自己在哪裡把領導得罪了呀？還是胡紅更討領導歡心呀？心理搗騰著這事，讓本來對年終獎非常滿意的李燕變得不快樂了！在工作中，李燕總覺得工作起來不如往年那麼來勁，心理多了一些別樣的想法。

由上述案例可見，員工的積極性不僅僅在於企業的激勵物能否滿足個人需求，即使激勵物滿足了個人的需求，員工積極性還要受到自己公平感的影響，員工會依據自己的某種標準判斷自己是否得到公平的對待，這種判斷的結果將直接影響員工今後工作的積極性。這就是美國心

理學家史坦斯・亞當斯（J. Stancy Adams）1965年提出的公平理論的核心觀點。亞當斯認為，除了關心報酬、資源分配的絕對數額，員工還關心自己報酬或所得資源的相對值，員工會橫向比較，將自己的所得（包括所獲得的薪酬、福利、表揚、晉升、資源等）與自己的投入（包括教育、經驗、努力、能力等）的比值（簡稱所得投入比值）與組織內其他人的所得投入比值作比較；員工會縱向比較，將自己目前的所得投入比值，同自己過去的所得投入比值進行比較。這兩種比較方式，員工重點是與其他人進行比較，以判斷自己待遇的公平程度。

只有自己與過去、自己與他人的所得投入比相等時，員工才會認為公平。如下式所示：

$$O_p/I_p = O_x/I_x$$

其中，O_p表示自己的所得；O_x表示自己對他人所得的評價；I_p表示自己的付出；I_x表示自己對他人的付出的評價。

如果是自己的所得投入比值大於過去或者其他員工的所得投入比值，說明員工得到了過高的報酬或付出的努力較少，此時員工往往會產生僥幸心理，不會要求減少報酬，有可能會自覺增加付出，但一段時間以後，他會轉移比較目標而使工作積極性提高不多甚至不提高，有時還會助長員工的投機取巧行為、尋租行為和公司政治行為。如果感到自己的所得投入比值低於過去或者低於其他人，員工則容易產生不公平感，這會導致員工內心緊張，會導致員工心存不滿，這種情緒會波及工作甚至生活，從而影響工作的投入度、滿意度，影響工作的積極性和主動性。在這種不公平的內心感受下，有些員工會歪曲自己或者他人的投入或結果；有些員工可能會採取行動改變自己的投入與產出或者影響其他人的投入與產出；有些員工可能會調適自己的心態，另外選擇一個員工作為參照物，讓自己比上不足，比下有餘；還有一類員工，難以忍受這種不公平感，會辭去工作，尋求更能被公平對待的組織。

公平可以分為機會公平、程序公平和結果公平。機會公平是指所有的員工都有均等的機會獲得或爭取資源和獎勵，所有的員工處於同一起

跑線，具備同樣的工作條件；程序公平是指激勵措施實施的運作過程要公平，制度和規則應該公開化和公平化；結果公平是指員工得到的報酬或者資源量是否公平。結果公平並不是說所有員工得到的獎勵要一樣多，這是大鍋飯，而是企業對員工的獎懲程度要和員工的功過相一致，要用公平的考核制度來對員工進行評價。機會公平、程序公平，員工的工作結果有差異是正常的。研究表明，結果公平比程序公平對員工的工作滿意度影響更大，員工更注重結果的公平，程序公平更容易影響員工的組織承諾、對上司的信任和流動意圖，如圖 3-8 所示。

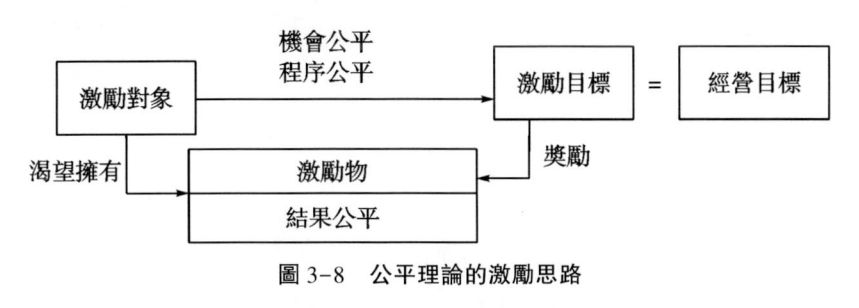

圖 3-8 公平理論的激勵思路

公平激勵機制的前提條件是各種制度、政策、規章必須事前制定、事前公開，且符合機會公平、程序公平和結果公平的原則。如果事前不公開確定各項規則，員工必會認為這是領導根據自己親疏遠近和偏好在制定傾向性政策，獲得資源或者嘉獎的員工自己也覺得不夠理直氣壯，其他員工也會口服心不服。「少數服從多數」的投票方式是否就是公平制定各項政策、決定各項獎懲的最好方法呢？實際上，很多問題並沒有唯一的標準答案，更多情況是仁者見仁，智者見智，每個員工都有自己的價值觀、觀點和看法，員工的好惡、看法並不能代替組織對員工的評價和要求，用投票的方式制定的政策、獎懲分配是各種感情力量、人際關係的綜合結果，往往與企業的目標相去甚遠。實際上公平激勵機制的必要條件是激勵政策的制定、資源的分配和獎懲的決定必須圍繞著企業的目標，公平的激勵機制促使員工向組織的目標靠近。因此，公平激勵機制作用的發揮不是獨立就能完成的，必須與組織目標相聯繫。

員工公平感的標準完全是主觀的，由於每個人性格、追求、需要、動機、價值觀等因素的差異，同一件事員工選取的參照物不同，員工的主觀感受也會存在差異。而且員工在判別所得和投入時，往往會偏向於自己，在心理上低估他人的付出，高估他人的收益，由於感覺上的誤差，也容易導致不平衡。儘管如此，企業還是必須要營造一種公平的環境、文化氛圍，這才有利於員工之間和睦相處，有利於企業的持續發展。這就意味著，企業在設計激勵機制時，要著重考慮如下要素：

（1）企業不僅要考慮員工所獲得的絕對報酬，而且還要考慮員工所獲得的相對報酬。員工之間的收入差距、資源分配差距要能夠有合理的解釋，不能讓員工產生不公平感。例如，有些壟斷企業領導人的收入是普通員工的幾十倍，甚至幾百倍，即使企業給了普通工人較高的待遇，但員工還是會產生很強的不公平感，對企業不滿意。

（2）企業在績效考評、薪酬管理、獎懲和晉升等制度和政策的制定和執行中，應該考慮讓員工有公平的機會參與，且執行的程序是公平的。領導要注重將這些制度和政策的相關內容與員工交流，讓員工對組織產生公平的信任感。

（3）對於員工經常提及的參照群體，領導要注意橫向比較，和員工多溝通交流，引導員工主觀感受上的認識偏差，適時做好員工公平心理的引導。

公平激勵機制的設計應該以企業經營目標為引導確定激勵目標，而不是以領導的好惡或者群眾的偏好來決定是否公平，公平機制應該是對事不對人。

公平理論與激勵機制的融合，使企業的激勵機制不僅考慮事後的業績目標是否達成，還要考慮設置的業績目標是否公平；不僅考慮激勵物是否符合員工需要，更要考慮分配結果的公平性；不僅考慮對員工工作態度的激勵，還要考慮過程激勵的公平性。激勵機制設計除了考慮工作過程、業績目標和激勵物，更關心員工的心理感受，這才能使企業的激勵機制更符合企業管理的實際，更趨於完善。

第四章
員工能力的激勵設計

成功的關鍵就是找到自己最喜歡做的事，然後靠它過上幸福的生活。

——拿破侖·希爾

實現企業戰略、核心能力提升、商業模式實現、組織能力的打造，都離不開企業員工能力要素的支持，員工能力是實現經營目標的基本條件。微軟公司執行總裁斯科特·麥克尼爾說：「聘用、保留並培養優秀的人才是所有企業所面臨的最大挑戰，也是企業能否成功的關鍵。」企業激勵機制設計最重要的環節就是識別人才的能力、培養員工的能力，讓員工的能力與崗位的需求相匹配，使企業平臺能夠有恰當的人才去施展才華。

一、員工能力提升的設計思路

員工能力是實現組織目標的基礎，但企業對員工能力的需求不是一成不變。隨著環境的變化、技術的發展和企業戰略目標的調整，業務內容、流程的不斷變化，工作崗位對員工的能力會提出新的要求，員工

能力需要不斷地提升以適應新的形勢。此時，企業就需要激勵員工努力提升能力。除此以外，當企業發現員工的工作業績與企業期望的工作業績差距大，且差距的原因是因為員工能力的不足所導致時，企業也需要考慮提升員工的能力。

員工能力提升激勵是指企業建立有助於員工學習的組織文化，通過各種活動和安排，激發員工的學習意願，提供使員工能力提高的機會，使員工在現有能力基礎上，通過培訓、訓練、學習、交流、實踐等活動，使能力水平再上新臺階。

員工能力提升激勵並不是說企業隨時需要激勵員工提升自己的能力，企業隨時為員工提供能力提升機會。當員工的能力能夠達成企業的要求，企業卻對其能力進行培養，讓其能力超越了現有目標崗位的要求，員工在工作中一方面輕輕松松就完成了工作目標，另一方面新培養的能力在工作中卻無處施展，才華沒有展現的舞臺。對於員工來說，其感覺不到工作的挑戰性、成就感，常常感嘆的是英雄無用武之地，長此以往員工容易產生工作厭倦感，進而容易萌生另謀高就的想法。此時，對於企業來說，付出了培訓成本、時間和精力，卻沒有收穫更多的業績，實際上是一種浪費。

如果員工的工作能力與企業的要求相匹配，員工可以在稍微努力的情況下愉快地完成崗位任務，員工就容易產生工作的成就感、勝任感，員工對工作本身的滿意度會比較高，繼續在現有崗位工作的意願會比較強烈。此時員工的能力已經能夠滿足工作的要求，再培訓就會導致能力過剩。實際上，企業也不需要培訓這類員工，激勵這類員工的主要方式是行為激勵和目標激勵，讓其在工作過程中體驗到成就感。

相反，如果員工能力難以達成企業要求，在工作中員工常常因為很難完成任務而感到很大壓力，工作的難以勝任常帶給其緊張的、不安的工作情緒，員工處於一種抑鬱的、苦悶的、沒有成就感的負面狀態，不僅對員工的身心不利，也不利於企業業績目標的達成。長此以往，不僅員工容易心生去意，企業也常常會思考是淘汰這個員工，還是培養這個

員工。所以，只有當員工的能力與目標崗位的要求不相匹配時，企業才需要考慮是否激勵員工提升自身的能力。

員工能力與企業要求是否匹配帶來的工作情感體驗，如圖4-1所示。

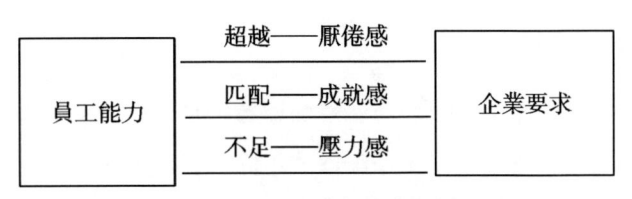

圖4-1　員工能力的崗位適配度

當員工的能力與企業的要求存在差距時，不僅員工心理存在壓力，而且對於企業來說，工作任務也難以高效地完成，此時，企業也需要設計方案，改善員工的能力。員工能力激勵方案的操作步驟包括以下四步（如圖4-2所示）：

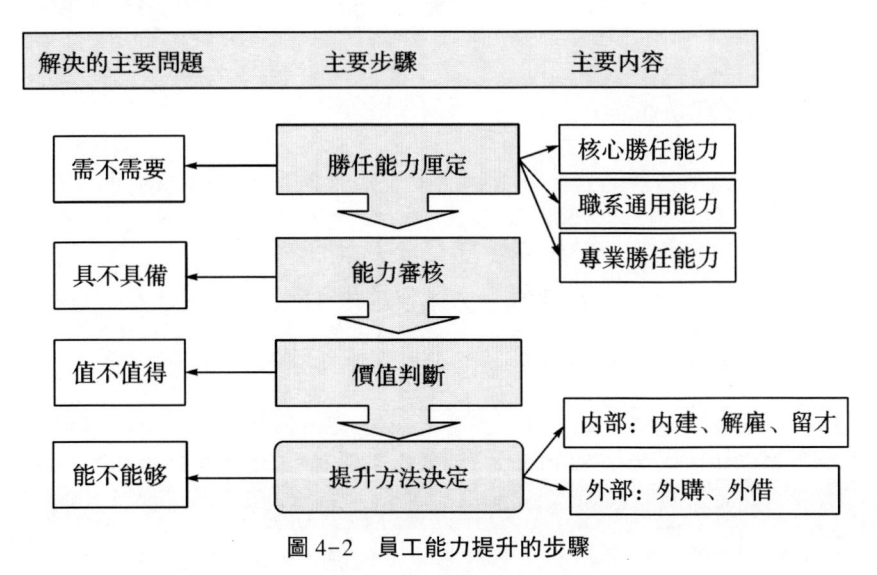

圖4-2　員工能力提升的步驟

（1）勝任能力厘定：企業需要員工具備什麼能力？

(2) 能力審核：員工具不具備企業需要的這些能力？
(3) 價值判斷：企業值不值得提升員工能力？
(4) 提升方法決定：企業可以用哪些方式提升員工能力？

二、勝任能力厘定

員工勝任能力厘定是要解決企業需要員工具備什麼能力的問題，每個企業的價值觀、發展戰略、商業模式不同，對員工所需要具備的勝任力要求是不同的。勝任能力厘定實際上解決的是企業需要哪種能力，不需要哪種能力。一個倡導創新的企業，員工的創新力、觀察能力可能非常重要，對於一個倡導高質量的企業，員工的執行力可能更重要。勝任能力的厘定，企業需要根據企業的使命、文化、戰略目標、業績目標，行業競爭狀況等因素，提出企業需要的員工勝任能力的基本要求。例如企業需要具備什麼能力的人才，各種人才需要的量是多少？什麼時間需要這些人才？

（一）厘定哪些能力

人的能力是相對的，在其他組織表現優秀的人才，到了另外一家企業未必就是人才。

案例：人才沒挖來

浙江一個民營企業的老總，因為企業的人力資源管理水平亟待提升，費盡心思地以高薪從當地國有企業挖來一位管理經驗豐富、管理水平高、業績好的人力資源總監。該總監到任後，卻讓這位老總有些失望，總監的思維模式、做事方式、價值判斷和他總是格格不入。例如，老總要求所有高管做事都要沒有顧忌地放開膀子大膽去干，要有快速反應的做事風格，而這位總監辦事總是慢吞吞的，在做事前常常花大量的時間揣摩各種人際，在變革方面總是難以快速地拿出有效的方案，雙方

最終不歡而散。

由上述例子可以看出，企業厘定員工的能力，不能僅僅看其專業水平和過去的工作績效，員工能力的厘定包括更寬泛的內容。實際上，企業對員工能力的要求通常包括崗位勝任能力、職系通用能力和核心勝任能力三個部分（如圖4-3所示）。

崗位勝任能力：員工從事特定工作所需要特殊知識、技能和能力，它關系到員工能否完成崗位工作要求

職系通用能力：依據員工所在的崗位群，或是部門類別不同而必須具備的技巧和能力，包括管理維度、個人特質維度、人際關系維度

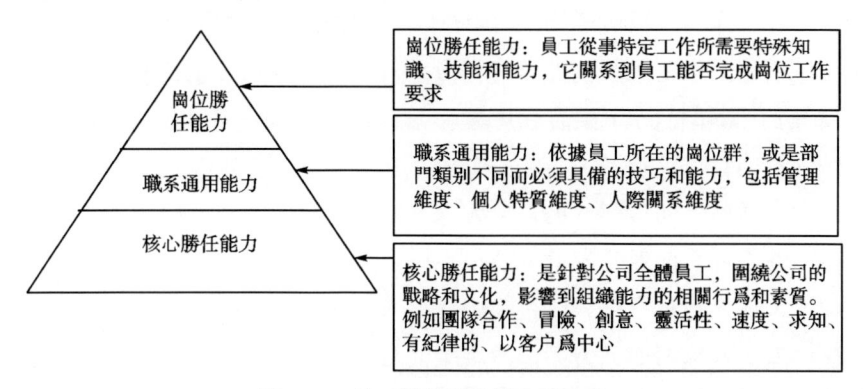

核心勝任能力：是針對公司全體員工，圍繞公司的戰略和文化，影響到組織能力的相關行為和素質。例如團隊合作、冒險、創意、靈活性、速度、求知、有紀律的、以客戶為中心

圖4-3　員工勝任能力的主要內容

核心勝任能力是指在企業經營哲學、經營宗旨、企業文化、企業戰略、商業模式綜合分析基礎上總結提煉出的針對全體員工的若干行為和素質要求。核心勝任能力是企業倡導的核心價值觀，如客戶導向、質量導向、成本導向、服務導向等，是實現企業經營目標的關鍵素質。例如，聯想集團對每一位員工要求的核心勝任能力是敬業的職業態度、競爭意識、合作意識、善於學習，體現了企業所在行業競爭力、內部合作性、企業適應性發展的戰略思想。核心勝任能力是每一個員工都應具備的能力，不管是企業高層還是企業的基層員工。例如，某企業提倡質量導向，對於一線的生產員工要做的就是每一件產品都按照標準的流程和方法進行生產，對於其他部門的一線員工來說工作最重要的目的是保障產品的質量；對於中層來說，要做的是控制產品的質量，制定產品質量的標準、生產流程、控制流程等；對於高層來說，主要是分析來自基層

和外部市場的客戶信息，判斷什麼樣的質量才是客戶需要的質量。企業的核心價值觀體現了企業鼓勵什麼，讚賞什麼，反對什麼。

職系通用能力是指員工所在的崗位群，或者部門類別，或者某個職系內的各個崗位都需要具備的專業知識、技能和能力。職系通用能力包括管理維度、個人特質維度、人際關係維度和專業維度。管理維度是指這些崗位所需要具備的管理能力，例如銷售序列的工作，需要客戶管理能力、談判能力、協調能力、計劃能力等管理能力。個人特質是指同一崗位序列的工作要求的個性特質，包括目標行動特點（如成就導向、主動性等）、認知特點（如演繹思維、歸納思維、觀察能力）、自我概念特點（如自信、適應性）。例如空姐的工作，個人特質要求主動性、善於觀察、性格外向、樂於助人。人際關係維度是人際感受能力與人際反應能力的綜合，前者是對他人及他人與自身關係的覺察能力，後者則是對他人及他人對自身影響的行為應對能力。例如，人際洞察能力、人際交往能力、人際溝通能力等。專業維度是指所有職系內崗位都需要具備的專業知識、專業技能。管理維度、個人特質維度、人際關係維度和專業維度共同形成了某個職系的員工勝任能力。例如，銷售序列員工都需要具備以下能力：在管理維度需要具備計劃能力、組織能力、談判能力、協調推進能力和客戶管理人力；在人際關係維度需要具有人際溝通能力、人際洞察能力和人際交往能力；在個人特質維度需要具有外向、毅力、樂於助人的特質；在專業維度要求具備市場營銷知識和市場營銷技能。具備這些能力的員工在市場營銷部門內部基本上能夠勝任各種崗位。

崗位勝任能力是指員工從事某個具體工作崗位所需要具備的專業知識、技能和能力，它直接影響員工能否完成崗位的工作要求。例如渠道銷售崗位需要具備市場信息搜集和分析能力、產品知識、渠道規劃建設能力、渠道支持管理能力、營銷方案實施能力等專業能力。

在這些能力中，核心勝任能力是最關鍵的，因為崗位勝任能力僅僅滿足了某個崗位的能力需求，職系通用能力是整個職系員工需要具備的

能力,但是員工不是永遠只在一個崗位工作,也不是一直在一個職系中工作,員工可能跨部門工作,跨崗位工作。而核心勝任能力的具備能夠讓員工在跨崗位工作、跨部門工作時具有更強的工作適應能力。因此,在能力厘定的過程中,企業需要重點關注員工的核心勝任能力,它直接關系到員工與企業的文化、使命、價值觀能否吻合,關系到員工未來的職業發展。

通過對每個崗位、每個職系、所有員工所需能力的分析,可以形成企業的能力需求圖譜(如圖 4-4 所示)。這些能力共同支撐著組織目標的實現。

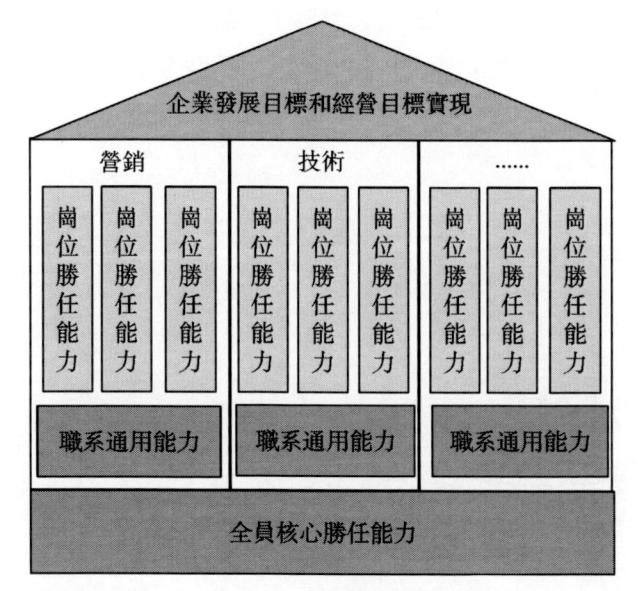

圖 4-4 企業能力圖譜

(二) 如何厘定員工能力

員工需要具備核心勝任能力、職系勝任能力和崗位勝任能力,員工的這些能力如何來厘定呢?

(1) 崗位勝任能力的厘定

崗位勝任能力厘定方法可以通過公司的崗位說明書來實現。對於企業來說，員工的能力是用來從事特定工作的，是為了滿足工作崗位的需要。每一個工作崗位是按照一定工作量、任務的相關性、工作步驟或者流程將一項項工作任務組合而成的。一項工作可能由一個工作崗位承擔，也可能由多個工作崗位承擔；一個工作崗位可能承擔一項工作，也可能承擔著幾項工作。因此，每個崗位都承擔著具體的工作任務，和上下游崗位之間有著各種業務聯繫，在企業中承擔著某種責任。每一項工作任務、每一種聯繫、每一種責任都需要員工具有某種素質和能力，將這些素質和能力匯總就可以形成某個崗位的崗位勝任能力。當員工具備這些崗位所要求具備的知識、技能、能力、個性等素質要求時，企業就實現了人才素質和崗位要求能力的匹配（如圖4-5所示），也就是通常所說的人崗匹配。

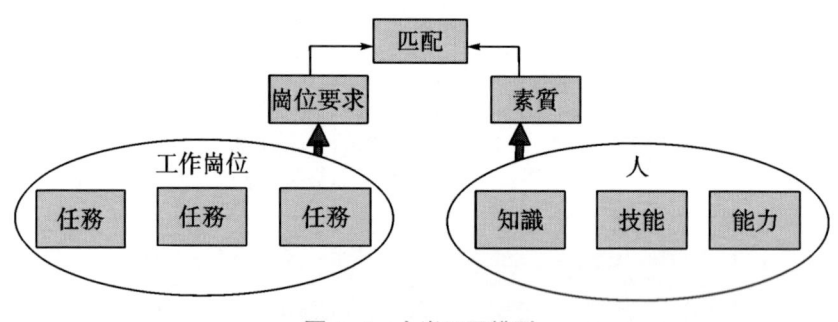

圖4-5　人崗匹配模型

工作崗位的工作任務及其對員工素質的要求，在人力資源管理中，常常寫成規範的崗位說明書。崗位說明書表明了企業期望員工做些什麼、員工應該做些什麼、應該怎麼做和在什麼樣的情況下履行的職責。

崗位說明書通常由兩部分組成：工作說明（Job Description）和任職資格（Job Specification）。工作說明主要是對工作的描述，是對有關崗位目的、崗位關係、崗位權限、工作職責、工作活動、工作設備和工

具、工作環境、工作時間以及工作安全等方面的具體闡述（如表 4-1 所示）。工作說明能夠使人們對崗位的主要工作內容、責任和權限等信息一目了然，知道崗位在哪裡？做什麼？承擔什麼責任？

表 4-1　　　　　　　　　工作說明的基本內容

一、基本信息 （1）職務名稱（2）所屬部門（3）崗位類別（4）崗位編號（5）工資水平（7）定員人數
二、崗位關係 　　受誰監督；監督誰；可晉升、可轉換的職位及可升遷至的職位；與哪些職位有聯繫。
三、崗位目的
四、崗位職責
五、工作關係
六、崗位權限
七、工作保密範圍和要求
八、安全要求
九、工作環境
十、設備與工具
十一、工作時間

　　任職資格是為了完成工作崗位任務，承擔好工作崗位責任，而對工作承擔者需要具備素質和能力的描述，包括員工的工作經驗、生理特徵、知識、技能、能力、個性特徵等（見表 4-2）。任職資格是完成工作崗位任務所必需的能力和素質特徵，如果員工的素質特徵不具備，沒有能力、知識和技能的儲備，沒有生理、心理和個性特徵這些品質，就難以保證這些崗位的工作者有穩定的、好的業績表現。

　　在實際工作中，任職資格表常常由兩部分組成：行為能力和個性特徵。行為能力包括完成崗位工作所需具備的知識、技能和經驗等，常以勝任職位所需的學歷、專業、工作經驗、工作技能、能力表達，通常包

括專業勝任能力和職系勝任能力。個性特徵是指適合從事某一職類、職種、職位、職層任職要求的人的動機、個性、興趣與偏好、價值觀、人生觀等，核心勝任能力包含在這個範疇內。

表 4-2　　　　　　　　　　任職資格表

專業要求			學歷要求		
工作經驗要求	同類工作或相關工作		＿＿＿＿＿＿＿＿＿＿年 ＿＿＿＿＿＿＿＿＿＿年		
生理要求	年齡：　體重： 視力：　身高：		性別：　聲音： 聽力：　外貌：		
工作技能要求	一般技能		特殊技能/技術/技巧		
知識要求	一般知識		專業知識		相關知識
一般能力	操作能力 ||||| 認知能力				
^	反應能力	適應能力	運動能力	手眼配合	操作能力	負荷體力	觀察力	注意力	記憶力	思維力	想象力	創造力
要求												
管理能力	計劃能力	組織能力	領導能力	控制能力	協調能力	溝通能力	公關能力	談判能力	寫作能力	演講能力	授權能力	激勵能力
要求												
特質要求												
價值觀要求												

　　對於崗位勝任能力，企業應該重點關注那些導致員工工作高績效的因素，具備這些素質和能力的員工的工作績效比不具備這些素質和能力的員工高，這些因素是該崗位勝任能力的關鍵因素。在選拔人才和人崗匹配時，企業需要優先挑選具有這些素質和能力的員工。

案例：司機面試題

某企業招聘一個司機崗位，三個司機前來面試。主考官提出這樣一個問題：「公司前往某地的路上有一處懸崖，要通過此處，你可以離它有多遠？」

第一個司機回答：「三米。」

第二個司機回答：「一米。」

第三個司機回答：「我會離這懸崖越遠越好。」

結果主考官錄取了第三個司機。因為對於司機崗位來說，不僅需要具備交通知識、駕駛知識、操作技能和維修能力，更為重要的是具備安全意識。

（2）職系通用能力的厘定

雖然每個崗位都需要有特定的能力，但在企業的每個職系內部，幾乎所有的崗位都有一些通用的能力要求，這就是職系通用能力。職系通用能力的厘定就是將某個職系所有崗位的勝任能力進行匯總，把每個崗位都需要共同具備的能力挑選出來，就可以形成該職系的通用勝任能力（如圖4-6所示）。例如營銷部門的員工都需要具備一定的溝通能力、親和力、顧客導向、服務意識等。

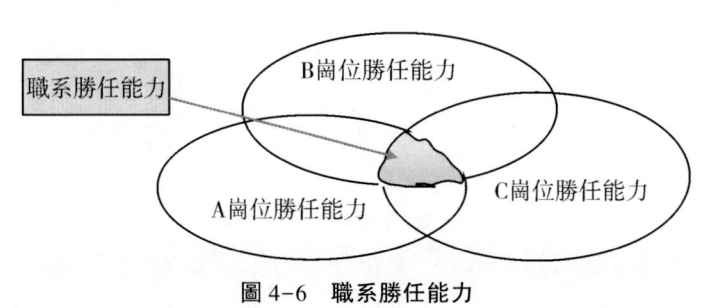

圖4-6 職系勝任能力

職系通用能力可以從部門的工作職責、部門工作目標中提取。

（3）核心勝任能力的厘定

核心勝任能力是企業的使命、經營哲學、經營戰略和企業文化的重要體現，它是企業所需要的關鍵能力，是員工需要具備的關鍵素質。這些關鍵能力是企業核心競爭優勢形成的關鍵，這些關鍵素質是企業對每個員工行為和素質的要求，它們滲透到每個職系，滲透到每個職位，是企業對每一位員工的基本准入條件。核心勝任能力的構建是滿足未來戰略目標的，是幫助企業未來獲得成功的，企業在厘定時需要以未來成功所需的能力為導向，而不是企業現有的核心能力。核心勝任能力對員工的行為具有導向作用，企業需要大範圍地推廣和宣傳這些價值觀和思想，讓員工充分瞭解核心勝任能力的要求，能夠踐行核心勝任力的思想。對於一個企業來說，核心勝任力不是口號，不是掛在牆上好看的，而是必須要實實在在落實的，企業應該花更多的時間去落實，而不是僅僅提出口號。為了有的放矢，企業的核心勝任能力不需要多，通常包括4~6項素質和能力即可，如表4-3所示。

表4-3　　戰略模式、企業文化對核心勝任能力的要求

企業名稱	微軟	招商銀行	聯邦快遞
戰略	產品領先型	客戶親密性	高效運作型
企業文化	自由的文化，強調運作的自治和獨立，大力支持創新	強調對客戶和員工的回應，決策下放，具有靈活性	制度、以效益為中心、注重效率、程序
核心勝任能力	不斷學習、持續創新、團隊解決問題、信息共享	傾聽、建立關係、快速解決問題、主動、合作	注重細節、執行力強、團隊協作、持續改進

通過崗位勝任能力、職系通用能力和核心勝任能力的厘定，企業可以將需要的人才質量擬定出來，畫出企業的能力圖譜。企業通過對戰略規劃目標的測算，可以列出企業各崗位所需的人才數量，通過對企業發展戰略規劃實施進度的測算，可以將企業在不同時期人才需要的數量和質量進行估算，這樣就可以完成員工能力厘定工作，確定員工的能力、

員工的數量以及不同階段的人才要求。

三、員工能力審核

員工能力審核是指判斷員工現有的崗位勝任能力、職系通用能力、核心勝任能力與企業要求的勝任能力之間的差距：公司現有人才的能力是什麼？企業未來或者目標崗位的人才要求與現有人才能力的差距在哪裡，差距有多大？人才數量差距有多大？企業有無人才儲備來彌補這些人才差距？企業通過員工能力審核，可以發現員工現有的能力能不能夠滿足企業的需求。

判斷員工的能力是否符合工作崗位的要求，是否存在差距的一個簡單的方法就是將目標崗位工作說明書中的任職資格與員工的實際能力進行比對，如果崗位要求的專業勝任能力、職系通用能力和核心勝任能力高於員工的現有能力，說明員工具有能力差距，要完成目標崗位工作需要提升員工能力。在實際操作中，員工能力審核的步驟為：

（1）企業首先需要對照企業的能力圖譜中的每一項內容對員工目前能力所處的狀態進行評價，給出一個分值。例如 A 企業的核心勝任能力包括創新、團隊合作和領導力（如表 4-4 所示）。經過評價目前創新維度的分值為 2 分，團隊合作為 5 分，領導力為 1.5 分。

表 4-4　　　　　　　　A 企業能力審核表

核心勝任能力	創新能力	團隊合作能力	領導力	…
現有分值	2	5	1.5	…
期望分值	10	5	3	…
能力差距	8	0	1.5	…

（2）企業給出各能力項的期望分值。通過對戰略目標的要求，企業認為創新能力應該是 10 分，團隊合作能力應該達到 5 分，領導力應

該達到 3 分。

（3）找出員工目前的勝任能力與企業要求勝任能力之間的差距。在本例中，企業要求的創新能力為 10 分，員工目前的勝任能力為 2 分，能力差距審核的結果為 10-2＝8 分。團隊合作能力差距為 0 分，團隊合作能力滿足企業的需求。領導力的能力差距為 1.5 分。

上述能力現狀、能力期望值和能力差距可以繪製成圖 4-7，更加直觀地看出企業的能力差距。

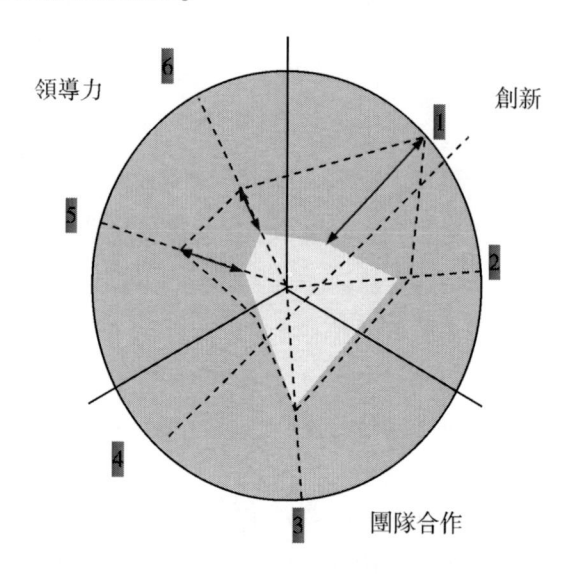

------ 企業要求勝任能力　　——— 員工目前的勝任能力

圖 4-7　能力審核圖

員工能力激勵的前提是其潛在能力能夠滿足企業要求的勝任能力，或者通過培養能夠達到企業要求的勝任能力，激勵應該是適度的，不能超過員工的生理和能力的限度。

案例：不想升職

升職未必都是捧到了「香餑餑」，有人碰上了爛攤子，沒多久就甩

手不干了；有人因為前任太出色，要做得比前任更出色實在太難，最終主動離場；有人認為自己的能力達不到，而不願意升職。

兩個月前黃正月頗有點苦惱，在這個「人才為王」的時代，她本來應該為發掘了一名得力助手而感到高興，但令她遺憾又有點疑惑的是，當她對彭歡說出「我想讓你去做我們分公司的 HR 經理」的話，得到的回應卻是「對不起，我不想升職」。

彭歡在這家消費品公司中國總部的人力資源部門工作了三年，她做事有效率也有一定經驗，彭歡謝絕人力資源總監黃正月的提拔理由是「寧願不要升職也不想管人」，「我的個性不想管人，也管不了人」。彭歡明白，自己是喜歡悶頭做事的個性，並不適合做牽涉人員組織調配的工作，同時，升職會伴隨著工作環境、工作職責等一系列變動，各種人際關係、工作關係的重新建立也是彭歡所不願意面對的。

職場中的每一個角色都需要對應的職業能力，這不是每個人都能擔當的，也不是每個員工都很向往的，更不是每一個過去表現優異的員工一定能夠擔當的。企業需要根據每個崗位對員工的要求進行能力審核。

四、價值判斷

價值判斷是分析企業值不值得提升員工能力。對於企業來說，並不是需要對每一個員工的能力都給予激勵，並不是對每一項有差距的能力都給予提升、培訓的機會。是否激勵員工提升能力主要取決該項能力是否具有提升空間，取決於該項能力培訓給企業帶來的價值和耗費的成本差額，取決於該項能力對於企業的重要性。

（一）能力的可提升性判斷

將員工的崗位勝任能力、職系通用能力和核心勝任能力按照功能進行分類，一般而言，員工的能力可以分為認知能力、操作能力、社交能

力三類。這三種能力的可提升性並不是相同的。認知能力指接收、加工、儲存和應用信息的能力，它是人們成功地完成活動最重要的心理條件。美國心理學家加涅提出3種認知能力：言語信息（回答世界是什麼的問題的能力）；智慧技能（回答為什麼和怎麼辦的問題的能力）、認知策略（有意識地調節與監控自己的認知加工過程的能力）。認知能力是一種可遷移到任何崗位工作的能力，需要長期培養才能獲得。操作能力指操縱、製作和運動的能力，例如勞動能力、藝術表現能力、體育運動能力、實驗操作能力等，操作能力與員工的身體素質有關，與員工在某方面的天分有關，與員工後天的訓練有關。操作能力通常難以遷移，只能在某些特定的工作崗位發揮作用，通常這些崗位對於企業來說又是非常重要的。這些能力大部分是難以培養的，只有少部分能力可以通過後天培養。社交能力指人們在社會交往活動中所表現出來的能力，例如組織能力、決策能力、人際交往能力、談判能力、管理能力等。社交能力在企業管理中具有很強的可遷移性，只要有人的地方、有管理的地方、有交易的地方都需要員工的社交能力，社交能力有些依賴於員工的個性特徵和天分，有些是可以通過後天的培養得以提高的，但需要較長時間的培訓和訓練才能取得好的效果。總之，認知能力、操作能力、社交能力這三者並不都是可以遷移的能力。因此，並不是只要存在能力差距，就需要對員工進行培訓，進行激勵，有些能力差距是企業即使花了錢，可能也難以取得良好培訓效果的。因此，企業需要根據對員工能力可提升性的價值判斷來決定採取什麼措施激勵員工提升自我能力。

1. 勝任能力的特點

崗位勝任能力、職系通用能力和核心勝任能力包含了完成工作任務所需的各種能力，包括知識、技能、管理能力、個性特質、價值觀等維度，這些素質的性質是有差異的：

（1）素質的顯性和隱性差異。有些特徵是顯性的，如員工具有的專業知識、專業技能、興趣愛好、氣質；有些特徵是隱性的，如員工的價值觀、動機。顯性的特徵，容易觀察，容易被識別，容易培養，但難

以預測高績效，尤其是對管理及中高層人員，不能說其知識越多、技能越強，其績效就越高，對於中高層管理者而言其領導力對其績效的影響遠遠超過知識和技能。隱性的特徵則被深藏在冰山之下，難以被直接觀察，是通過行為習慣來反應，只能依靠測試和行為來推斷其內在的動機和價值觀，培養的難度大，培養的時間長，與高績效有一定的聯繫。如果把顯性的特質比作冰山的上半部分，把隱性的特質比作冰山的下半部分，可以發現長期養成的專業知識、專業技能、一般知識、一般技能、經驗、興趣、一般管理能力都是顯性的，都屬於冰山的上半部分（如圖4-8所示）。而影響員工工作態度的最重要因素價值觀和動機，以及員工職業生涯發展到領導崗位需要具備的管理潛能則隱藏在冰山下。因此，在人才選拔的過程中，對隱性特徵的識別和判斷對於企業績效提升來說比對顯性特徵識別的意義更為重要。

圖 4-8　素質的冰山

以知識和技能為例，知識是通過學習獲得的，技能是訓練出來的，他們都是後天學習、苦練的結果。知識可分為一般知識、專業知識，技能可分為一般技能、專業技能。其中，專業知識和專業技能是某種類型工作所需要的專業性強的知識和技能，具有很強的不可遷移性，例如建

築知識、醫學知識、財經知識，一旦脫離這些崗位，這些特定知識就難以找到用武之地；例如修車的技能、機械技能、縫紉機能、武術才能、飛行員的駕駛能力等，是員工從事特定專業崗位工作的職業能力，只能適合特定崗位的工作需求。這些專業知識和專業技能的水平受員工個人天分、經歷、教育、培訓、家庭環境和社會環境等多因素的影響，有些可以通過短期培訓、訓練學習而獲得的，有些必須通過長期的訓練才有效果，有些還與員工的天分有關，例如演員的表演能力、聲樂家的歌唱能力。通常，一般知識或者一般技能具有可遷移性，且不需要長期培訓。員工的知識和技能水平是顯性的素質特徵，可以通過考試、測試來評估，企業容易辨識。此時，為了確保人才的知識和技能水平及潛力能夠滿足崗位的需求，為了降低企業的培訓成本，企業應該關注某些崗位要求的難以培養的或者長期訓練才能獲得的專業知識和專業技能，而對於容易培養的知識和技能則不是人崗匹配的重點，即使當前員工的才能難以滿足工作崗位的要求，企業也可以通過以後的培訓來滿足企業的人才需求。

（2）素質的先天和後天差異。有些特徵是先天遺傳的，如生理特徵、氣質類型，這些特徵受員工遺傳基因的影響，後天改變的難度大，即使改變，也是一個比較漫長的過程，例如智商、體質、身高、氣質等；有些特徵是後天習得的，如知識、技能、能力、興趣、價值觀、人生觀、個性等。有些特徵短期訓練可以習得的，如專業知識、專業技能、興趣；有些特徵是長期訓練才能養成的，例如人生觀、價值觀、個性。在人崗匹配的過程中，企業應該關注先天的特徵或者長期訓練才能養成的特徵，這種特徵的員工一旦稀缺，企業的培訓時間長，培訓成本高，培訓效果差；對於後天可以通過短期培訓形成的能力，企業的培訓成本低，培訓時間短，培訓的效果好，在人崗匹配的過程中，企業只需要一般關注即可。

（3）素質的遷移性和難以遷移性差異。有些素質特徵只能適應某個崗位或者某種崗位的要求，素質難以遷移到其他崗位，例如員工的專

業知識、操作技能，一旦離開某個崗位可能就無用武之地。有些素質特徵是可以遷移的，不僅在現有的崗位上可以發揮作用，在其他崗位上也能發揮作用，例如員工的語言能力和管理能力。在人崗匹配的過程中，企業應該特別關注員工的可遷移能力，因為員工一旦進入企業，往往不會一輩子待在一個崗位，而是會職務晉升、職位調整。崗位一旦調整任職資格就會改變，難以遷移的能力不再具有價值，但具有遷移性的能力素質在其他崗位上依然能夠有助於提高員工的工作績效。

2. 素質的分類

按照素質是否可遷移、素質習得是短期還是長期兩個維度，可以把工作崗位的任職資格要求分為 4 類：短期習得的難以遷移才干、短期習得的可遷移才干、長期習得的難以遷移才干、長期習得的可遷移才干（如表 4-5 所示）。

表 4-5　　　　　　　　人崗匹配重點關注的才干

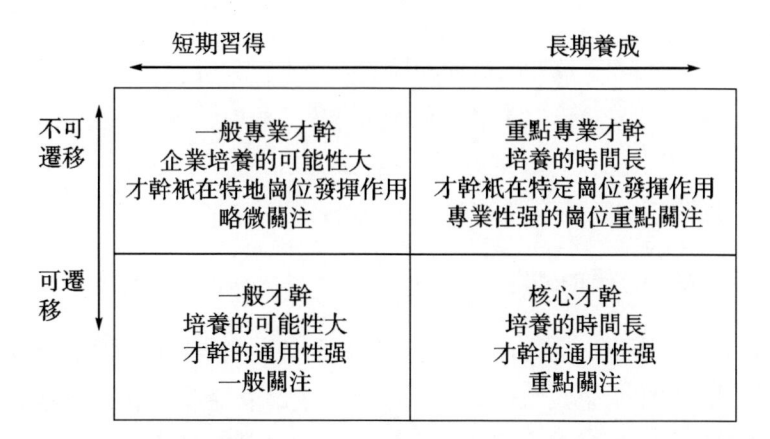

	短期習得	長期養成
不可遷移	一般專業才干 企業培養的可能性大 才干祇在特地崗位發揮作用 略微關注	重點專業才干 培養的時間長 才干祇在特定崗位發揮作用 專業性強的崗位重點關注
可遷移	一般才干 培養的可能性大 才干的通用性強 一般關注	核心才干 培養的時間長 才干的通用性強 重點關注

對於企業人崗匹配來說，絕大多數崗位人才選拔需要首先考慮先天的或者長期習得的可遷移才干，例如員工的身體素質、氣質、性格、價值觀、智商、情商、管理能力、人格特質等，不管在什麼工作崗位上，都需要員工具有這些素質，這些素質對員工的行為影響是穩定的，這種才干稱為核心才干；對於一些專業性強的崗位，企業應該重點關注長期

習得的不可遷移才干，例如專業知識、專業技能，這些知識和技能儘管難以遷移到其他崗位，但是企業難以培養或者培養成本較高，這種才干稱為重點專業才干；對於短期可習得的可遷移才干，企業在選拔人才時可以一般關注，例如工作經驗、一般的管理能力，這種才干稱為一般才干；如果是短期可習得不可遷移的才干，例如一般性的專業崗位知識、技能，企業在選拔人才時略微關注即可，因為員工難以把適用於這個崗位的才干帶到其他崗位，而且這種才干的培養比較容易，這種才干稱為一般專業才干。

在員工培養的過程中，企業應該重點關注可培養的才干，培養效果好的才干，例如一般才干、一般專業才干，對這類才干企業可以在短期見到培養的效果；對於重點專業才干，培養的成本高、時間長，企業需要制訂長期的培訓計劃，分階段培訓；對於天生的、難以培養的、難以改變的核心才干，培訓不是解決問題的關鍵，問題的關鍵在於對人才的識別。

企業把核心才干按照隱性和顯性的方法進行分析，可以發現具有隱性特點的素質大多是核心才干。在人才選拔過程中，企業不僅應該關注顯性的核心才干，更應該重點關注隱性的核心才干，這些才干難以識別，但對企業來說又非常重要。

（二）核心才干的識別

員工要長時間才能養成的、可以遷移的核心才干對於企業來說至關重要，但這些才干企業難以培養，難以改變，在企業人崗匹配的過程中，最為重要的是識別這些才干，讓具有這些才干的人才能夠脫穎而出。一般來說，核心才干包括員工的身體素質、智力、情商、職業興趣、個性特質、管理潛能和價值觀等內容。

1. 身體素質

身體素質包括員工身高、視力、體力、耐力、健康狀況、嗅覺、聽覺、味覺、手腳敏捷程度等。身體素質是員工先天遺傳和後天長期鍛煉

形成的身體特質。這些素質是工作的基本條件，一旦形成，可以遷移到任何崗位。

身體是不是越強健越好呢？對於絕大多數崗位來說，員工只需要具備一定的身體素質就可以完成工作，但對於一些特別的工作崗位，它對人體身體素質具有特別的要求。例如籃球運動員，對四肢健全、身高、身體的敏銳程度、耐力等具有特別要求；再如品茶師、品酒師工作崗位對味覺、嗅覺、色覺具有特別的要求。在企業管理中，企業需要關注員工的身體素質，但是並不是說員工的身體素質越高越好，而是要根據崗位的具體要求，只要身體素質能夠滿足工作崗位的需求即可。

案例：福特汽車工作崗位要求

亨利·福特一世不僅是一位家族企業老板，而且是企業工作分析的行家裡手與始祖。他在自己的傳記《我的生活和工作》中詳細地敘述了T型轎車8,000多道工序對工人的要求：

949道工序需要強壯、靈活性非常好的成年男子。

3,338道工序需要普通身體的男工。

剩下工序可由女工或年紀稍大的兒童承擔，其中：

50道工序由沒有腿的人來完成。

2,637道工序由一條腿的人來完成。

2道工序由沒有手的人完成。

715道工序由一只手的人完成。

10道工序由失明的人完成。

這從一個側面說明福特一世對企業的工作流程了如指掌，運用什麼樣的殘疾人可以勝任工作都分析出來了，這對降低成本、完成工作崗位任務、避免人力資源浪費、達成企業業績目標無疑有巨大的意義與作用。

2. 智力

智力是指人們認識和理解客觀事物，並運用知識、經驗等解決實際

問題的能力，是有目的的行動、理性的思維和有效地應對環境的整體能力。智力包括多個方面，通常包括如觀察力、記憶力、想像力、分析判斷能力、思維能力、應變能力等。思維能力是人腦對客觀事物間接的、概括的反應能力。當人們在學會觀察事物之後，他逐漸會把各種不同的物品、事件、經驗分類歸納，不同的類型他都能通過思維進行概括。思維能力是智力的核心。

　　智力的高低通常受遺傳因素、環境因素的影響，其中，遺傳因素起著非常關鍵的作用，占智力差異的 70%～80%，20%～30% 的智力差異受到不同環境的影響。一個人的智商和父母每一方的相關性大約都是 0.4，如果把父親和母親的智商數平均起來的話，這個相關性可達 0.7 以上。德國科學家對 1 萬名兒童的智力研究表明，父母智力優秀者，其子女約 70% 智力也優秀，父母智力偏低者，70% 的子女智力也偏低。環境因素也影響人的智力，孕期生病、濫用藥物、重金屬污染都會影響腦功能，降低智力，如「鉛污染」能夠影響遺傳性狀，高鉛水平的兒童往往低智商，語文能力下降，不易長時間集中注意力；再如在母體中缺乏營養，胎兒的腦細胞數量發育不良，人的大腦裡有近 1,000 億個神經細胞，在孩子沒出生之前，大部分神經細胞就已經形成了，還有一小部分神經細胞會在海馬體和嗅球裡等區域生長出來，但是它們對於一個人整體的智力水平來說貢獻有限；兒童智力也受教育環境的影響，例如記憶力可以通過一定的教育、引導、訓練來提高記憶的速度、質量和程度。

　　智力的高低通常用智力商數來表示，比較常見的智力測試有斯坦福—比奈（Stanford-Binet）測驗和韋克斯勒（Wechsler）測驗。一般人的智力發展在 25 歲時達到頂峰，在十二三歲之後改為負加速，智商的穩定性隨年齡增長而增長。因此，對於企業來說，要培養員工的智商是一件非常不容易也難出成果的事，很多企業都提出「與其教一只火雞爬樹，不如找一只松鼠來」，找對人比培養人更重要，招聘工作最重要的職能就是找到企業需要的聰明人。

案例：招對人比培養人重要

在微軟公司，人員甄選與配置被視為一項非常重要的工作，微軟的觀點是微軟員工所取得的成功主要得益於先天智慧而不是經驗累積。在招募新員工和對求職者進行面試時，蓋茨本人常常親自參與。

微軟公司每年大約都要對12萬名求職者進行篩選，在這一過程中，公司最注重的是求職者總體智力狀況或者認知能力高低。微軟對求職者的總體智力狀況要比對他們的工作經驗更為看重。它經常到一些名牌大學的數學系和物理系去網羅那些高智商的人才——即使這些人幾乎沒有什麼直接的程序開發經驗。微軟認為才能獨立於職責和職位之外，可從一項工作「轉到」另一項工作上，員工的智力非常重要。

識別員工的智力，並不是智商水平越高越好，而是要看員工的智力優勢是在哪一方面。哈佛大學加德納教授（1983）提出「多元智能理論」，指出每個人都擁有語言智能、邏輯數理智能、空間智能、運動智能、音樂智能、人際交往智能、內省智能、自然觀察智能八種智能。語言智能是指聽、說、讀、寫的能力，即有效地運用口頭語言及文字的能力，表現為個人能夠順利而高效地利用語言描述事件、表達思想並與人交流的能力。這種智能在作家、演說家、記者、編輯、節目主持人、播音員、律師等職業上有更加突出的表現。邏輯數理智能，靠推理來進行思考，喜歡提出問題並執行實驗以尋求答案，尋找事物的規律及邏輯順序，對科學的新發展有興趣。這種智能在科學家、數學家、會計師、程序員等職業上有突出的表現。空間智能，表現為對色彩、線條、形狀、形式、空間關係的敏感，感受、辨別、記憶、改變物體的空間關係並借此表達思想和情感的能力比較強，空間智能可以劃分為形象的空間智能和抽象的空間智能兩種能力，形象的空間智能為畫家的特長，抽象的空間智能為幾何學家的特長。建築學家形象和抽象的空間智能都擅長。空間智能是用意象及圖像來思考的，適合建築師、環藝設計師、畫家、攝

影師、向導等職業。肢體運作智能，是指善於運用整個身體來表達想法和感覺，以及運用雙手靈巧地生產或改造事物的能力。具有肢體運作智能的人適合從事運動員、舞蹈家、雕塑家、外科醫生、機械師、手工藝者等職業。音樂智能，是指人敏感地感知音調、旋律、節奏和音色等能力以及通過作曲、演奏和歌唱等表達思想的能力。這種智能在作曲家、指揮家、歌唱家、樂師、樂器製作者、音樂評論家、調音師等人員那裡都有出色的表現。人際智能是指交往能力強，具有組織能力，包括群體動員與協調能力；具有協調能力，能夠仲裁與排解紛爭；具有分析能力，能夠敏銳察知他人的情感動向與想法，易與他人建立密切關系；具有人際聯繫能力，對他人表現出關心，善體人意，適於團體合作。這類人適合從事政治、行政、外交、銷售、公關等工作。內省智能是指自我認知的能力，能正確把握自己的長處和短處，把握自己的情緒、意向、動機、慾望，對自己的生活有規劃，能自尊、自律，會吸收他人的長處。這種人喜歡獨立工作，適合從事哲學、心理學、牧師、教師、心理輔導等工作。自然觀察智能是指對植物、動物和其他自然環境（如雲和石頭）的觀察能力，這類人適合從事打獵、耕作、生物科學、環保、考古、測繪等職業。

　　人們常常認為智力很重要，智力水平是影響一個人成就的唯一要素。實際上，智商的高低與人的成就沒有直接的關系。但是很多學者發現智商高的人並不一定具有創造力，也並不一定會成功。有學者對1940年進入哈佛大學學習的95位學生進行研究，以工資、職位、生產力水平等因素來考察，發現在校成績最好的學生不見得工作業績就好，對生活、人際關系、家庭、愛情的滿意度也不是最高的。而對生存背景較差的450名男孩做同樣追蹤，智商低於80的人，失業10年以上的有7%，而智商超過100的人中失業10年以上的人同樣為7%。相反，情商對人的成功作用更大，丹尼爾·戈爾曼（D. Goleman, 1995）在《情緒智力》中指出「真正決定一個人成功與否的關鍵是情商而不是智商」，情商水平較高的人能夠充分有效地利用自己現有的智力資源，並

使自己的智力朝著能夠產生最大效益的方向發展。

3. 情商

情商又稱為情緒智力、情緒智慧或情緒智商，是心理學家們提出的與智商相對應的概念，是人們識別、控制自己的以及他人的感覺和情緒，並對這些信息加以處理利用，來引導一個人的思維和行動的能力，包括認知自己、評價自己、控制自己、認知他人、影響他人的能力。智商是認知、分析、掌控事物的能力，情商是認知、分析、掌控、影響自我和他人情緒、心理和行為的能力，智商側重於對物的理解和掌控，情商側重於對人的理解和掌控。心理學家們認為，情商水平高的人具有如下的特點：社交能力強，外向而愉快，不易陷入恐懼或傷感，對事業較投入，為人正直，富有同情心，情感生活較豐富但不逾矩，無論是獨處還是與許多人在一起時都能怡然自得。

情感智商包括兩個部分，一是自我把控能力，包含自知能力、自制能力、自激能力；二是他人把控能力，包括知人能力和待人能力。

（1）自知能力。自知能力是瞭解自我的能力，通過觀察和審視自己的內心世界體驗，瞭解自我內在的情緒，有能力辨析這些變化，並以此引導自己的行為。它是情感智商的核心，只有認識自己，才能成為自己生活的主宰，人們常說的「自知之明」，就是說人具備了自我覺察的能力。

櫥窗分析法是自我剖析的重要方法之一。心理學家把對自我的瞭解比喻成一個櫥窗，坐標的橫軸正向表示別人知道，負向表示別人不知道；縱軸正向表示自己知道，負向表示自己不知道，由此形成四個象限。第一象限是公開的我，為自己知道，別人也知道的部分，屬於個人展現在外，無所隱藏的部分。第二象限為自己知道，別人不知道的部分，稱為「隱私我」，屬於個人內在的私有秘密部分。第三象限為自己不知道，別人也不知道的部分，稱為「潛在我」，是有待開發的部分。第四象限是自己不知道，別人知道的部分，稱為「背脊我」，猶如一個人的背部，自己看不到，別人卻看得很清楚。如圖4-9所示。

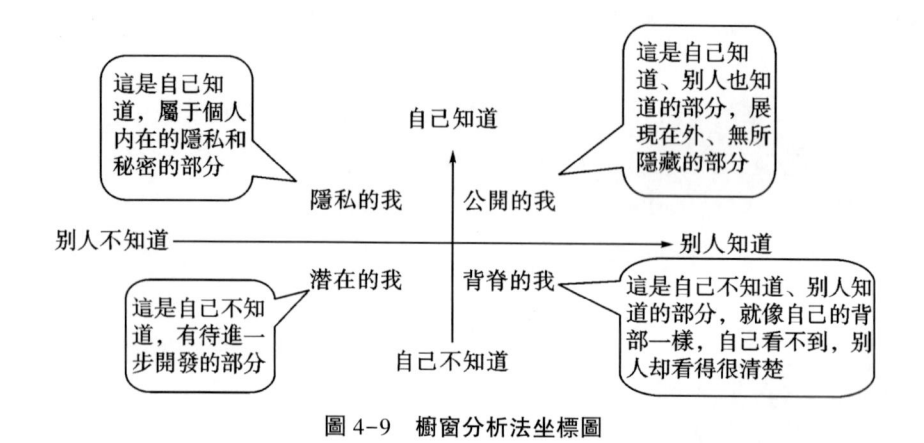

```
                        自己知道
                          ↑
    隱私的我      │      公開的我
                 │
別人不知道 ──────┼──────→ 別人知道
                 │
    潛在的我     │      背脊的我
                 ↓
                       自己不知道
```

左上（隱私的我）：這是自己知道，屬于個人內在的隱私和秘密的部分

右上（公開的我）：這是自己知道、別人也知道的部分，展現在外、無所隱藏的部分

左下（潛在的我）：這是自己不知道，有待進一步開發的部分

右下（背脊的我）：這是自己不知道、別人知道的部分，就像自己的背部一樣，自己看不到，別人却看得很清楚

圖 4-9　櫥窗分析法坐標圖

（2）自制能力，是指自我管理能力，自我適應性的調節、引導、控制、改善自己的情緒，做自己情緒的主人，使自己擺脫強烈的焦慮憂鬱、自我疏導、自我控制自己的情緒，積極地應對現實，應對環境變化。當遇到事情的時候，理智的人讓血液流入大腦，冷靜聰明地思考問題，尋找應對之策；野蠻的人讓血液流入四肢，大腦一片混沌，衝動暴躁，口不擇言，瘋狂衝動。

案例：測試自制力的糖果實驗

1970 年，美國斯坦福大學的沃爾特·米歇爾（Walter Michell）教授以斯坦福附屬幼兒園 4～5 歲的孩子為對象，進行了一項糖果實驗。孩子們被分別安排坐在放好糖果的桌子前，然後教授告訴孩子們他要出去，15 分鐘之後才能回來。

「你們隨時都可以把糖吃掉，但如果你們中有誰能在老師回來前忍住沒吃糖的話，那麼我會再獎勵他一顆糖。」

然後，研究人員離開了房間 15 分鐘左右。

暗中觀察發現，有的小孩自我控制力較弱，老師剛剛走出房門就把糖吃掉了。有的孩子看著軟糖，過一段時間伸出手去又縮回來，又伸出手去再縮回來……等不了 15 分鐘，還是把糖吃了。但相當多的孩子自

我控制力較強，忍受了超過 15 分鐘的糖果誘惑，從而得到了第二顆糖。他們怎麼堅持下來的？有的小孩數自己的手指頭，有的把腦袋放在手臂裡，有的假裝睡覺，有的數數，而不去看糖果。

這事完了嗎？

後續的跟蹤研究發現，這些自控能力強的孩子上初中以後，大多數表現比較好，成績也比較好，合作精神也比較好，有毅力；而控制不住自己的孩子，往往表現不好，在未來的成長中，每當遇到這樣的誘惑考驗時，都難以很好地控制自己，往往禁不住誘惑。

同一件事，為什麼不同的人有不同的情緒表現？美國心理學家埃利斯的情緒 ABC 理論認為，激發事件 A 只是引發情緒和行為後果的間接原因，而引起 C 的直接原因則是個體對激發事件 A 的認知和評價而產生的信念 B，即人的消極情緒和行為障礙結果 C，不是由於某一激發事件 A 直接引發的，而是由經受這一事件的個體對它不正確的認知和評價所產生的錯誤信念 B 所直接引起，情緒的差異源於信念的不同。

案例：都是砌磚的

很久以前，有一個師傅帶著三個徒弟在工地上做工。

有個路過的人問道：「你們在做什麼？」

大徒弟說：「我在砌磚。」說完埋頭繼續砌磚。

二徒弟說：「我在蓋房。」說完，想著如何才能讓成本更低。

三徒弟說：「我在建造一座宮殿。」說完，想著如何才能讓這房子更漂亮。

若干年過去了，大徒弟因為老了，沒辦法再砌磚，找不到工作了。二徒弟仍在蓋房，但成了一個包工頭。三徒弟已經是赫赫有名的建築設計大師了。

當初幹同樣工作的三個工人，都是建築工人，都是同一個 A，有著三種不同的信念 B，也造就了三種不同的結果 C。三個人不同的信念就

會導致三種不同的人生。

情緒、行為是由信念引起的，不同的信念使我們對同一事物產生不同的態度、不同的情緒、不同的行為。思路決定出路，具有積極信念，以樂觀態度去看待問題、思考問題、調控自己的行為的員工其工作績效將更加穩定，其能夠獨立地思索，嘗試解決自我工作領域的問題，其成長性更好。判斷員工自我管理能力的高低，可以通過員工過去的一些行為、對待一些問題的看法來識別。

案例：思路決定出路

小文大學的專業是文秘，後來，進入了一家房地產公司，不到幾年光景，已經擁有優越的工作環境和豐厚的年薪。但是，此時的小文卻怎麼也高興不起來。

一天，小文為老總寫公司年度總結大會的演講稿，哪知演講稿已經改了七八次了，老總卻怎麼也不滿意，還說小文完全不是搞文字的料。看著被老總批得體無完膚的稿子，委屈的小文不停地哭。

小文覺得是老總有意為難她，心理老想著自己怎麼碰到這麼個挑剔的老闆呢？老闆怎麼今天突然變天了呀？看著命苦的自己，一連幾天，小文都在痛苦中難以自拔，看著老闆就覺得頭皮發麻。

後來，老總的發言稿也沒再讓她寫，而是讓另一位老員工寫。過了幾天，老總把小文叫進辦公室說：「你看看這份發言稿怎麼樣？」

看著別人寫的發言稿，小文陰鬱的表情豁然開朗，的確寫得很好！小文以欣賞的口氣對老總說：「誰寫的，我要好好向她學習，讓她教教我怎麼寫吧！她寫得真好！」

老闆很滿意地看著小文，拍著她的肩膀說：「小文，你還是有潛力的，工作的時候要勤於把它們挖出來呀！」聽了老闆這樣的肯定，她頓時又覺得老闆是個和藹的老頭了。

認知改變了，情緒改變了，結果也改變了。

（3）自激能力是指自我激勵的能力，自我能夠利用情緒信息，依據活動的某種目標，調動自己的精力和活動，指揮自己的情緒創造性地實現目標。自我激勵表現為上進心、進取心，為了目標積極努力地奮鬥。

（4）知人能力，是指能夠通過細微的社會信號，敏感地感受到他人的需求與慾望，理解他人的情感，能洞察、辨析他人的情緒、氣質、動機等，並能對此做出適當反應，這是與他人正常交往，實現順利溝通的基礎。

（5）待人能力，是指掌握情緒反應的應對技巧，能夠妥善處理人際關係，樂於助人，替他人著想，能夠瞭解、管理、啟發並感染他人，能在人際關係上採取明智的行動，解決摩擦和衝突。

一個人缺乏自我意識，不能自我控制，不能處理悲傷情緒，沒有同情心，不能識別他人的情緒，不知道怎樣跟他人和諧相處，即使再聰明，也不會有大的發展。因此，人的智商很重要，但情商更重要。情商與主觀幸福感的相關性系數為 0.75，與自我實現的相關性系數為 0.74，與人際關係的相關性系數為 0.69。

與智商取決於先天基因不同，人與人之間的情商並無明顯的先天差別，情商是在後天的人際互動中培養起來的，情商與後天的培養息息相關，情商能夠通過後天的嚴格要求和科學訓練養成。它形成於嬰幼兒時期、成熟於兒童和青少年階段。提升情商水平最快捷、最有效的方法是心理訓練，通過自我認知、情感自察、情緒控制、自我激勵、挫折教育、壓力管理、察言觀色、溝通技巧、團隊訓練、人際互動等方法來提高自己的情商。

對於企業管理者而言，情商是領導力的重要構成部分。傑出領導者勝出一般領導者的素質能力中，80%～90%是情商，有時候甚至更多。由於情商的養成主要在兒童時期和青少年時期，企業對員工情商的培養比較困難，因此，企業在領導崗位人才的匹配時，識別領導者的情商至關重要。目前測試情商方法包括 EQ-I 量表、多因素情緒智力量表和情

緒能力調查表。企業也可以根據一個人的綜合表現來進行判斷是高情商還是低情商：高情商的人控制自己與他人的情緒，低情商的人被自己和他人的情緒所控制。

4. 個性特質的識別

個性特質是一個人相對穩定的思想和情緒方式，在不同的情境下一個人均表現出的一些特點，如害羞、進取心、順從、懶惰、忠誠、畏縮等。個性特質主要有氣質和性格。

（1）氣質

氣質是人的情感發生的速度、強度、敏感度、持續度等外部表現，其具有明顯的天賦性和穩定性。人的氣質差異是先天形成的，受神經系統活動過程的特性所制約。氣質的分類方法比較統一，古希臘醫學家希波克拉底把人的氣質分為多血質、粘液質、抑鬱質、膽汁質四類。①多血質具有以下特點：靈活性高，易於適應環境變化，善於交際，精力充沛，效率高，對什麼都感興趣，但情感興趣易於變化，受不了一成不變的生活，代表人物如韋小寶、孫悟空、王熙鳳。②黏液質具有以下特點：反應和動作比較緩慢，堅持而穩健地辛勤工作，情緒不易激動，能克制衝動，嚴格恪守工作制度和生活秩序，也不易流露感情，自制力強，不愛顯露自己的才能，靈活性不足，代表人物如魯迅、薛寶釵。③膽汁質具有以下特點：情緒易激動，反應迅速，行動敏捷，暴躁而有力，在克服困難上有堅忍不拔的勁頭，但做事衝動，不善於考慮能否做到，當精力消耗殆盡時，容易沮喪且失去信心，代表人物如張飛、李逵、晴雯。④抑鬱質具有以下特點：觀察細緻，非常敏感，常為微不足道的原因可能帶來很強的感受，小心謹慎，行動表現上遲緩，有些孤僻，不太合群，遇到困難時優柔寡斷，面臨危險時極度恐懼，對情感的體驗深刻、有力、持久，代表人物如林黛玉。

案例：如果看戲遲到了

如果四個不同氣質的人看戲遲到了，這四個人的表現會有什麼樣的

差異呢？

多血質的人知道檢票員不會放他進去，因而不會與其爭吵，而是悄悄跑到樓上尋找另一個適當的地方觀看演出。

粘液質的人知道檢票員不會讓其從檢票口進入，他想反正第一場戲不會太精彩，還是暫時到小賣部等一會兒，等幕間休息再進去吧。

膽汁質的人會與檢票員爭吵起來，甚至企圖推開檢票員徑直走到自己的座位上去，並埋怨說戲院的時鐘走得太快了，他不會影響任何人。

抑鬱質的人則會說自己老是不走運，偶爾來一次戲院就這樣倒霉，乾脆回家吧。

氣質是人的各種心理品質的動力方面，它使人的心理活動染上某些獨特的色彩，卻並不決定一個人性格的傾向性和能力的發展水平，不能決定一個人的價值和成就高低。氣質無好壞之分，但是氣質可以影響人的活動效率。例如多血質的人反應快速而靈活，善於交際，易於適應新環境，適宜於在相對開放的環境中做有一定創造性的工作，例如公共關系崗位、營銷策劃崗位、研發崗位，而不是按部就班的單調機械細緻的工作。膽汁質的人精力充沛，態度直率，語言動作反應快，但是處事不靈活、不冷靜，他們適宜於在一些穩定的環境中做一些不要求很細緻的工作，例如推銷員、生產一線員工。粘液質的人自我克制能力強，做事有條不紊，踏實穩重，不適合應變能力要求較高的崗位，適合財務管理崗位、質量管理崗位等。抑鬱質的人好靜，喜歡獨處，遇事比較敏感，觀察比較敏銳，為人小心謹慎，容易緊張，不適合壓力較大的工作崗位，適合庫管員、檢驗員等崗位。

不同的職業、不同的崗位對從業人員的氣質有不同的要求，某種氣質特徵，往往更能勝任某種職業，影響著員工的工作效率。在人崗匹配過程中，在決定是否培訓員工時，員工的氣質特質是判斷的主要依據之一。

案例：紡織女工的氣質差異

在紡織廠，女工常常需要看管一臺或者多臺機床。研究人員發現，一些看管一臺機床的紡織女工屬於粘液質，她們的注意力穩定，工作中很少分心，這在及時發現斷頭故障等方面是一種積極的特性。注意力的這種穩定性補償了她們從一臺機床到另一臺機床轉移注意力較為困難的缺陷。另一些看管多臺機床的紡織女工屬於活潑型，她們的注意力比較容易從一臺機床轉向另一臺機床，這樣注意力易於轉移就補償了注意力易於分散的缺陷。因此，當紡織廠女工看管一臺機床時，粘液質的女工更合適，而看管多臺機床時，多血質的女工更合適。

員工氣質的差異，也會影響到管理者的領導方式。例如，嚴厲的批評對於膽汁質或多血質的員工，會促使他們遵守紀律，改正錯誤，但對抑鬱質的員工則可能產生不良後果。管理者在管理過程中必須根據氣質的差異，採取個別對待的方法來領導員工。再如在改變工作崗位時，多血質的員工很容易適應，無需特別關心，而對於粘液質、抑鬱質的員工則需給予更多的關懷和照顧，才能使他們逐步適應新的環境。

（2）性格

性格是一個人對現實的態度和習慣性的行為方式所表現出來的較為穩定的心理特質，瑞士心理學家卡爾·榮格按照心理活動的某種傾向性把人的性格分為內向傾型和外向傾型。一般而言，這種分類方法和氣質有些重疊，膽汁質和多血質的人多為外向型，而抑鬱質和部分粘液質常常為內向型。屬於外向型性格的人活潑開朗、感情易外露、待人接物決斷快、獨立性強但比較輕率；缺乏自我分析和自我批評精神、不拘小節；善社交；反應快。屬於內向型個性，心理活動傾向於內部：感情深沉，待人接物謹慎小心，處理事情缺乏決斷力；但一旦下決心常能鍥而不舍，較能進行自我分析與自我批評；自律，不善社交，反應慢。

不同人格特質的員工在同一工作崗位的工作績效是有差異的。例如

性格外向低憂慮的多血質員工，擅長言談和處理人際關系，喜歡在公眾場合展現自己，這種人在營銷崗位、公共關系崗位其個性特長容易施展，工作績效較高，而在質量監督、財務管理等崗位則其個性特長受到壓制，不僅難以產生高績效，且工作情緒往往低落消沉。

俗話說，江山易改，本性難移，無論性格還是氣質都具有一定的穩定性，一旦形成往往難以改變。一般而言，氣質的變化比性格的變化更慢，可塑性更小；性格稍有可塑性，但可塑程度個體差異明顯，有些人的性格可能終身都難以改變，而一些人則相對容易改變一些。性格和氣質對工作績效的影響，要求管理者在人崗匹配的過程中，特別要注意識別員工的人格性格與崗位勝任特徵的匹配，並注意團隊中成員氣質和性格的互補，而不是把精力放在如何改變員工的性格和氣質方面。

5. 價值觀

員工個人價值觀是指員工對周圍的客觀事物（包括人、事、物）的意義、重要性的總評價和總看法，例如對待事物的看法和評價，不同事物在員工心目中的主次輕重的排列次序，都是基於員工價值觀的判斷。對於任何一個企業而言，只有當企業內絕大部分員工的個人價值觀趨同時，整個企業的價值觀才可能形成。企業價值觀就是指全體員工的總的價值取向，是指企業在追求經營成功過程中所推崇的基本信念和奉行的目標，是企業決策者對企業性質、目標、經營方式的取向所做出的選擇，是企業全體或多數員工一致讚同、接受的共同觀念。例如，一個把創新作為最根本價值觀的企業，當利潤、效率與創新發生矛盾時，它會自然地選擇後者，使利潤、效率讓位。當個體的價值觀與企業價值觀一致時，員工就會把為企業工作看作是為自己的理想奮鬥。

企業的價值觀具有一定的穩定性，不管社會如何變化，產品會過時，市場會變化，新技術會不斷湧現，管理時尚也在瞬息萬變，但是在優秀的公司中，企業價值觀很少改變，它代表著企業存在的理由，代表著企業鼓勵的員工行為。企業在發展過程中，總要遭遇順境和坎坷，一個企業如果能使其價值觀為全體員工所接受，並以之自豪，那麼企業就

具有了克服各種困難的強大精神支柱。許多著名企業家都認為，一個企業的長久生存，最重要的條件不是企業的資本或管理技能，而是正確的企業價值觀。

　　對於企業來說，企業核心價值觀是每個崗位都需要具備的核心理念、思維模式和做事方式。企業在判斷員工的能力時，企業核心價值觀是最為重要的因素。例如，通用電氣公司不僅關注員工的專業才干，而且關注員工的核心才干與企業的要求是否一致。通用電氣公司的核心價值觀是痛恨官僚主義、開明、講究速度、自信、高瞻遠矚、精力充沛、果敢地設定目標、視變化為機遇、適應全球化。在人崗匹配的過程中，在對領導者進行考核時，通用電氣都非常關注企業倡導的核心價值觀與員工的價值觀是否吻合。在評價員工時，通用電氣公司常常從兩個維度來判斷員工：員工的專業能力，通過其業績是否達成來判斷；員工的價值觀，通過其價值觀與企業所倡導的價值觀進行比對來判斷。這兩個維度可以將員工的能力分為 A、B、C、D 四種類型（如圖 4-10 所示）。其中 A 象限的員工專業能力強，業績達成度高，價值觀與企業的核心價值觀吻合，做事方式符合公司的文化，是企業重點培養、激勵、提升的對象。C 象限的員工業績達不成組織的要求，價值觀和做事方式又不符合企業的要求，這類人直接淘汰。B 象限的員工價值觀與企業的核心價值觀吻合，做事態度和方法符合企業的要求，但是業績完成得不好，這類員工通用公司會給予培訓的機會，讓其有機會提高自己的專業能力。如果通過培訓仍然達不成業績目標，那麼通用公司將不得不淘汰。D 象限的員工業績完成良好，但做事方法與公司要求相悖，價值觀與企業的核心價值觀不吻合，通用公司對這類員工絕不姑息，認為他們對企業的傷害要大於他們短期帶來的貢獻，直接淘汰。

（三）價值判斷的基本原則

　　在決策是否提升員工能力時，需要考慮人才能力的可培養性，考慮培養的成本和培養的時間長短，考慮培養的收益和成本，在具體工作

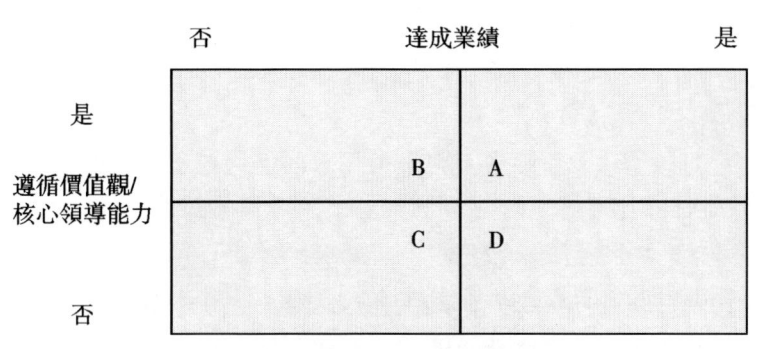

```
           否         達成業績         是
       ┌─────────────┬─────────────┐
   是  │             │             │
       │      B      │      A      │
遵循價值觀/│             │             │
核心領導能力├─────────────┼─────────────┤
       │      C      │      D      │
       │             │             │
   否  └─────────────┴─────────────┘
```

圖 4-10 韋爾奇的兩難境地模型

中，企業可以遵循下述原則：

（1）對於一般專業才干的缺失，企業容易培養，而且直接關系到本崗位的工作績效，企業應該優先考慮培養。培養範圍小，只培養該崗位或者可能從事該崗位工作的員工，擴大範圍培養屬於浪費。培訓講師一般來源於內部有專業工作經驗的員工。

（2）對於一般才干的缺失，可培養，易培養，可遷移，使用範圍廣，企業可以優先考慮這類培養。這類能力的培養應該在大範圍內進行，對於需要這些能力和才干或者可能需要這些能力和才干的員工都可以納入培養範圍。培訓講師可以是內部此類能力突出的員工，也可以通過外部講師培訓。

（3）對於重點專業才干的缺失，企業的培養成本高，時間長，使用範圍有限，企業應該採用降低培養成本、提高培養成功率的方法，例如外借人才或者直接招聘外部成熟成才，通過以新帶舊的方法來促進內部人才的發展。也可以直接選送人才到科研院所、高校或者其他企業，長期培養。

（4）對於核心才干的缺失，企業的培養成本高，時間長，但是涉及範圍廣。大量外借或者招聘是一個途徑，但容易打擊內部員工的積極性，內部晉升通道不暢容易造成人才流失；另一個辦法是內部培養，但培養難度大，企業需要指定長期的培養計劃，通過企業文化等途徑不斷

滲透；第三種辦法是在企業招聘環節，招聘具有這些核心才干的人才，招聘具有企業核心價值觀的人才，通過內部的熏陶和培養來彌補人才缺失的差距。

（5）當員工在多項能力上與企業要求的能力目標值有差距，此時並不是一次性對所有有差距的能力都給予提升，一個基本的原則是：幹什麼提升什麼，最需什麼補什麼，急用先學。「幹什麼補什麼」是指員工在工作中用得到的能力或者需要的能力才給予提升，在工作中用不到的能力暫不考慮，即使培訓，員工看不到具體的作用，往往也應付了事，效果不佳。「最需什麼補什麼」是指找到能力短板中最短的那塊板，這塊最短的板對員工的績效影響最大，而不是依據能力差距分數，以為差距分數越大的能力應該最先提升。「急用先學」是指在員工工作中馬上就用得到的能力應該優先給予培訓。

案例：立竿見影式的海爾培訓模式

海爾培訓工作的原則是「幹什麼學什麼，缺什麼補什麼，急用先學，立竿見影」。

「幹什麼學什麼」技能培訓是海爾培訓工作的重點，技能培訓主要是通過案例、到現場進行「即時培訓」模式來進行。「幹什麼，學什麼」，及時抓住實際工作中出現的案例，當日利用下班後的時間立即(不再是原來的停下來集中式的培訓)在現場進行案例剖析，針對案例中反應出的問題或模式，利用現場「看板」在區域內進行培訓學習，通過提煉的結論還可以在集團內部的報紙《海爾人》上進行公開發表、討論，形成共識。這種及時培訓統一了員工的動作、觀念、技能，員工能從案例中學到分析問題、解決問題的思路及觀念，提高了員工的技能，培訓能夠起到立竿見影的效果。這種培訓方式已在集團內全面實施。

「缺什麼補什麼」。海爾集團常務副總裁柴永林，是20世紀80年代中期在企業發展急需人才的時候入廠的。一上崗，在他稚嫩的肩上就壓

上了重擔，從國產化、引進辦，後又到進出口公司的一把手，在工作中，領導們發現，他的潛力還很大，只是缺少了一些知識，需要補課。為此就安排他去補質量管理和生產管理的課，到一線去鍛煉（檢驗處長、分廠廠長崗位），邊干邊學，拓寬知識面，累積工作經驗。

案例來源：佚名. 海爾培訓工作［OL］.［2014-05-20］http://wenku.baidu.com/view/5eec4ef80242a8956bece4c6.html？re=view.

五、員工能力提升的激勵途徑

在員工能力不具備的情況下，企業的績效目標難以實現，此時，企業績效的關鍵在於員工能力的提升。激勵員工提升能力主要有兩個途徑，一是通過外部招聘渠道選擇能力合適的員工，二是通過內部培養提升員工的現有能力，淘汰企業內能力低下的員工。

（一）外部招聘途徑

外部招聘是指企業通過外部勞動力市場招聘符合企業核心勝任能力、職系通用能力和崗位勝任能力需要的員工，並將其安置在合適的位置上。在外部招聘時，企業應重點考核企業的核心勝任能力、天生的能力、長時期培養才能形成的能力和崗位通用能力。例如，對於一個市場人員而言，人際溝通和表達能力是比營銷知識更加重要的東西，看看寶潔公司每年招聘大量各種專業的市場人員就可以知道，在人才選拔中他們更看重企業的核心勝任能力和職系通用能力。課業成績很好，但性格內向基本不用考慮，因為本性難移；招聘條件中諸如團隊協作能力、創造性、對數字敏感等要求並非虛指，它們可能更重要，是招聘考慮的重點環節。

外部招聘對組織績效的影響主要表現在以下兩方面：一方面可以通過補充新鮮血液，有利於組織吸收外部先進的經營管理觀念、管理方式和管理經驗，內外結合不斷開拓創新，特別是一些需要花費大量時間培

養的能力，通過外部招聘的渠道可以快速地彌補企業內部員工短缺的能力，使員工能力能夠快速地符合企業經營的要求。這些員工由於工作能力達到組織的要求，有能力完成工作任務，工作的自我效能感高，工作的積極性高且工作績效好。而且在某種程度上外部招聘可以緩解內部候選人競爭的矛盾，當對有空缺位置的內部競爭者的條件大致相當時，競爭比較激烈，外部選聘就可以緩解這一矛盾，使未被提拔的人獲得心理平衡，降低內部招聘對企業團結精神和績效的影響。另一方面，外部人員由於符合企業的崗位需求，而內部人員的能力存在欠缺，可能會完不成組織的任務，或者即使完成，工作效率和效果可能不如外部招聘的員工，在績效考核和評價中，面臨被處罰、被淘汰的境地，從而使內部現有的員工承受工作壓力，為了避免這種境地，內部員工有努力提高自己工作能力的積極性，從而提高了工作的績效。

但是，外部招聘這種方式，具有以下缺點：首先，容易造成現有員工的緊張感，對新員工表現出消極抵制和不合作的行為，不利於內部團結，而且外部招聘的目的是為了淘汰現有員工，那麼現有員工的忠誠度會下降，準備另擇良木而棲，這又會降低員工的工作績效，如果外部招聘讓內部員工沒有了晉升機會，那麼員工工作的積極性可能受到打擊。其次，外部勞動力市場不一定就具有企業所需要的人才，特別是一些專業能力和核心價值觀，往往需要企業自己來培養。再次，在招聘環節對應聘者的全面考察並不一定完全準確，應聘者實際水平和能力很難準確判別，招聘來的人才可能並不一定合適。最後，外部招聘的員工入職後需要花費一定的時間才能熟悉企業各方面的情況，這中間也會影響企業的業績。

由於外部招聘對員工的激勵是一種負向激勵，是壓力，且不一定能夠找到合適的替代人選，在企業的實際激勵中，這種方法不受現有員工歡迎，企業也輕易不會採用。因此，外部招聘不是激勵員工提升能力的主要方式，外部招聘主要用於補充初級崗位；或者獲取現有員工不具備的技術；或者獲得能夠提供新思想的並具有不同背景的員工；或者為組

織發展儲備人才；或者解決組織現有人力資源的不足等問題。

(二) 內部培養途徑

對於企業來說，當員工能力不具備時，不是馬上淘汰員工，而通常是考慮培訓、培養提升員工的能力，除非培訓員工的成本高到企業不願意支付或者沒有能力支付。而且，企業總是在不停地發展，環境在不斷地變化，對員工的知識、技能、能力要求也是動態變化的，企業從長遠發展來看也需要建立一套內部提升員工自我能力的激勵機制，激勵員工努力提高個人能力以適應環境對能力的新要求。

當企業願意提供各種條件促進員工成長、發展和能力提升時，影響員工內部能力培養效果的因素主要包括員工的學習意願、員工的學習潛能和企業創造的學習氛圍三個方面（如圖4-11所示）。

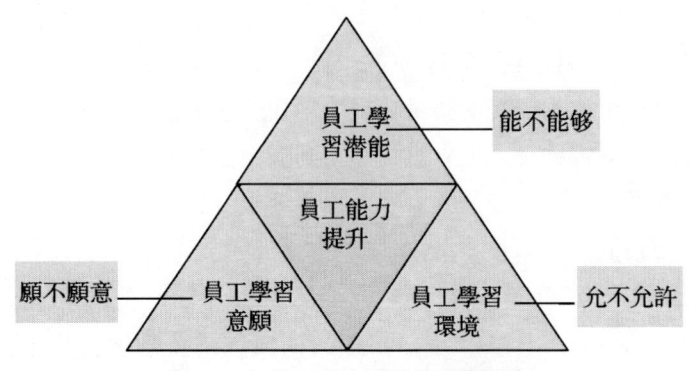

圖4-11 員工能力提升的影響因素

(1) 員工學習潛能

當員工的工作能力難以滿足目標崗位的要求時，是不是都需要給予培訓和培養呢？這取決於員工的學習潛能。學習潛能是指員工的潛在學習能力，其包括智力潛能、專門潛能、創造潛能。智力潛能，主要指智商，包括潛在的觀察力、記憶力、推理能力、概括能力等；專門潛能是指在某一專業的特殊能力，如音樂能力、繪畫能力、機械能力、數學能

力能力；創造潛能是指員工的創造力。

當員工進入企業工作時，員工的學習潛能往往已經定型，智商、創造力、專門潛能等都是企業難以改變的。企業是否給予員工培養主要取決員工的潛能能否通過培養、培訓變成實際的工作能力。只有通過培養能夠達成目標崗位要求的員工才值得企業投入人力、物力和時間，否則企業即使給予機會，付出培訓成本，也不會取得期望的結果。因此，員工的學習近似於一種固有能力，企業的激勵機制對此沒有影響。

潛能具有隱藏性，潛能的識別主要依賴於企業的人才選拔機制和人才評價機制。一些高科技企業非常注重智商和過往的成績，其實質就是通過這些來驗證員工具有學習的潛能。學習能力是員工最根本的生存能力、適應能力、競爭能力和發展能力，一個沒有學習能力的員工只能原地踏步，學習能力決定了員工未來的發展空間。

（2）員工的學習意願

在員工學習潛能滿足的條件下，員工自己是否想要學，是否願意學，是影響員工能力提升的關鍵。員工主觀的學習意願直接關系到其學習的主動性、學習的投入度，直接關系到能力提升的速度和水平。很多時候我們看到一些高智商的人，但是學習效果就是不好，關鍵就在於其學習的意願較低。

員工的學習意願首先來自於員工的需求。按照美國心理學家大衛·麥克萊蘭（David McCleeand）提出的成就需要理論，員工在工作情境中有三種重要的動機和需要：成就需要、權力需要和人際關系需要。成就需要的員工工作追求的是克服困難、提高效率，渴望工作卓越。權利需要是影響和控制別人，使他人按自己的意願行事的願望。人際關系需要是尋求被他人喜愛和接納，建立友好密切關系的願望。麥克萊蘭提出高人際關系需求的員工，在工作中更容易講交情和講義氣，企業的制度、工作流程和工作原則易被違背，從而會導致組織效率下降。高權力需要的員工努力工作是因為希望獲得權力，或者通過晉升賦予職位權力，或者公開的表彰和才能展現能凸顯其重要的地位和影響力。高

成就需要的員工在工作中關注個人的工作成就和工作績效，不關心他人的工作績效，他們用自己個人的業績標準來衡量成就，強調個人取向。高成就需要的員工努力工作、學習，與其說是為了得到成功的利益與獎勵，不如說是為了實現個人成就，他們不僅願意承擔具有挑戰性的目標，希望把事情做得更好、更有效，而且在工作中明確的業績反饋能夠讓他們知道自己是否有所改進，有所進步。及時地將工作業績給予反饋，表揚其進步，對其改進給予幫助和指導有助於員工提高工作的積極性。因此，高成就需要的員工有強烈的學習、改進動力和願望。高成就需要的特質識別一方面來自於企業的人才選拔機制和人才評價機制，另一方面員工的這種需要也是可以通過教育和培訓來培養的。一個企業所擁有的高成就需要類型員工越多，願意學習、願意努力工作的人越多，員工學習意願和行為的相互影響更有利於企業內部學習氛圍的打造。

員工的學習意願也受外部環境的影響。如果企業要求員工學、必須學、不得不學，否則淘汰時，出於對當前工作機會的珍惜，在潛能具備自認為能夠達到的情況下，員工也會願意學習。但這種學習更多是被動的，難以持續，一旦員工的能力達到了企業的要求，繼續努力學習的意願就會下降。

案例：我也是明星

A公司是一家處於西部地區的中外合資網站，成立於20世紀90年代末期，其時正值網絡行業高速發展時期。在當時，這家網站的規模屬於中下水平，資金實力較其他網站明顯偏弱，不可能為所需人才付出發達地區同等高水平的薪酬；同時，由於處於內陸地區，地域較為偏僻和閉塞，工作與生活條件遠不及沿海發達地區。以上兩方面原因導致該網站在人才競爭領域明顯處於劣勢，本地人才嚴重不足，又難以吸引外地高手加盟，尤其在優秀內容編輯這一項上，該網站與競爭對手有很大差距。在網站投資建成幾年內，網站內容的深刻度、創新度、吸引力方面都差強人意。2000年，網站引入了一名新的內容部門負責人Z先生，

他為激勵員工獨創了「明星激勵法」，情況發生了改變。這一激勵法是這樣操作的：一方面，為調動眾編輯的創造力和工作積極性，同時使其得到有效的業務鍛煉，Z先生為每位編輯「量身定做」地選擇了一位或幾位業界有名的「明星」。Z先生先通過各種方式向編輯們傳達有關「明星」的名氣、聲譽、身價、收入、生活方式等信息，使編輯對他們產生向往心理；然後Z先生本人和編輯一起，研究「明星」的成長歷程，分析、討論該「明星」在寫作、編輯和其他工作方面的風格、長處、短處，並且用心理暗示、創造條件讓編輯與這些「明星」認識、對話和商榷問題等方式，讓員工明白，這些「明星」不是天生的，也是普通的編輯、記者鍛煉成長起來的，只要自己努力，也一定能夠成為業界「名人」。另一方面，Z先生在公司的制度上，工作安排上，為編輯創造成名的條件，例如設立以編輯個人名字命名的欄目，盡可能安排他們在各種「出頭露面」的活動上亮相等。這種「明星激勵法」並未增加企業任何成本，只是給員工制定了具體的、具有美好前景和誘惑力，同時又現實可行的奮鬥目標。這樣的激勵作用迅速收到了成效，短短的半年時間，該網站眾編輯在敬業精神、工作態度、工作能力等方面明顯提高，內容質量大大提升，訪問量快速增加，權威性和影響力也獲得長足進步。到2001年，該網站以超過競爭對手總和的市場佔有率成為業界唯一的領袖。這是一則花費小、效果佳的激勵方式，堪稱該行業激勵的典型。

(3) 企業的學習環境

當員工的潛能具備，員工也願意學習時，員工能力的提升取決於企業的環境允不允許員工學習。美國麻省理工學院（MIT）斯隆管理學院資深教授彼得‧聖吉教授在《第五項修煉——學習型組織的藝術與實踐》（1990年）一書中指出企業未來唯一持久的優勢，就是有能力比你的競爭對手學習得更快。學習型組織就是通過學習和工作互動，充分挖掘員工潛能，實現企業的可持續發展。當企業不鼓勵員工學習，不為員

工學習提供時間、資源和條件時，即使員工有學習意願，也會因為各種外在因素阻礙員工能力提升的速度。當企業每天的工作循環重複，員工只能按照標準工作，缺乏改進工作方法的權利和自由，提出的建設性建議總是遭到領導無情地否決時，企業實際上是沒有激勵員工提升能力。這種企業通常認為員工能力提升是員工自己的事，不需要企業激勵，員工對績效的貢獻就是按照組織的要求按部就班地工作，在這種氛圍下，員工即使有很強的學習意願也可能被磨滅。

　　企業學習環境的打造就是塑造學習型組織，為員工學習提供各種條件、資源，激勵員工抓住各種機會努力學習，提高自己的能力。學習型組織的打造要求企業倡導員工終身學習，建立多元的開放式、回饋式學習系統，形成共享、互動的組織氛圍，激勵員工為了共同的願景不斷學習，而學習工作也使員工和企業不斷創新和發展。學習型組織是學習加激勵，挖掘員工潛能，使員工更聰明、更能幹地工作，不斷自我超越和發展。具體的激勵方法包括：①企業可以通過培訓，設計系統的課程體系，讓員工有機會學習，學習達到規定的標準時，才有晉升、漲薪、學習其他課程等的機會，從而激勵員工努力參加培訓，提高自身能力。根據蓋洛普（Gallup）顧問公司的研究調查，在提供學習與成長機會方面，得分位於前25%的企業要比最後25%的企業獲利能力高出10%，顧客參與度和忠誠度分數高出9%。究其原因在於企業通過培訓，可以提高員工實現目標的能力，為承擔更富挑戰性的工作及提升到更重要的崗位創造條件。在知識經濟時代，知識更新速度不斷加快，企業和員工必須不斷學習才能跟上時代的步伐。教育培訓作為一種重要的學習方式，不僅能提高員工的知識水平，適應企業的發展需要；還能實現員工個人的全面發展。常見的教育培訓方式是，在工作實踐中「隨時隨地」地學習；組織內部定期培訓，提高員工的職業技能；通過脫產學習、參觀考察等開闊員工視野並增長知識；倡導和實施工作學習化、學習工作化，構建學習型組織，全面提升個人價值和組織績效。海爾曾經要求管理人員每年的培訓不得少於100小時，操作人員每年不少於40小時。

②企業可以通過開放式的空間，鼓勵不同部門之間的員工相互交流學習，討論企業內部的案例，通過交流來激發員工學習的慾望。③企業可以通過崗位輪換，要求員工學習不同領域的知識，只有具備這些知識時，員工才能夠得到晉升。④企業可以為員工設定師傅，通過師傅帶徒弟，通過企業考核員工才能定級晉級，激勵員工努力學習。⑤企業可以組建各種項目團隊，讓不同領域的員工、不同技術水平的員工共同合作，鼓勵員工學習其他領域的知識，並向更高水平的員工學習。⑥企業也可以通過樹立典型和榜樣，鼓勵員工向優秀員工學習，為學習典型和榜樣搭建平臺和網絡，激勵其將學習經驗向其他員工傳遞。⑦企業的領導自己也不斷地學習進步，通過組織學習交流會、學習小報等激發員工努力學習。⑧標杆學習，激勵每個員工向行業中做得最好的企業學習，或者外借大腦，短期聘請各類優秀人才，鼓勵員工向這些人才學習。

員工的學習潛能決定了員工能不能夠被培訓，員工的學習意願決定了員工自己願不願意參與培訓，企業的學習環境決定了允不允許員工參與培訓。員工學習潛能很大程度上是固化的，更多地依賴於其自身的長期修煉的素質，是企業難以在短時間內通過培訓而改變的。因此，要提升員工的能力，關鍵在於激勵員工的學習意願，並為員工創造一個有助於學習的氛圍，激勵員工不斷學習提高。海爾的首席執行官（CEO）張瑞敏說：「我的任務就是創造一個合適的環境，在此環境下，每個人都可創建自己的才智，提升自己的素質，發揮自己的才干，贏得更高的生命價值。」

第五章

員工行為的激勵

你可以買到一個人的時間,你可以雇一個人到固定的工作崗位,你可以買到按時或按日計算的技術操作,但你買不到熱情,你買不到創造性,你買不到全身心的投入,你不得不設法爭取這些。

——弗朗西斯（C. Francis）

員工工作目標明確、腦袋聰明、能力高強是不是就能夠有積極的工作態度呢？實際上,對於大多數職業績效來講,聰明並不是第一位的,能力並不是決定性因素。例如,在企業管理中常常看見這樣的現象,員工的能力達到工作的要求,但是當需要付出額外努力的時候員工不情願了,不願自動做額外的工作；員工即使有能力完成工作,但總是不能按時完成工作,或者完成了卻不能達到要求的標準；員工在工作中常常抱怨雞毛蒜皮的瑣事,出問題時總是埋怨別人。在工作中持有這種工作態度,工作能力再強,工作目標再明確,也難實現組織既定的目標。那麼,什麼是影響員工行為的關鍵因素？在無數學者的探究下,一個共識的觀點是態度是影響員工行為的直接因素,如主動、果斷、毅立、奉獻、樂觀、信心、雄心、恒心、決心、愛心、責任心等這些態度因素是影響員工行為的關鍵。因此,除了目標和能力以外,員工行為更取決於

員工的工作態度。根據心理學的研究，員工做事要有意願，才有去做的動力；要有激情且持續，才不會疲倦，才能夠成功。激勵與其說是企業帶領一群有形的人，不如說是激勵著一群無形的心；與其說是激勵員工的行為，不如說是改變員工的態度。

一、什麼是工作態度

(一) 工作態度的內涵

態度（Attitudes）是員工在自身道德觀和價值觀基礎上對客觀事物、人、事件、團體、制度及代表具體事物的觀念等所持有的、持久一致的評價和行為傾向。弗里德曼（M. Fredman）在《社會心理學》中，認為人的態度是一種帶有認知成分、情感成分和行為意向成分的持久系統。認知成分是指員工對事物的認識或擁有的信息，其很大程度上受到價值取向的影響，價值觀和道德觀決定了員工對觀察、記憶、思維的選擇，也決定著聽到什麼、看到什麼、想到什麼。情感成分是員工對對象的感覺和情緒體驗，如喜歡或者厭惡，尊敬或者輕視，熱愛或者仇視等感受或評價。行為意向成分，是指員工根據對對象的認知和情感，而產生的行為準備狀態，是內在的心理動力，決定了行為傾向和偏好。價值觀、情感和行為意向這三者相互聯繫、相互協調，從而構成了態度。

斯蒂芬·P. 羅賓斯指出一個人可以有幾千種態度，但是，組織主要關注數量有限的與工作相關的態度。員工態度成分與工作本身密切相關。工作內容、工作條件的認識和判斷，與工作的認知成分相聯繫；工作的滿意感與工作的情感成分相關；工作的積極性、忍耐度與工作的行為意向成分密切有關。美國學者蘭波特等人大量的實驗研究卻表明，工作態度的確是員工工作忍耐力的決定性因素，堅定的態度，能夠提高工作的忍耐力，促使員工持續地努力。因此，管理者要提高員工的工作積極性和工作績效，就需要密切關注員工的工作態度。

霍杰茨和阿特曼（Hodgetts，Altman，1979）認為工作態度就是個人所產生的對工作的持久性感情或者評價。員工的工作態度體現為員工的工作價值觀、工作情感和工作行為意向，這決定員工工作態度具有潛在性的特點。工作價值觀、工作情感和工作行為意向這些信息是隱藏在員工內心的，管理者難以獲得的直接信息，往往需要通過對員工的言論、表情和行為來識別員工的工作態度。《巔峰表現——如何實現高績效的五項準則》一書作者朗格內克（2002）指出，識別高績效員工與一般員工工作態度的最大不同在於：員工的工作熱情以及對公司的忠誠[①]。工作態度積極的員工，無論他從事什麼工作，都會認為工作有價值，工作有樂趣，並懷著濃厚的興趣把工作做好，在工作中積極承擔責任，積極進取，不輕言放棄，不怨天尤人，為了工作，願意提早上班推遲下班，即使是放假日子，腦子裡還常想著該如何改善，把工作做得更好。而態度消極的員工，常常認為工作沒有價值，會把工作當成累贅，當成不快樂的源頭，在工作中敷衍了事，安於現狀，缺乏責任感，沒有工作激情。員工的工作態度決定職業發展的高度，職業發展又決定了員工的職業生涯成就，有什麼樣的職業態度，就有什麼樣的職業生涯，對工作負責就是對自己負責。

　　工作態度是員工對於工作各個方面的心理傾向，工作態度在很大程度上決定了員工個人工作的成功。員工工作成功可以列為這樣一個公式：工作成就＝目標＋知識能力＋態度＋機遇。有機遇，沒有能力，看著機遇滑過；有目標，沒有能力，目標恰是空中樓閣；有能力，沒有態度，體現不出你的能力；有態度，沒有能力，學習訓練可以改變，員工主觀工作態度是影響員工個人工作成就的關鍵因素。員工工作態度不僅決定了個人的工作結果、工作效率，而且在很大的程度上直接影響組織工作的績效和組織的形象。

---

① ［美］克林頓 O 朗格內克. 巔峰表現——如何實現高績效的五項準則（中歐—密歇根創新管理譯叢）［M］. 李鵬，魏紅，譯. 上海：上海交通大學出版社，2002.

(二) 員工工作態度激勵機制設計的思路

工作態度會影響員工的行為意向，進而影響員工的行為。員工態度激勵機制設計，就是企業通過建立有助於員工態度轉變的各種活動和安排，激發員工積極工作的價值觀、工作激情和行為意向。員工要有積極的工作態度，需要具備四個方面的條件：

（1）員工的個人價值觀與組織價值觀相契合。個人—組織價值觀契合是指個人持有的價值觀念與組織價值體系的匹配程度。[①] 第一，如果員工的個人價值觀與組織價值觀相一致，意味著組織價值觀能滿足員工對組織的心理期望，組織帶給員工的不確定性減少，員工安全感增強，工作動機得到強化；第二，組織價值觀與個人價值觀的契合，能滿足或實現員工個人的價值觀時，能帶來組織與員工之間的相互信任，良好的溝通，和其他人員很好的協作；第三，價值觀的契合可以幫助員工準確把握企業的主導思維框架，主要的意識評判，正確認識不同事務的重要性，員工工作結果的可預測性以及企業行為的可預測性強，這些都將有助於員工工作態度的形成。

（2）員工對待組織的認同感。員工對組織目標、組織價值觀和企業文化高度認同，能夠主動積極地瞭解企業文化，接受企業文化的熏陶，並在工作所及的範圍內，傳播、豐富和創造企業文化；為自己身為企業的一員而感到驕傲，渴望保持組織成員資格；對待組織、對待工作有主人翁精神；對企業的未來充滿信心；迅速融入團隊之中，並能快速地展開工作；組織榮譽感強，積極地參加企業的活動，有非常強烈的使命感。

（3）員工對待崗位工作具有職業情感。員工對工作崗位的工作有認同感，喜歡該職業工作，該職業工作能夠讓員工滿意。如果員工對崗

---

① CHATMAN, J A. Improving Interactional Organizational Research: A Model of Person-organization Fit [J]. Academy of Management Review, 1989, 14 (1): 333-349.

位工作沒有職業認同感，不喜歡這個崗位的工作，即使個人價值觀和組織價值觀一致、員工對組織的認同感高，員工的工作積極性也不高。

（4）行為意向，即員工願不願意積極主動地工作。員工願意有積極的行為意向並不是百分百地出於價值觀、組織認同和職業情感，有時管理干預、外部環境的制約也會促使員工努力工作，例如員工不喜歡某工作，但是為了豐厚的外部獎勵，他也有可能會努力工作。

當上述四個條件有一個不滿足時，員工就不會有積極的工作行為。因此，當員工的工作意向較低時，企業就可從這四個方面著手，設計企業的員工工作態度激勵機制，改善員工的行為。員工工作態度的激勵機制設計步驟如圖5-1所示：

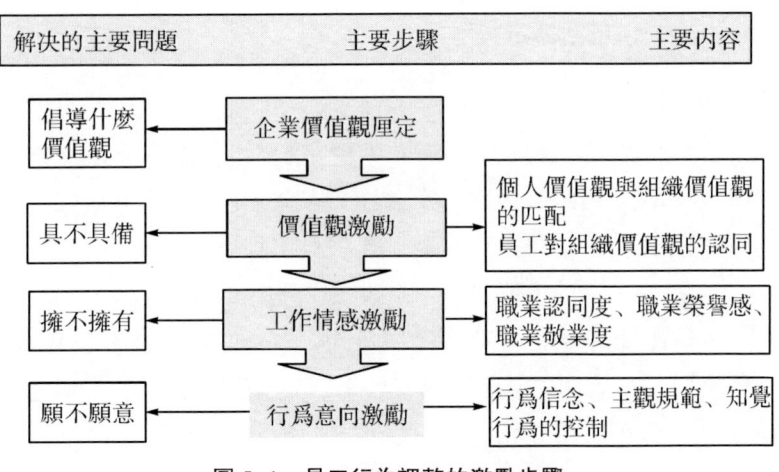

解決的主要問題	主要步驟	主要內容
倡導什麼價值觀	企業價值觀厘定	
具不具備	價值觀激勵	個人價值觀與組織價值觀的匹配；員工對組織價值觀的認同
擁不擁有	工作情感激勵	職業認同度、職業榮譽感、職業敬業度
願不願意	行為意向激勵	行為信念、主觀規範、知覺行為的控制

圖5-1　員工行為調整的激勵步驟

（1）企業價值觀厘定：企業為達成工作目標和業績目標，倡導什麼價值觀？

（2）價值觀激勵：員工的工作價值觀是什麼？具不具備企業需要的價值觀？員工認不認同組織的價值觀？企業應該採用什麼方式激勵員工的價值觀與組織的價值觀一致？

（3）工作情感激勵：判斷員工是否有職業認同感、職業自豪感、

職業敬業感。如何激勵員工的這些職業情感？

（4）行為意向激勵：行為信念、主觀規範、知覺行為控制會影響員工工作意向，如何激勵員工的行為意向？

二、企業價值觀的厘定與激勵

諾貝爾經濟學獎獲得者、著名心理學家西蒙認為，行為決策判斷有兩種前提：價值前提和事實前提。企業價值觀是企業對員工工作行為的價值判斷前提，工作價值觀是員工對工作的價值判斷前提，兩者的判斷依據不同。

（一）企業價值觀擬定與形成

企業價值觀是解決企業的根本命題——「企業為什麼存在和發展」，是企業在追求經營成功的過程中倡導的基本信念，公司推崇什麼樣的行為方式，公司讚賞什麼，或對員工什麼樣的狀態具有偏好，給予認可、鼓勵和支持，公司反對什麼，或對員工什麼樣的行為給予批評、處罰，是組織為主體的價值取向，是組織內部絕大多數人共同認可的價值觀念。例如，北京同仁堂有三條價值觀：「品位雖貴必不敢減物力」（質量價值觀），「炮製雖繁必不敢省人工」（工藝價值觀），「童叟無欺一視同仁」（營銷價值觀），這些價值觀成為企業經營管理的基本指導思想、原則、方向，引導企業內部所有的成員達成共識。菲利浦·塞爾日利克說：「一個組織的建立，是靠決策者對價值觀念的執著，也就是決策者在決定企業的性質、特殊目標、經營方式和角色時所做的選擇。通常這些價值觀並沒有形成文字，也可能不是有意形成的。不論如何，組織中的領導者，必須善於推動、保護這些價值觀。」一個企業若要長久發展，必須尋找和創造有意義的信條和價值觀，以持續的建設獲得持久的成功。

企業價值觀相當於是公司的憲法，是企業生存、發展的內在動力，

是企業判斷是與非、對與錯、賞與罰的依據，是企業決策的依據，對企業的行為和員工的行為起到導向和規範作用。例如，一個把利潤作為企業價值觀的公司，當利潤和技術創新、品牌信譽發生矛盾和衝突時，公司的價值觀決定了它將會以利潤作為行為判斷的首要標準，創新和信譽都只有在利潤目標滿足的前提下，才會是公司的追求；員工在工作過程中常常也會自覺地以公司利潤、節約營運成本作為行為的主要考慮因素。一個企業的核心價值觀通常不需要太多，三五條足矣。企業的價值觀不是一成不變的，將會隨著環境和企業經營目標的改變而調整。例如，沃森時代，國際商業機器公司（IBM）的價值觀是尊重個人、追求卓越、服務顧客；郭士納時代的價值觀是勝利、執行、團隊合作；彭明盛時代的價值觀是創新為要、成就客戶、誠信負責。

企業價值觀構建途徑包括三個步驟：

（1）管理層根據企業的性質、特殊目標、經營方式等，提出和凝煉組織的價值觀。

（2）管理層與員工一起挖掘外顯的價值觀，通過組織制度等落實和健全企業的價值觀。美國學者威廉·詹姆斯曾經說過：「人的思想是萬物之因。你播種一種觀念，就收穫一種行為；你播種一種行為，就收穫一種習慣；你播種一種習慣，就收穫一種性格；你播種一種性格，就收穫一種命運。總之，一切都始於你的觀念。」企業的價值觀就是企業不斷播種、傳播、收穫的過程。因此，為了落實企業的價值觀，企業管理者需要通過生產制度、人事制度、銷售制度等落實這些價值觀思想。

（3）企業價值觀的形成核心在於教育、培訓和引導，其中以企業領導人積極倡導和身體力行為關鍵。價值觀不是僅僅喊喊口號、開開會就能解決的問題，而是艱苦努力、不斷培訓、持續力行的結果。

（二）員工工作價值觀的特點

工作態度始於對工作的認知，工作的認知始於員工的工作價值觀。每種職業都有自身的特點，什麼職業好？什麼崗位適合自己？什麼崗位

最有發展前景？不同的員工都有各自的價值判斷和取向。價值觀是對於行為方式或者最終狀態偏好的總體評價[1]，職業價值觀是指基於一定的思維和感官而做出的工作認知、理解、判斷，是員工認識工作、判別是非的一種思維或取向，它體現了員工職業目標的期望、追求和向往。只有那些經過價值判斷被認為是可取的價值觀，才能轉換為行為的動機。職業價值觀是員工判斷職業好壞的依據，為職業價值選擇提供了有限次序，工作所要追求的理想是什麼，是為了經濟收入，還是為了權利，抑或地位、個人成長等其他的因素，在眾多的價值取向裡，職業價值觀決定了員工優先考慮哪種價值。職業價值觀是員工理解工作性質、工作過程、期望得到的待遇等方面的中心成分和傾向。俗話說：「人各有志。」這個「志」實際上就是員工的職業價值觀，它是一種具有明確的目的性、自覺性和堅定性的職業認知、情感、選擇和行為。當工作活動與深層次的職業價值取向不一致時，員工就會感到不滿意、不舒服、缺乏歸屬感，對工作失望，沒有工作興趣，進而產生衝突。

職業價值觀具有以下特點：①抗變性，職業價值觀具有穩定性和持久性，態度是個體在生活經歷中經過體驗、學習而逐漸形成的，員工的工作價值取向是在生活和工作環境中學習和經歷的產物，工作價值觀的形成是員工過去經驗的累積或總結，是個體與社會環境進行信息交流和相互作用的產物，在特定的時間、地點、環境下，員工的價值觀總是相對穩定的。比如，員工對某種工作的看法，只要工作的內容、環境和待遇不發生變化，對這個工作好壞的看法和評價一般來說不會改變。②歷史性。在不同時代，由於社會分工的發展和生產力水平的差異，各種職業在勞動性質的內容上，在勞動難度和強度上，在勞動條件和待遇上，在所有制形式和穩定性等諸多問題上，都存在著差別。各類職業在不同時代在人們心目中聲望地位是有差別的。員工所處的社會生產方式及其經濟地位，對其工作價值觀的形成有決定性的影響。當然，報刊、電視

---

[1] ROKEACH, M. The Nature of Human Values [M]. New York: Free Press, 1973.

和廣播等宣傳的觀點以及父母、老師、朋友、公眾名人乃至組織等都會影響員工的工作價值取向。③主觀性。工作價值觀是根據員工內心的尺度進行衡量和評價的，這些標準都是主觀的。由於個人的身心條件、年齡閱歷、教育狀況、家庭影響、興趣愛好等方面的不同，人們對各種職業有著不同的主觀評價。

張再生教授把影響員工職業價值觀的這些因素歸納為三類：第一，發展因素，包括符合興趣愛好、機會均等、公平競爭、工作有挑戰性、能發揮自身才能、工作自主性大、能提供培訓機會、晉升機會多、專業對口、發展空間大、出國機會多等，這些職業要素都與個人發展有關，因此稱之為發展因素。第二，保健因素，包括工資高、福利好、保險全、職業穩定、工作環境舒適、交通便捷、生活方便等，這些職業要素與福利待遇和生活有關，因此稱之為保健因素。第三，聲望因素，包括單位知名度、單位規模和權力大、行政級別和社會地位高等，這些職業要素都與職業聲望地位有關，因此稱之為聲望因素。職業價值觀是一個複雜的多維度的心理因素，對職業的選擇和衡量有多種要素的參與，但各要素起的作用是不同的。

(三) 組織價值觀與個人職業價值觀的契合

組織價值觀和個人價值觀的契合是指員工個人持有的價值觀與工作場所體驗到的價值觀之間匹配的程度。已有的研究表明，兩者的匹配程度可以較好地預測員工的工作績效、組織公民行為、職業生涯成功、組織認同、留任行為、職業倦怠等。當兩者匹配程度較高時，員工的工作滿意度高，員工的離職傾向低，有助於提高員工的工作積極性和組織忠誠，提升組織競爭力。因為組織價值觀和個人工作價值觀的高度契合，能夠使組織成員擁有共同的思維方式，增強了員工之間的人際吸引，員工認知問題、分析問題的視角相同導致彼此之間相似的思想和行為，從而能夠準確地預測其他員工的工作行為，增強預見性、信任感，減少不確定性，增強組織行為的協調程度，進而有助於組織的工作效能提高。

1. 通過招聘渠道來實現價值觀的契合

由於職業價值觀的形成是一個漸進的、相對穩定的過程，因此，企業對員工職業價值觀的改變是一個較為緩慢的過程，更多的情況下，企業需要通過招聘環節來對員工的職業價值觀進行篩選，選擇符合企業工作價值觀的員工，淘汰與組織價值觀不相吻合的應聘者，從而促使企業內部的員工個人價值觀向組織倡導的價值體系相匹配。

案例：通用電氣公司（GE）人才價值觀

在全世界範圍內持續成功的跨國公司中，創立於1878年的通用電氣是「少數派」的經典企業。GE被譽為「經理人的搖籃」「商界的西點軍校」，全球500強中有超過1/3的CEO曾經服務於GE。究其根源，在於GE有著博大精深的用人之道。

堅守公司的核心價值觀，這一點可以從公司的全球化發展和招聘中看出來。GE公司在全球化的過程中，一直推行一套統一的核心價值觀和企業文化。GE曾經設想過根據世界不同的國家、區域在每個區域形成不同的價值觀和企業文化。後來，GE否定了這種設想和方向。儘管GE提倡和鼓勵多樣化，鼓勵成員企業和職員按照自己的創新方法去探索，但是，無論如何，GE一直堅持統一的公司核心價值觀。GE的價值觀包括無邊界、必須把質量放在第一位和團隊精神等。

招聘人才是GE每天都在進行的工作，甄選人才時有兩個最基本的要求：一是具備某個職位所必需的專業技能；二是個人價值觀與GE價值觀要吻合。堅持誠信、注重業績、渴望變革是GE三大核心價值觀，GE看重業績，渴望變革，卻不違反誠信。如果員工個人的價值觀與GE的價值觀不一致，有違誠信、業績不佳、不思變革的人都是GE淘汰的目標。除此之外，還有更重要的一點就是是否具有能夠從事更高級別工作的潛力，因為GE是一個強調變革的企業，在變革的同時也會要求員工不斷地挖掘潛力，提升自我。在GE，最大的不是CEO，而是價值觀！

2. 通過績效考核淘汰與企業價值觀不吻合的員工

在績效考核中，企業不僅注重實際的具體工作業績指標的完成程度，還注重對員工價值觀的考核。這種考核結果將應用於員工淘汰，企業可以將不符合企業價值觀的員工淘汰出企業；同時，通過考核，可以正確地引導、強化員工的正確行為，強化員工對價值觀的塑造，在工作中不斷修正行為，調整個人價值觀。

案例：阿里巴巴的高績效之道

當阿里巴巴收購雅虎時，馬雲曾明確指出：「有一樣東西是不能討價還價的，就是企業文化、使命感和價值觀。」阿里巴巴的厲害之處在於把企業文化當真，認真執行。在阿里巴巴跟這麼多聰明、有熱情、充滿創新精神的人一起工作，就好像是兩百個人在踢足球。如果足球場上足球飛到那邊去了，整批人都衝過去，結果還沒到那個地方，球又被踢到另外一個地方了，大家再一起衝過去，結果來回兩個小時，足球都沒摸到，出了一身臭汗。共同的價值觀是引導員工行為的關鍵。

阿里巴巴的價值觀名字很特別，叫六脈神劍。分別是：客戶第一、團隊合作、擁抱變化、誠信、激情、敬業。其中三劍是做人的：誠信、激情和敬業，是基礎；二劍是做事：團隊合作、擁抱變化，它是中間力量；而剩下的一劍，則刺中要害，點名方向，說的是「客戶第一」，這個是六脈神劍最深功力所在，這個思想剛開始的口號是「讓生意不要太難做」「讓生意做起來更容易」……但這些話總讓人覺得意思是到了，氣勢還不夠，缺乏一種震撼人心的力量，最終，「讓天下沒有難做的生意」成為這個想法的最終代表。

馬雲在湖畔學院曾對學員講到，「很多人剛進入阿里巴巴，覺得我們的價值觀、使命感，比較虛。但只要馬雲在一天，這就是一個天條。我什麼東西都可以容忍，但是背叛共同的目標和價值觀不能容忍。」在阿里巴巴，核心價值觀與使命被奉為不可觸摸的高壓線，圍繞這根高壓線，阿里巴巴通過培訓、選拔考核及處罰三項進行信仰的具體灌輸與

強化。

其一，在招聘環節，阿里巴巴運用價值觀來選擇合適的人。

其二，阿里巴巴通過大量的培訓來統一強化價值觀，注入統一思想。阿里巴巴的培訓包括新人培訓及後續培訓計劃，新員工加入阿里巴巴都需要在杭州總部參加全面的入職培訓和團隊建設課程，該課程著重於公司的使命、願景和價值觀。阿里巴巴也會在定期的培訓、團隊建設訓練和公司活動中再度強調價值觀與使命。除此之外，阿里還成立「阿里學院」，成為業內電子商務人才及阿里巴巴內部人才培養的專門場所，馬雲為學院特邀講師。在阿里巴巴，如何強調與推崇價值觀都不為過。

其三，把文化和價值觀納入考核。阿里巴巴別出心裁地把價值觀納入績效考核體系。價值觀考核與業務考核各占到50%的比重。而價值觀考核指標囊括了追求高績效的價值觀導向和具體的方式方法——如果價值觀考核優異，業務績效不好是不可能的。阿里巴巴的六脈神劍中每一項價值觀又分為5個標準，具體如下：

1. 客戶第一——客戶是衣食父母

1分：尊重他人，隨時隨地維護阿里巴巴形象。

2分：微笑面對投訴和受到的委屈，積極主動地在工作中為客戶解決問題。

3分：在與客戶交流過程中，即使不是自己的責任，也不推諉。

4分：站在客戶的立場思考問題，在堅持原則的基礎上，最終達到客戶和公司都滿意。

5分：具有超前服務意識，防患於未然。

2. 團隊合作——共享共擔，平凡人做非凡事

1分：積極融入團隊，樂於接受同事的幫助，配合團隊完成工作。

2分：決策前積極發表建設性意見，充分參與團隊討論；決策後，無論個人是否有異議，必須從言行上完全予以支持。

3分：積極主動分享業務知識和經驗；主動給予同事必要的幫助；善於利用團隊的力量解決問題和困難。

4分：善於和不同類型的同事合作，不將個人喜好帶入工作，充分體現「對事不對人」的原則。

5分：有主人翁意識，積極正面地影響團隊，改善團隊士氣和氛圍。

3. 擁抱變化——迎接變化，勇於創新

1分：適應公司的日常變化，不抱怨。

2分：面對變化，理性對待，充分溝通，誠意配合。

3分：對變化產生的困難和挫折，能自我調整，並影響和帶動同事。

4分：在工作中有前瞻意識，建立新方法、新思路。

5分：創造變化，並帶來績效突破性地提高。

4. 誠信——誠實正直，言行坦蕩

1分：誠實正直，表裡如一。

2分：通過正確的渠道和流程，表達自己的觀點；表達批評意見的同時能提出相應建議，直言有諱。

3分：不傳播未經證實的消息，不背後不負責任地議論事和人，並能正面引導，對於任何意見和反饋「有則改之，無則加勉」。

4分：勇於承認錯誤，敢於承擔責任，並及時改正。

5分：對損害公司利益的不誠信行為有效地制止。

5. 激情——樂觀向上，永不放棄

1分：喜歡自己的工作，認同阿里巴巴企業文化。

2分：熱愛阿里巴巴，顧全大局，不計較個人得失。

3分：以積極樂觀的心態面對日常工作，碰到困難和挫折的時候不放棄，不斷自我激勵，努力提升業績。

4分：始終以樂觀主義的精神和必勝的信念，影響並帶動同事和團隊。

5分：不斷設定更高的目標，今天的最好表現是明天的最低要求。

6. 敬業——專業執著，精益求精

1分：今天的事不推到明天，上班時間只做與工作有關的事情。
2分：遵循必要的工作流程，沒有因工作失職而造成重複錯誤。
3分：持續學習，自我完善，做事情充分體現以結果為導向。
4分：能根據輕重緩急來正確安排工作優先級，做正確的事。
5分：不拘泥於工作流程，化繁為簡，用較小的投入獲得較大的工作成果。

阿里巴巴價值觀的考核最重要的功能其實不在於考核本身，而在於價值觀的傳遞和強化。阿里巴巴的價值觀考核先由員工自評，然後由上級進行評估，之後是與人力資源部門一起對分歧進行溝通，對沒有做好的地方進行分析。

價值觀是比較主觀的一種判斷。所以不是絕對的對和錯，絕對的好與不好，價值觀是希望員工能夠做得越來越好。所以，阿里巴巴平時留心關注下屬的一些案例，如果不以案例來說明，就很容易造成主觀武斷，員工聽了以後會覺得很委屈。留心員工日常表現中的案例，可以有效地幫助他們理解價值觀。

阿里巴巴公司的文化和價值觀用來彌補制度的不足，而文化和價值觀本身又是通過制度來保障的。在員工考核中，阿里巴巴把員工分為三類：獵犬、野狗、小白兔。獵犬，就是做事做人符合阿里巴巴企業文化，業績又好，這是優質股，是核心；野狗說的是有組織、無紀律的人，對於他們業績再好也會被淘汰；小白兔就是這種符合公司價值觀，但業績不太好的人，只要符合價值觀，能力是可以培養的。

3. 通過企業文化促進員工職業價值觀的調整

當員工個人的價值觀與組織價值觀不匹配時，由於組織價值觀不可能因為某個個人價值觀的不同就進行調整，組織價值觀是維護組織整體目標，因此，只能是員工進行個人職業價值觀的調整來契合組織的價值觀。企業可以通過企業價值觀的教育、培訓轉變員工的價值觀。員工在企業的熏陶和培養下，可以採取保存、轉移的方式調整自己的價值觀，

實現個人價值觀與組織價值觀的契合。員工的價值觀保存就是當個人的價值觀強於組織價值觀時，組織暫時難以實現個人的全部價值觀，個人只能暫時將尚未滿足的價值觀加以壓抑，以後再尋找機會再實現個人的價值觀。員工的價值觀轉移，是當個人的價值觀與組織價值觀不一致時，員工個人將自己的價值觀進行調整，以和組織的價值觀一致，減少彼此之間不契合的現象。

案例：微軟的互助價值觀

微軟公司長期以來一直倡導員工互助的價值觀念，提倡「自己團隊的工作完成後主動幫助他人」。對於不幫助他人的行為，公司會批評員工，嚴重者可能會被辭退。公司長期的堅持，在員工的內心形成共同的工作價值觀：「自己工作完成後不幫助人是不應該的。」在實際工作中，如果某位員工不幫助他人，他不僅會受到領導的批評，還會受到其他員工的歧視，為了不受到同事的歧視和組織的批評，一些原來不具有互助精神的員工也逐漸轉變價值觀念，成為互助行為的推導者。微軟領導層的這種對互助價值觀的執著追求最終在企業內部牢固的形成了幫助他人的工作氛圍和價值觀念。

三、職業情感的激勵設計

職業情感是從事某行職業的員工對其工作的心理感受或者體驗。這種體驗帶有明顯的主觀色彩，是個人對職業這個客觀事物的獨特感受。職業情感在「先天所傳」與「後天習得」共同作用下，潛伏於人的內心深處，表現出內隱、含蓄的特點，使員工較穩固地處於一種心理狀態之中，影響個體行為方式。

（一）職業情感的構成

職業情感由低到高分為職業認同感、職業榮譽感、職業成就感三個

層次（如圖5-2所示）。

職業認同感 ┐
職業榮譽感 →　工作態度　→　行為
職業敬業感 ┘

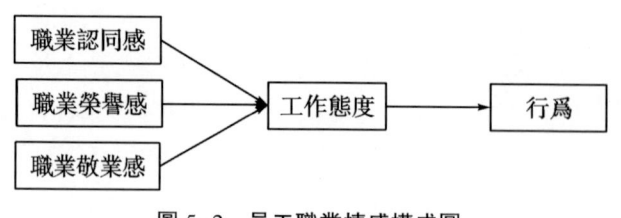

圖5-2　員工職業情感構成圖

　　第一層是職業認同感。職業認同是員工對於所從事職業的肯定性評價，既有物質因素，也有精神因素。職業是員工獲得生存的基本條件，職業只有能提供最基本的工資待遇、生活福利等生存保障資源，能確保員工生命的安全，這種職業才能被員工們接受，員工才會從情感上去認同它、接納它，這是職業認同感的物質基礎，它決定著其他高層次職業情感的養成。除此以外，員工的興趣、愛好、志向追求能否通過工作得到滿足，社會對該職業的評價也會影響到員工的職業認同感。職業認同感與員工自我肯定呈顯著正相關，與憂鬱、焦慮呈顯著負相關[1]，擁有高職業認同感的員工具有較高的工作滿意度和較少的未來擔憂。職業認同讓員工感受到對自己的意義和工作的價值，是員工努力工作的內在激勵因素，相比薪酬等外在的刺激和誘導而成的工作積極性，職業認同形成的工作動力具有自覺性、持久性和穩定性。

　　第二層次是職業榮譽感。職業只有被社會大眾稱道，並形成良好的職業形象、職業輿論與環境氛圍，從事這種職業的員工就會感到無比的榮耀，從而從情感上產生對這種職業的歸屬感和榮譽感。職業榮譽感的形成，有賴於社會建立合理的價值觀念和個體樹立正確的職業價值取向。職業榮譽感比職業認同感對員工行為的影響更持久、更深刻。

---

[1]　王鑫強，張大均. 免費師範生職業認同感與心理健康的關係及其啟示［J］. 當代教師教育，2012, 5（4）: 62-67.

案例：海爾員工「為榮譽而戰」的激勵方式

海爾集團開始宣傳「人人是人才」時，員工反應平淡。他們想：「我又沒受過高等教育，當個小工人算什麼人才？」

但是當海爾把一個普通工人發明的一項技術革新成果，以這位工人的名字命名時，在工人中很快就興起了技術革新之風。比如工人李啓明發明的焊槍被命名為「啓明焊槍」，楊曉玲發明的扳手被命名為「曉玲扳手」。這一措施大大激發了普通員工創新的激情，後來不斷有新的命名工具出現，員工的榮譽感得到極大的滿足。對員工創造價值的認可，是對他們最好的激勵，及時的激勵能讓員工覺得工作起來有盼頭，有奔頭，進而也能激發出員工更大的創造性。

第三層次是職業敬業感，是指員工用恭敬嚴肅的態度對待自己的工作，勤勉努力，盡職盡責的道德操守。敬業是要為工作投入足夠的感情，付出必要的精力，具有高度的責任心。如果僅把職業作為謀生的手段，員工可能並不會去重視它、熱愛它，只是當作日復一日的、不得不做的工作。而當員工把職業視為自身發展、理想實現的載體時，職業就成為員工夢想的帆船，員工會盡心盡力地去遠航，這就是職業敬業感。敬業，並不代表工作要做得多、做得勤，而是要在每件工作中都帶著責任感、使命感，以差強人意為憾，以圓滿完成為榮。職業敬業感的內涵表現在兩個方面，即熱愛和勤勉。①熱愛職業，是職業敬業感建立的前提。只有員工把工作當作自己珍視的領域，視為自己成長的途徑，自身價值得以體現，自我夢想得以實現的所在時，員工才有可能真正地投入精力與體力，才有可能克制自己放鬆懶惰的想法，才有可能不滿足於自己所取得的成就，不斷努力工作。②勤勉努力，是職業敬業感建立的必要條件。勤勉是長年累月的持續努力和勤奮工作。怎樣做才叫勤勉努力呢？曾國藩曾經在《勸誡淺語十六條》裡對勤勉的要素做出了全面的總結：「一曰身勤，險遠之路，身往驗之，艱苦之境，身親嘗之。二曰

眼勤，遇一人，必詳細察看，接一文，必反覆審閱。三曰手勤，易棄之物，隨手收拾，易忘之事，隨筆記載。四曰口勤，待同僚，則互相規勸，待下屬，則再三訓導。五曰心勤，精誠所至，金石亦開，苦思所積，鬼神亦通。」在曾國藩看來，只有長期地做到了身、眼、手、口、心五個要素均投入到工作，才是真正的勤勉。作家葛拉威爾在《異數》一書中指出：「人們眼中的天才之所以卓越非凡，並非天資超人一等，而是付出了持續不斷的努力。只要經過一萬小時的錘煉，任何人都能從平凡變成超凡。」這就是著名的「一萬小時定律」。求職者是不是具有愛崗敬業的精神，是用人單位挑選人才的一項非常重要的考慮標準。因為那些「干一行，愛一行」的人遠比那些「干一行，厭一行」的員工更有可能專心致志地搞好工作。

(二) 員工職業情感的激勵

如果說企業價值觀關系到員工對企業的認同，那麼職業認同感、職業榮譽感、職業敬業感關系到員工對崗位工作的認同，在激勵機制設計中，如何激發員工的工作情感呢？

1. 識別員工的工作情感，讓員工做感興趣的工作

員工的職業認同是員工對自己的職業興趣、天賦和目標等方面認識的穩定和清晰程度，職業認同和職業榮譽感與員工的成長、對職業的認知、社會對該職業的評價、職業的待遇、個人的性別年齡等密切相關，職業認同和職業榮譽感將促進員工的職業敬業感。準確地識別員工的職業情感有助於企業因人配崗，提高員工的職業幸福感。

企業在招聘環節，識別員工的職業情感，挑選對應聘職業認同感和榮譽感較高的員工。這個可以通過面試環節得以確認。那些頻繁在不同崗位跳槽的員工，說明其還尚未找到對某個職業的認同與情感，企業即使將其招聘到企業，他也同樣可能因為缺乏職業認同而再次跳槽。除此以外，在招聘環節，企業還可以通過職業認同表測試員工的職業情感。

案例：頻繁跳槽與職業認同

小李是一高校計算機應用專業學生，2006年7月畢業後到成都工作，先在某電腦城做庫房管理，一年後又做電腦銷售，後被派到售後部門做售後服務，現在是辦公室文員。畢業後幾年裡她經過了好幾次職位的變動，覺得自己現在對哪一行都學得不深，她不知道以後該如何選擇自己的職業道路，現在所學的專業知識在荒廢，本職工作又開始沒有了新鮮感和挑戰，總是感到危機重重。小李的根本問題在於她對所從事的這些職業都沒有職業認同和職業榮譽感，進而難以培養職業敬業感。

在工作中，企業應識別員工的職業情感，讓員工從事職業認同情感較高的工作，讓員工從事喜歡的工作，更容易激勵員工的工作積極性。讓員工從事感興趣的工作本身就是對員工最好的獎勵。

案例：取捨兩難

王女士是一家高科技外資企業的主管，好多年在公司得到的年終獎勵都是公司最高的，可是最近她卻想著跳槽。因為，她心中最大的心願是助人，她覺得她現在的工作只能幫助有限的下屬，她想辭職去做社會工作者，幫助更多的人，可是她卻需要這份工作給她的薪水，因為她老公已經是社會工作者了，她必須努力工作賺錢撫養孩子。她常常想，如果在公司，能夠給她提供一個更多助人的工作崗位就好了！

2. 提高員工的職業榮譽感

在員工的職業生涯中，職業認同、職業熱情經常陷入職業倦怠狀態，其突出表現是職業興趣逐漸喪失，職業成就追求逐漸淡化，職業榮譽感缺失，工作激情消逝。職業倦怠與員工職業認同度和職業榮譽感下降直接相連。究其原因，一是從外在因素上看，社會對其職業的評價降低，職業人個人追求的預期與其他職業的比較預期差距拉大，原有的職

業認同發生動搖；二是從職業自身內在的特點上看，員工長期從事某種職業，行為模式單一機械，個人職業發展長期停滯不前，職業認同感下降。企業這時可以通過提升職業榮譽感的方式提升員工的職業認同感。美國著名女企業家瑪麗‧凱曾說過，世界上有兩件東西比金錢更為人們所需——認可與讚美，例如，發獎狀、證書、記功、通令嘉獎、表揚等，給予員工工作成就感，給予員工榮譽稱號，如優秀員工、微笑大使、服務明星、先進工作者、精神文明標兵、十佳服務員、勞動模範等。因為生活中的每一個員工，對工作除了物質方面的期待以外，還有精神方面的期待，企業對員工真誠的表揚與讚同，就是對員工工作價值的最好承認和重視。真誠讚美下屬的領導，能使員工們的心靈需求得到滿足，從而激發員工潛在的才能。心理學家、哲學家威廉‧詹姆斯曾說過：「在人類所有的情緒中，最強烈的莫過於渴望被人重視。」日本管理大師松下幸之助認為，許多員工都非常注意如何在工作中進步，並希望得到老板的承認。每當有客人參觀工廠時，他會告訴客人「這是我最好的主管之一」，從而使員工倍感自豪，工作更有激情。

除了以上方式，企業在榮譽獎勵過程中，還可注重獎勵的過程。例如主管親自在下屬辦公室道賀，請公司的老總或讓你的上司會見你的下屬，一同表揚員工等，都更能提升員工的職業榮譽感。

案例：員工工作情感的激勵技巧

在一些新興行業、新銳企業，對於員工尤其是「80後」的員工來說，傳統意義上的激勵方式已經失去誘惑力。要想獲得良好的激勵效果，經營管理者要多下功夫。

獎勵卡片：公司給需要表揚的員工一張漂亮的卡片，上面寫著感謝的話。員工可以把它置於桌上，或貼在自己工作間，領導的鼓勵抬頭可見，這能不使人心花怒放、疲憊盡消嗎？

積分激勵卡：對於有出色表現的員工，公司可以給予適當的獎勵分值，同時，每個分值都可以兌換相應的禮品。比如，小王因為開發了幾

個大客戶而得到獎勵 100 分，小李因為開發一個區域市場而得到 300 分的獎勵。那麼，對照一下吧：100 分可以兌換鑰匙包、名片夾、商務用品、鼠標等禮品；300 分可以兌換 MP5、領帶、健身卡等禮品。當然，員工也可以累積積分，然後兌換大獎。「想得大獎嗎？那就要加倍努力啦。」

激勵方式的創新、變化，可以帶給員工無窮的樂趣，讓員工在工作中充滿榮譽感。

對員工實施榮譽激勵時，應注意：①榮譽稱號的得主要有突出成績、群眾認可。②評選標準明確、事實充分，群眾參與評選並願意接受。③榮譽稱號評選前後要出大力宣傳並舉行儀式，以擴大其影響力。④榮譽稱號也要和物質利益掛勾，這樣激勵效果就會更理想。

3. 對員工的敬業工作給予積極反饋

員工的敬業往往表現為對工作的認同、對工作的熱愛以及本身嚴謹、負責的工作態度，對這類員工的激勵主要是讓員工能夠持續地、穩定地表現出敬業行為。由於這類員工的工作情感較高，企業在激勵過程中主要是加強溝通，在具體工作中，加強員工工作情況的反饋，對員工工作優點要通過具體的事跡來表揚，切忌浮誇，切忌泛泛而談的業績反饋。有學者經過多年的研究，歸結出企業應該主要獎勵和避免獎勵以下十個方面的工作行為：

（1）獎勵徹底解決問題，而不是只圖眼前利益的行動。
（2）獎勵承擔風險而不是迴避風險的行為。
（3）獎勵善用創造力而不是愚蠢的盲從行為。
（4）獎勵果斷的行動而不是光說不練的行為。
（5）獎勵多動腦筋而不是獎勵一味苦干。
（6）獎勵使事情簡化而不是使事情不必要地複雜化。
（7）獎勵沉默而有效率的人，而不是喋喋不休者。
（8）獎勵有質量的工作，而不是匆忙草率的工作。

（9）獎勵忠誠者而不是跳槽者。

（10）獎勵團結合作而不是互相對抗。

除了優點以外，由於敬業度較高的員工其往往時刻關心自己的成長與自己工作的業績，希望自身的工作能力能夠得到不斷的發展，企業在激勵過程中對員工做得不對的地方可以直接明確地指出來，但是需要給予員工指導、培訓等幫助員工提高，讓員工感受到組織的支持和關懷，這樣員工將有更高的工作激情和工作績效。

四、行為意向對員工工作態度的影響

（一）行為意向的含義

行為意向（Behavior Intention）反應了個體完成特定行為的意願強度，是個體的行為準備狀態，是影響員工行為最直接的因素。行為意向可分為肯定的行為意向和否定的行為意向。肯定的行為意向是指對某種客觀事物的接近、取得、保護、接受、擁護、吸收、助長等行為傾向；否定的行為意向是對某種客觀事物的避開、丟棄、反對、破壞、抵抗、限制、消滅等行為傾向。美國學者菲什拜因和艾森（Fishbein，Ajzen）於1975年提出了計劃行為理論①，分析個體行為意願及其前因因素時提出，在組織環境下，員工的行為意向並不是百分百地出於價值觀、情感和自願，而是要受到管理干預以及外部環境的制約。這些干預和影響因素包括：①行為信念，即行為結果的主要信念以及對這種結果重要程度的估計，即個人對採取某項特定行為的意向；②主觀規範，是指員工對與他人意見保持一致的動機，即對員工行為決策具有影響力的個人或團體對於員工是否採取某項特定行為所發揮的影響作用大小；③知覺行為

---

① AJZEN I.. The Theory of Planned Behavior [J]. Organizational Behavior and Human Decision Processes, 1991, 50 (6): 179-211.

的控制，即員工在某一特定的時間是否執行某一特定行為的意向在很大程度上取決於其所具有的能力、資源和機會的感知，以及員工對這些資源的重要程度的估計。員工對資源、能力、機會的依賴程度越高，其行為意向的控制力越低。知覺行為控制包括控制程度和知覺難度兩個變量，控制程度的感知是指員工對某一意向行為「是否在控制範圍內」的感知，知覺難度的感知是員工對某一行為意向「困難和容易程度」的感知，且知覺難度具有更強的行為預測性。總體而言，行為信念越積極，他人支持越大，知覺行為控制越強，員工的行為意向就越大，就越有可能參與到實際的行為活動中去，反之就越小。這也就是說，在激勵員工產生積極行為時，要激發員工的行為意願，如圖5-3所示。

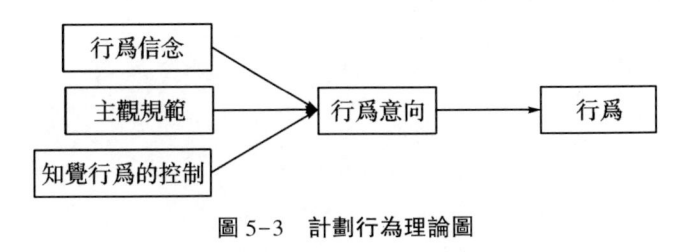

圖5-3 計劃行為理論圖

（二）員工行為意向的激勵方法

當員工能力與崗位的需求不匹配時，表現為員工超越崗位需求，或者員工能力低於崗位需求，員工的行為信念、知覺行為控制感低，行為意向程度較低，員工的工作積極性不高。因為，員工的能力低於工作崗位要求，感覺工作難度大，知覺難度的感知高，工作積極性不強；當員工的能力高於工作崗位要求時，自我效能感強，知覺難度低，但是此時員工的行為信念低，結果太容易實現常讓員工不重視這個行為或者對這個行為的興趣不大，因此，這兩種情況都難以讓員工對工作產生積極性的行為。此時有兩種思路解決這個難題，一種是企業提升員工的能力，通過能力提高滿足工作崗位要求來提升員工的行為意向；另一種思路是企業通過調整工作內容，降低工作難度或者減少工作內容來匹配員工的

低能力，提高工作難度或者增加工作內容來匹配員工的高能力，通過工作的設計來提升員工的行為信念和知覺行為控制感。也就是說，工作過程和工作本身的設計會影響員工工作積極性，可以引發員工工作倦怠，也可以激發員工工作動機。好的激勵機制應該考慮工作崗位的工作設計，好的崗位設計可以給員工以內在的激勵。

這種激勵思想反應在哈佛大學教授理查德·哈克曼（Richard Hackman）和伊利諾伊大學教授提出的工作特徵模型（the Job Characteristics Approach）中，工作特徵模型解釋了工作的屬性如何影響員工的工作態度和工作行為，以及在哪種情況下，這些影響能夠達到最大。他們認為一個工作崗位的職務特徵可以從五個維度來影響員工的工作動力、工作滿足感和生產率。這五個維度分別是：①技能的多樣性（Skill Variety，簡寫V），是指完成一項工作涉及的技能和能力的範圍；②任務的同一性（Task Identity，簡寫I），是指工作中各項任務都是指向同一個明確目標的程度；③任務的重要性（Task Significance，簡寫S），是指員工的工作對員工的生活或者他人的工作或生活產生的影響程度；④自主性（Autonomy，簡寫A），是指員工在工作中對工作內容、工作程序等方面的自由度、獨立性和自主權方面的程度；⑤反饋性（Feedback，簡寫F），是指在工作的過程中，員工能及時明確地獲知自己工作績效信息的程度。這五個要素在一項工作中具備得越多，員工的工作積極性越高，工作的滿意度越高，離職率和缺勤率越低。可以用激勵的潛在得分指數（Motivating Potential Score，MPS）來衡量這五個維度的得分，激勵的潛在得分指數與五個維度之間的關系可以用下述方程來表示：

$$MPS = \left(\frac{(V+I+S)}{3} \times A \times F \right)$$

工作的這五個維度可以使員工與工作產生三種關鍵的心理狀態：工作是有意義的，對工作成果（數量和質量）負有責任和瞭解個人努力工作實現的工作結果。前三個維度（技能多樣性、任務同一性、任務重要性）組合在一起，員工會覺得自己所做的工作具有價值而且重要，會

產生工作富有意義的心理感受，產生強的行為信念和主觀規範，其中技能多樣性對員工內在工作動機的激勵最強。工作的自主性能使員工體驗到自己對工作結果承擔著某種責任、擁有某些權利，職責的匹配能使員工在工作中富有責任心。布瑞夫和諾德（Brief, Nord, 1990）的研究指出員工是具有表現慾望和創造性的，並不只是以目標為導向；弗瑞德和菲瑞斯（Fried, Ferris, 1987）的研究結果表明，自主性與成長滿意度之間的相關性最高。反饋性使員工瞭解工作的進度、效率和成果，知曉他們的工作表現如何，使員工對個人工作結果瞭解。肖菲利和貝克（Schaufeli, Bakker, 2004）指出肯定、表揚等反饋會使員工對個人工作績效有更強的責任意識，工作的積極性提高，當員工因工作不佳而受到批評或者幫助時，會對組織更有歸屬感和依賴感，工作的投入水平會提升，如果在工作中得不到及時的反饋，會使員工降低工作的投入水平。Fried 和 Ferris（1987）的研究結果表明反饋與工作滿意度之間的相關性最高。

　　如果能體驗到這三種關鍵心理狀態，員工就能得到激勵，產生良好的工作績效，包括內在工作動力、工作業績、工作滿意度、缺勤率和離職率等。這些結果又能給員工內在的激勵，從而產生以自我獎勵為基礎的循環。高成長需要的員工有著更強的心理體驗，而低成長需要的員工並不會因為工作豐富化、工作擴大化產生更高的滿意度，因此，員工成長需要的強度可以作為仲介變量。工作維度、關鍵心理狀態、人員與工作成果之間存在如圖 5-4 所示的關係。

　　工作特徵模型不僅說明了工作對於員工工作積極性、工作績效的重要影響，而且為管理者進行工作設計提出了具體的思路和指導性原則，即從工作五個維度特徵出發不斷優化工作流程、工作內容、工作標準、工作職能、工作責任、工作權限、工作關係、信息溝通方式、工作方法的設計。在實踐工作中，如下工作設計思路能更有效地提高員工工作積極性：

　　（1）合併任務，工作內容多元化。企業在工作設計時可以把分割

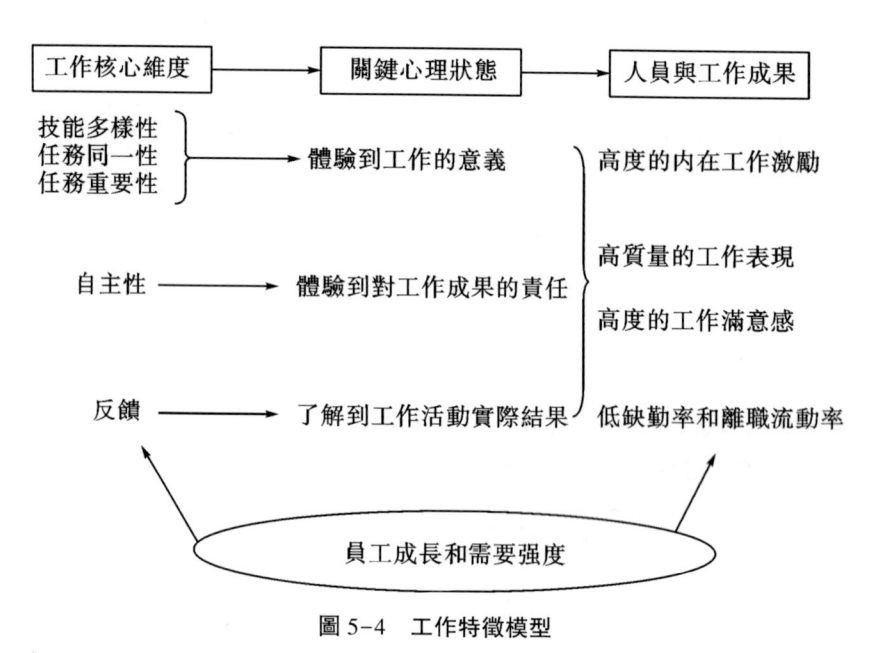

```
┌──────────────┐    ┌──────────────┐    ┌──────────────┐
│  工作核心維度  │──→ │  關鍵心理狀態  │──→ │  人員與工作成果 │
└──────────────┘    └──────────────┘    └──────────────┘
```

技能多樣性
任務同一性   ──→ 體驗到工作的意義   高度的內在工作激勵
任務重要性

                                       高質量的工作表現
自主性   ──→ 體驗到對工作成果的責任
                                       高度的工作滿意感

反饋   ──→ 了解到工作活動實際結果   低缺勤率和離職流動率

                      員工成長和需要強度

圖 5-4　工作特徵模型

摘自：斯蒂芬 P 羅賓斯. 管理學 [M]. 北京：中國人民大學出版社，2011.

過細的碎片化任務組合起來，形成一項新的、內容廣泛的、較完整的工作，這能夠增加工作的技能多樣性和任務同一性。例如，企業可以將一些原來由經驗豐富的員工、專業人士甚至經理做的工作分配給下屬；可以設定績效目標，讓員工用適合自己的方式去實現它們；可以通過工作擴大化在橫向水平上增加工作內容，但工作難度和複雜程度並不增加，以減少工作的枯燥單調感。

（2）工作豐富化。形成同一性的工作單元，企業可以通過縱向延伸，將工作設計成完整的、具有意義的工作單元，讓員工能夠體驗到工作的成果，讓員工參與工作規則的制定、執行和評估，使員工獲得更大的自由度和自主權，滿足員工工作的成就感需要。工作豐富化的具體方式包括：讓員工完成一件完整的、更有意義的工作；讓員工在工作方法、工作程序、工作時間和工作進度等方面擁有更大的靈活性和自主性；賦予員工一些原本屬於上級管理者的職責和控制權，促進其成就感

和責任感；組建自主性工作團隊，獨立自主地完成重大的、複雜的工作任務。

（3）建立起客戶聯繫，增加反饋渠道，讓員工本人直接得到有關信息。顧客是員工所做出的產品或提供的服務的使用者，企業可以通過內部客戶和外部客戶，建立起員工與他們的客戶之間的直接聯繫，這能夠使員工得到來自客戶的績效評價，讓反饋不僅僅來自領導和同事。

（4）確定工作承擔者與其他人相互交往聯繫的範圍、建立友誼的機會、溝通的方式，提高工作中的人際關系協調感。當員工感到員工之間是一種彼此理解、寬容、和善的氛圍，彼此之間相互幫助、鼓舞、支持和團結時，會激勵人們更加努力地工作。

（5）崗位輪換。對於工作崗位實行崗位輪換，讓員工培養多方面的業務技能，讓其對公司業務全面瞭解，培養對全局性問題的分析判斷能力，開闊眼界，擴大知識面。例如，銷售部門和設計部門的人員輪換，可以改善新產品開發質量。日本馬自達公司有一個時期因為經營狀況不好，本來需要裁員，但他們又不忍心裁員，於是讓下崗員工都去做直銷，推銷自己企業的汽車。後來一統計分析，那些銷售量最大的人員，前十名居然都是搞設計的。因為這些人對技術有深入的瞭解，面對顧客解釋得更清楚，使客戶更相信。這些人後來在公司狀況好轉以後又回到設計崗位，他們在推銷時獲取的市場信息對他們的設計非常有幫助。

（6）逐步提高工作要求。心理學研究表明，要改變一個人的態度，首先必須瞭解他原來的態度立場，然後再估計一下兩者的差距是否過於懸殊，若差距過大，反而會發生反作用，如果逐步提出要求，不斷縮小差距，則人們比較容易接受。所以要改變人們的態度，不能操之過急，最好逐步提出要求。心理學家費里德曼曾進行了一次對比實驗。實驗是在自然的情況下進行的。對象是一批美國的家庭主婦，她們被分成 A、B 兩組。實驗者先向 A 組的被試者提出，想在她家門前豎一個牌子，家庭主婦們普遍都同意這個要求，後來又向她們提出第二個要求，最好能

在她家的院子裡立一個架子，被試大部分也接受了。實驗者對 B 組卻是同時提出兩個要求，結果，家庭主婦們普遍不能接受。這說明，最初提出小的要求，以後再提出難的要求，比一開始就提出兩個要求要容易使人接受。

工作特徵模型主要是從工作本身固有的安全性、反饋性、自主性和所需技能等屬性出發，來研究這些屬性對員工心理和工作態度的影響。這個模型解釋了工作本身和工作過程可以滿足員工外在性的社會情感需要，如領導、同事和客戶給予的信任、尊重、關懷、表揚、獎勵等；也可以滿足員工的內在性需要，例如工作的有趣而帶來的快樂，工作挑戰而帶來的自我實現感，工作授權而帶來的責任感。工作特徵符合了員工的工作價值觀，滿足了員工工作的情感，激發了員工內在的行為意向。在激勵機制設計的過程中，企業可以依據工作的五個維度進行工作設計，通過對員工工作價值觀的引導，工作情感的誘導，加強工作過程的管理，轉變員工的行為意向，提高員工工作的積極性，強化員工行為的持續性。日本著名的企業家稻山嘉寬在回答「工作的報酬是什麼」時指出：「工作的報酬就是工作本身！」這深刻地指出了工作特徵激勵的無比重要性。

（三）通過企業文化影響員工的行為意向

首先，員工的行為意向中的行為信念受員工對行為重要性判斷的影響，企業可以通過企業文化建設的宣傳改變員工的行為觀念；其次，員工行為意向中的主觀規範是員工受他人或者組織的影響作用而是否順從的行為，企業通過企業文化的熏陶，讓員工的行為決策與組織期望保持一致，因此，企業文化是影響員工行為的重要途徑。

1. 企業文化的內涵

埃得加・沙因在《公司文化與領導》中指出：「企業文化是由一些基本假設所構成的模式，這些假設是由某個團體在探索解決對外部環境的適應和內部的結合問題這一過程中所發現、創造和形成的。這個模式

運行良好，可以認為是行之有效的，成為新成員在認識、思考和感受問題時必須掌握的正確方式。」阿倫‧肯尼迪、特倫斯‧迪爾在《公司文化》中指出：「企業文化是為一個企業所信奉的主要價值觀，是一種含義深遠的價值觀、神話、英雄人物標誌的凝聚。」威廉‧大內在《Z理論》中將企業文化定義為：「企業文化是傳統氣氛構成的公司文化，它意味著公司的價值觀，諸如進取、保守或是靈活，這些價值觀構成公司員工活力、意見和行為的規範。管理人員身體力行，將這些規範和觀念灌輸給員工並代代相傳。」綜合以上這些觀點，可以發現，所謂企業文化是指企業領導人倡導的、在長期的生存和發展中所形成的、為企業多數成員所共同遵循的基本信念、價值標準和行為規範。企業文化在企業中像空氣一樣存在，無處不在。企業文化是員工行為的外在環境，會影響員工的素質，會規範員工的行為，它以打動人心的道德規範、思維模式、價值觀念代替生硬乏味的規定，讓員工被企業內在的人文精神所感染，發自內心地按照共同的信念、價值觀和行為規範，來規範自己的行動。有人說：「一年企業靠運氣；十年企業靠經營；百年企業靠文化。」也有人說：「三流企業賣體力；二流企業賣技術；一流企業賣文化。」無論如何，企業文化都是影響員工行為、企業經營業績最為關鍵的因素。

　　企業文化是企業的信仰，包括使命、願景、核心價值觀、企業精神、溝通口號、行為方式、建築物風格、產品服務特色、禮儀儀式等，這些都是企業文化的載體，企業文化可以引導組織成員產生穩定的預期和一致的行動。企業使命是公司存在的根本理由，員工進取的精神動力，一個有效的使命會告訴社會大眾和企業內部員工公司存在的價值除了利潤以外還有什麼。有人問，愛迪生先生，你是如何看待電的？愛迪生說，今晚，美國總統正在我的燈下閱讀，醫院正在電燈的照亮下進行手術，全世界有數百萬的人在電燈下讀書和生活，這非常重要。愛迪生時代的通用電氣的使命是因為改善了人們的生活和學習條件而掙錢。企業願景是公司希望達到的目標，它回答了「公司想成為什麼」這個最

根本的問題，它為員工憧憬的美好藍圖給出一個遠景規劃，是企業未來的定位和理想。企業核心價值觀是一個公司制定制度的原則和依據，是衡量行為的基本準則，是員工自覺遵守的基本想法和行動指南。企業精神是企業弘揚的群體意識，實現願景的精神狀態。例如公司塑造的英雄人物，廣泛宣傳的故事，公司的象徵物後的精神意義，其所展現的行為就是公司倡導的企業精神，包括環境布置也是企業精神的一種代表。溝通口號是指把企業共同的價值準則、道德規範、行為準則等壓縮、提煉成一條富有哲理和感召力的口號，通過公司日常工作的禮節、儀式或者外在的標語，來約束和激勵企業員工。溝通口號是企業的獨特主張，是經營理念的精煉總結並使其廣泛傳播。

案例：海爾企業文化的三層次

海爾 CEO 張瑞敏指出：「我們將企業文化分為三個層次，最表層的是物質文化，即表象的發展速度、海爾的產品、服務質量，等等；中間層是制度行為文化；核心層是價值觀，即精神文化。」海爾人以創新為價值觀，構建了先進的精神文化，包括海爾理念、海爾精神、海爾作風和海爾目標等。並以此為核心構建了制度行為文化，如「OEC 管理法」「SST 市場鏈機制」和「6S 大腳印」等管理法則等。在以上兩者基礎上則構建了現代文明的物質文化。

企業文化為企業經營與管理服務，其所倡導的具體內容隨企業經營階段不同而改變：在「做活」期，企業以開拓市場為目的，特點為謀求經營成果和效率，總會做出某種不規範的行為，與此相適應，公司的企業文化明顯表現出目標導向、業績導向、結果導向、以成敗論英雄，提出堅強、勤奮、敢闖敢拼的工作精神和工作行為；在「做大」期，企業以快速擴張為導向，謀求發展的效率，企業以規範管理為目的，最突出的表現是公司開始追求員工的行為規範，但又為規範所束縛；在「做強」期，企業以尋求更好的美譽度、樹立品牌形象為目的，強調合

作意識與服務觀念，此時企業文化明顯表徵為協同支持的導向，倡導員工之間主動協作、團結合作、有效溝通、平等公平；在「做久」期，企業以提升核心技術含量，擴大市場為目的。企業強調要突破舊觀念、舊模式、舊技術，此時的企業文化明顯表徵是以創新超越為導向。不同時期企業文化主題雖然不同，但都是與企業發展的階段相匹配的，都是為了更為有力地適應企業的發展。因此，企業文化沒有好壞之分，只有是否合適之分。

　　企業文化是高層領導者、中基層管理者和基層員工共同的行為準則。高層領導者倡導的思想與觀念，不一定是說出來、寫下來的，他平時的一言一行，對是非的判斷與傾向都會給員工帶來直接的影響，逐漸成為企業內部的「基本法則」。海爾總裁張瑞敏說自己在海爾建設中扮演了牧師的角色，不斷地布道，使員工接受企業文化，「海爾過去的成功是觀念和思維方式的成功。企業發展的靈魂是企業文化，而企業文化最核心的內容應該是價值觀。」對於中層而言，不僅要去感受、體味領導倡導的觀念，更肩負著向下級傳遞的任務，中層的一言一行是傳播企業文化最重要的載體，也是文化繼承的關鍵。基層員工對企業文化的認同度決定了員工的主觀能動性的發揮，基層員工的工作態度與行為是企業文化的集中體現，也是直接反應企業文化效果的標準。企業文化就如同家庭，不同企業有不同風格，不同家庭有不同氣氛，這是由企業所有員工相互作用而形成的差異。

　　2. 企業文化對員工工作態度的激勵
　　有學者將企業文化所涵蓋的豐富內容歸納為精神層文化、制度層文化和物質層文化三層。這三層對員工的行為都會產生影響。
　　（1）物質層文化對員工工作態度的影響
　　物質層企業文化是由員工創造的產品和各種物質設施等構成的器物文化，是以物質形態而存在的，是容易看見、容易改變的，是形成精神層文化和制度層文化的條件，是企業核心價值觀的外在體現。企業物質層文化主要包括兩個方面的內容：一是企業生產的產品和提供的服務，

是企業生產經營的成果，包括產品形象、產品包裝、服務質量、服務形象、產品信譽等；二是企業的工作環境和生活環境，包括廠牌、廠服、廠徽、廠旗、廠歌、機械設備、企業建築、文化設施、企業象徵物等。

物質層企業文化會影響員工的工作態度。首先，物質層文化將影響員工的職業情感，物質層文化直接影響員工對企業的五官感知，這些感知將影響員工工作的情感。例如，在工作場所創造一種良好的音樂環境，可以減輕疲勞和調節員工情緒。心理學的研究表明，柔和的音樂不但不會分散注意力，反而會提高工作效率，原因是它能夠通過人耳對旋律的選擇作用使音樂掩蓋噪音。其次，物質層文化將影響員工的工作價值觀。例如，某一鉀鹽礦企業在公司的典型事故發生地設立紀念碑和展覽館，懷念遇難工人。這些紀念物體現了公司「安全至上」的核心價值觀，時刻提醒員工和管理者注重「安全」，將影響員工的工作價值觀。再次，物質層文化將影響員工的行為意向的三個層面。企業產品質量、服務質量是企業的物質層文化，無論產品質量還是服務質量的結果都是大多數企業業績目標實現的重點，對這些物質層文化的關注直接影響員工的行為信念。企業對員工給予的物質資源數量、給予的物質資源類型能夠影響員工的知覺行為控制，進而影響員工是否可控、可控的難易程度感知，進而影響員工的行為意向。例如，生產現場的5S管理環境，需要企業配置相應的資源，這些資源是否滿足，將影響員工的知覺行為控制感。

案例：物質層文化激發員工工作態度

江蘇常州的一座小城企業，它的創始人吳總每天九點半上班，下午三點半下班去游泳，但企業照樣每年以雙位數高速成長，而且利潤率一直保持在15%以上。在今天的製造業中，這是令人相當艷羨的成績。

吳總首先帶我們參觀的是他的會議室。這是一間高標準配置的會議室，座位呈U形擺放，內外共有三圈，每個座位上都擺放了臺式麥克風。吳總笑著說：「原來我是天天下午要在這裡發表一次演講，現在我

的想法大家都知道了,我只用每個禮拜五下午來講一次就可以了。我要持之以恒地傳播公司的價值觀,過去是一天一講,到現在一週一講,不斷宣講『敬天愛人』的經營哲學。」

穿過會議室,我們吃驚地發現旁邊居然就是一間豪華健身房,裡面跑步機、啞鈴等健身器材一應俱全,再往前走是員工食堂。吳總說:「員工下班後可以來這兒健身,然後乾乾淨淨衝個澡,這樣回家時心情就很愉快了。我們這裡員工所有的醫療費用全部報銷。」

隨後我們來到車間。在走道的一側,是設計工程師的辦公室,看上去完全不像在一間工廠裡。室內綠色植物春意盎然,角落裡的咖啡機剛煮出的咖啡香氣四溢,幾個小伙子圍著一臺設備正在討論問題,好像幾位雕塑家正在圍著一間雕塑作品一樣。吳總指著一扇自動門說:「你們看,在這裡完全聽不到車間裡的噪聲,通過這扇門,設計人員的辦公室與車間直接連通,等機器設計好了,叉車就進來把它搬走,這樣設計人員既做到了現場辦公,又不至於受到車間噪音的干擾。」我們打趣說:「你這兒應該叫藝術工作室才好!」

參觀車間時,我不經意一抬頭,發現沿路都懸掛著員工的大幅照片,旁邊寫著「我建議……」有的建議下面對掛著另外一塊牌子,上面寫著「這個建議經採納後幫助我們改善了……」吳總解釋說:「這是員工提合理化建議的海報。誰有好的建議,都可以用這種形式掛出來,一旦採納,在它的下面我們就會掛出一張對應的海報,把這條建議給公司創造的收益呈現出來。我要求一切改善要盡量以可視化的方式大力宣傳,要大張旗鼓地認可員工合理化建議創造的價值。」

「過去二十年,我們從無到有,向西方學習了很多績效管理的硬手段,尤其是關鍵績效指標(KPI)管理,什麼都開始追求量化管理,什麼都試圖跟獎金掛勾。」吳總說,「但是在他的公司裡,KPI 都是員工制定的,誰干活誰定,誰使用誰監督。一味靠 KPI 去壓績效,不僅適得其反,而且不可持續。」「員工主動把這工作干好,把企業干好,不是為我干,而是為自己干,我是出錢出設備出場地,為大家服務的。」

案例改編自：佚名. 員工保持高績效的秘訣［OL］.［2014-06-05］http://www.chinahrd.net/performance-management/diagnostic-analysis/2013/0325/191256.html.

由於物質環境能夠對員工的工作態度產生積極的影響，因此企業可以通過環境激勵的方式激勵員工。企業創造一個良好的工作環境和生活環境，例如辦公環境、辦公設備、環境衛生等，不僅體現了領導對員工的平等對待，為員工提供了必要的物質條件，而且美化和清潔的工作環境，消除了對健康的不利因素。良好的環境，可以促使員工的工作行為和工作態度向「高檔次」發展，使員工心情舒暢地工作。此外，良好的環境還可以形成一定的壓力和規範，推動員工努力工作。另外，為了方便員工的工作和生活，公司可以辦一些福利性的機構和設施，比如洗衣店、幼兒園、便利店、班車、飲水間、休息室、心理諮詢室等，貼心的環境設計，可以提高員工的工作滿意度和對企業的歸屬感。

（2）制度層文化對員工工作態度的影響

制度層文化是企業為了實現管理目標對員工行為的制度性規範，主要包括企業領導體制、企業組織結構和企業管理制度三個方面。企業領導體制是企業領導方式、領導結構、領導制度的總稱；企業組織結構是企業為有效實現企業目標而籌劃建立的企業內部各組成部分及其權利責任配置關係；管理制度是企業為求得最大利益，在生產管理實踐活動中制定的各種帶有強制性義務並能保障一定權利的各項規定或條例，包括企業的人事制度、生產管理制度、民主管理制度、經濟責任制、考核獎懲制度等一切規章制度。

制度是人際交往中的規則及社會組織的結構和機制。制度經濟學（Institutional Economics）把制度作為研究對象，研究制度對於經濟行為和經濟發展的影響，以及經濟發展如何影響制度的演變。制度學派的代表人物諾斯指出：「制度乃是一個社會中的游戲規則。更嚴格地說，制度是人為制定的限制，用以約束人類的互動行為。」這就是說，制度是

一系列被制定出來的規則、守法秩序和行為的道德倫理規範，它旨在約束追求主體福利和效用最大化利益的個人行為，它提供了人類相互影響的框架，建立了一個社會，或更確切地說，一種經濟秩序的合作與競爭關係。制度對於企業管理者來說至關重要，擅長於借制度之力，設立一套好的機制對管理者來說比自己事無鉅細、事必躬親要有效得多。制度對企業管理的作用體現在如下方面：①降低交易成本。企業的許多制度能夠降低員工的機會主義行為，能夠減少組織行為的不確定性，使員工對應該怎麼做形成合理的預期，從而降低交易成本。②為合作創造條件。制度規範了人們之間的相互關係，減少了信息成本和不確定性，把阻礙合作的因素減到了最低限度。③提供激勵。制度通過獎勤罰懶，最大限度地激勵人們努力工作。

企業制度文化的規範性是來自組織的、具有強制性的約束，能夠直接影響員工的行為。企業的領導體制決定了領導層的選拔、任命、考核、評價機制，這些制度將會影響員工的工作態度和行為。企業的組織結構決定了各個部門、各個層級之間的權利、責任和工作流程，這些權責的配置必然影響員工的工作態度和行為，例如集權型的組織結構權力集中，下級的權力較少，通常員工工作比較被動。企業的各類管理制度規範了工作的流程、工作的權利和責任、工作的獎懲等，將影響員工的行為。例如，企業工作崗位說明書，規定了工作崗位的主要工作任務、角色、職責、上下級和上下游關係、獎勵及報酬等規範，其直接影響員工的工作步驟、工作操作行為、工作溝通行為等。

案例：組織制度和思想政治工作抵觸嗎？

組織的規章制度、公約、法規，一般地說，可以有效地改變人們的態度。德國心理學家勒溫曾經為此做了這樣一個實驗。實驗的對象是剛生過孩子而住醫院的產婦，當她們離院回家時，被要求給嬰兒餵魚肝油和橘子汁。實驗者把產婦分成A、B兩組，A組為控制組，B組為實驗組。A組是通過醫生的勸說，告知產婦為了嬰兒的健康，每天應該給孩

子餵魚肝油和橘子汁；B 組則是醫院給大家規定，回去以後必須給孩子吃上述食品。一個月以後進行檢查。發現 B 組的產婦幾乎全部照辦，而 A 組的產婦只有部分人接受了醫生的個別勸告。

這個故事說明，單純地依靠說服動員就想達到態度的改變，往往是十分困難的。組織的規章制度，具有強制性，往往比個別說服、依賴於員工的道德更有助於轉變員工的工作態度，這些制度能夠告知員工怎樣做是對的，怎樣做是不對的，從而對員工的工作價值觀產生影響，促使員工調整自己的工作態度和行為。但是，這並不意味著思想政治工作不重要，而是說如果轉變人們的態度所採取的途徑可以是多樣的，如果把多種途徑結合起來，則效果將會更好。

從企業的組織制度內容可以看出企業倡導的價值觀和企業文化類型，而從這些制度是否被嚴格執行可以看出企業的制度文化，也可以推測出員工的行為。

案例：制度虛設

一位企業廠長接到了一筆數目不小的國外訂單，當外商與廠長談判後，覺得一切都很理想，準備到工廠實地考察，然後再正式簽訂合同。在生產車間現場，外商看到牆上寫著「禁止吐痰」，還覺得這家企業管理制度很細。可就在外商準備離開的那一刻，這位廠長嗓子發癢，習慣性地把一口痰吐在了地上。外商見狀立即止步，表示合同不簽了。事後外商解釋道：「一個廠長的衛生習慣可以反應一個工廠的管理素質。如果連廠長都視制度為虛設，下屬又怎麼會遵守這些制度呢？這些制度如果不能夠有效執行，企業的產品質量又如何能夠保證呢？」一筆訂單就這樣「吹」了。

企業的組織制度，能夠引導員工的行為信念，增強組織對員工行為的主觀規範作用力度，使員工的行為意向與企業所期望的行為一致。

案例：海爾的成功

支持海爾成功的秘密是靠「管理制度與企業文化緊密結合」構成的管理體系。海爾不但在企業文化上堅持創新文化，提倡觀念創新、技術創新、管理創新、組織創新、服務創新，而且堅持「管理制度與企業文化緊密結合」的管理體系，將創新思維落實到企業的各項制度，建立了一系列具有「海爾特色」的制度。創新觀念和內部制度的結合給海爾帶來了無窮的活力，成為海爾取得輝煌成就不可缺少的堅實基礎。

(3) 精神層文化對員工工作態度的影響

精神層文化是企業在生產經營過程中，受一定的社會文化背景、意識形態影響而長期形成的一種精神成果和文化觀念。它包括企業哲學、企業精神、企業經營宗旨、企業價值觀、企業經營理念、企業倫理準則、學習觀、創新觀、競爭觀、人才觀、服務觀等，是企業意識形態的總和，是企業物質層文化、制度層文化的昇華，是企業文化的核心。菲利浦‧塞爾日利克說：「一個組織的建立，是靠決策者對價值觀念的執著，也就是決策者在決定企業的性質、特殊目標、經營方式和角色時所做的選擇。通常這些價值觀並沒有形成文字，也可能不是有意形成的。不論如何，組織中的領導者，必須善於推動、保護這些價值，若是只注意守成，那是會失敗的。總之，組織的生存，其實就是價值觀的維繫以及大家對價值觀的認同。」

在企業管理中，單純對員工的行為進行管理和控制並不能換來高效率和創造性。例如企業對員工的出勤、遲到、早退進行嚴格管理，但是人到心不到，反而不利於員工工作態度的轉變。實際上，員工是有思想、有感情的，員工的工作價值觀、工作精神等因素對工作的效果起著十分重要的作用。特別是對於知識型員工，對人的行為的嚴格控制已經無法適用於腦力勞動為主的職業。因此，員工工作態度激勵的重點應該是員工的精神層，通過參與激勵、關懷激勵、晉升激勵、培訓激勵、信

任激勵、尊重激勵等方式，滿足員工深層次的精神需要，滿足員工自尊需要、自我實現的需要，通過塑造企業特色的組織風氣和文化氛圍來潛移默化地推動每一個員工做出良好的自我約束、自我發展的行為。

案例：惠普的信任激勵

在惠普公司，存放電氣和機械零件的實驗室備品庫是全面開放的，允許甚至鼓勵工程師在企業或者家中任意使用，惠普的觀念是：不管員工拿這些零件做什麼，反正只要他們擺弄這些玩意兒就總能學到東西。公司沒有作息表，也不進行考勤，每個員工可以按照自己的習慣和情況靈活安排。惠普公司內在的精神思想是：只要給員工提供適當的環境，員工就一定能做得更好。基於這樣的理念，惠普尊重每一位員工，關心每一位員工，承認員工的創造性智慧和工作業績。

參與激勵是改變員工態度的有效方式。心理學研究表明，要改變一個人的態度，最好能夠引導他積極參加有關的實踐活動，或是在活動中扮演一定的角色，或是在活動中讓他發揮自己的主動性。這些都有利於個人態度的轉變。因為某種特定的環境氣氛能夠使人們受到感染，能夠對人們的情感產生綜合性的影響，其間往往有一種無形的力量推動參加者產生某種感情上的共鳴。人們常常說，對那些持消極態度的人，與其口頭勸說，還不如帶他們到現場去轉一轉。這就是說，一個人經過自己親身體驗，往往容易使其態度發生改變。

案例：參與激勵

香港的一個公司認為推動員工做出最佳表現，需要讓員工參與企業的決策。例如，公司為了降低成本，常常邀請不同部門的員工參與不同的工作小組，大家共同討論，最後公司的成本下降了很多，每個員工都很有成就感。在後續的工作中，不斷地提出成本下降的建議。

惠普公司有一個傳統，設計師的設計全部擺在辦公桌上，任何員工

可以在任何時候在辦公室內擺弄設計，甚至無所顧忌地提出批評，這一政策極大地激發了員工的創新意識，更多的員工參與到公司的設計中來，而員工之間興趣和靈感的互補也讓惠普受益良多。

關懷激勵，人的發展是企業發展的前提，員工的聰明才智是企業最重要的資源，很多企業都提倡以人為本的企業文化，在經營管理中以人為出發點和中心，關心員工、尊重員工，通過對員工的關懷來激勵員工努力工作，有些企業對員工結婚、生子、過生日等情況都能及時瞭解，並派人前去送禮祝賀。很多時候，員工是否具有工作的積極性，不在於企業是否有誘人的高薪，而在於領導是不是給予了員工貼心的關心和關懷。

案例：以人為本的關懷激勵

A公司的一位高級技術員技術高超，工作認真，但最近總不愛說話，不與同事交流，基本不參加公司組織的活動，也不願意在節假日加班。經過人力資源部瞭解，他母親患癌症已進入晚期，全靠他的照料。

瞭解到這個情況後，主管領導及時探望了他的母親，並為他單獨提前兌付了獎金。這位技術人員深受感動，在徵得同意後將一部分工作帶回家中，通過公司內部網絡積極出色地將工作完成，有力地支持了整個項目進展。

而在另外一個企業，B員工生病給領導請假幾天，領導只短信回復了一句「好的」，此外再無他言。當員工回到崗位上班的時候，領導也沒有任何一句關心的話語，甚至連員工得的什麼病也沒有問一問，B員工心裡涼透了，覺得為這樣的公司賣命簡直不值得。

傑克‧韋爾奇說：「如果你想讓列車每小時再快10千米，只需要加大油門；而若想使車速增加一倍，你就必須要更換鐵軌了。資產重組只可以提高公司一時的生產力，只有文化上的改變，才能維持高生產力的

發展。」因此，企業文化是推動企業業績提升、員工態度轉變的關鍵因素，造物先造人，企業激勵機制的設計要注重企業文化對員工工作態度轉變的激勵作用。

五、員工行為的強化

當員工出現了某些企業期待的或者不期待的行為，如何使這種期待的行為持續出現，如何讓企業不期待的行為不再出現，是激勵機制設計需要解決的問題。對此，美國心理學家斯金納（Burrhus Frederic Skinner）於20世紀70年代提出了著名的強化理論。他認為，當員工因為某種行為受到了獎勵（正強化），這種行為的結果對員工有利，其更有可能願意重複這一行為；如果沒有人認可這一行為，員工沒有從這種行為中獲得任何好處，讓這種行為繼續發生的意願就會降低甚至消退；當員工因為某種行為招致負面後果（負強化或懲罰）時，這種行為的結果會使員工的利益受到損害，員工往往更傾向於減少或停止這種行為。因此，斯金納認為人的行為是對以往行為後果的學習結果，員工的行為是由外界環境決定的，外界的強化因素可以引導、規範、修正、限制甚至塑造員工的行為。管理實踐中，企業要根據組織的需要對符合期望的行為進行正強化，對不符合期望的行為進行負強化或者忽視，以正確引導員工的行為。

對於激勵的頻率，斯金納認為一定的激勵頻率更能鼓舞員工。在工作過程中，將大任務分成許多小任務，員工小步子地完成每一個小任務，企業及時反饋和獎勵員工，每完成一項任務員工能看到工作的成果，能得到別人的肯定，這將有利於鼓舞員工士氣，循序漸進，企業更有可能完成一項大任務。這種方法遠比員工一次性完成一個大任務才給予激勵的效果好。因為如果任務設置的目標過高，員工即使努力也難以達到，在過程中就難以得到認可和獎勵，員工在工作中會一直感覺壓抑、沒有成就感。也就是說，激勵的頻率不能太低，適度頻率的激勵更

有助於員工感受到組織支持、工作成就。強化不一定要完美才給予獎勵，人的行為不是一次性形成的，而是一個連續形成的過程，循序漸進的引導，更能影響和引導員工的行為。

強化分為正強化（Positive Reinforcement，又稱積極強化）和負強化（Negative Reinforcement，又稱消極強化）。正強化就是獎勵那些符合企業目標的行為，以使這些行為得以加強並重複出現，正強化的方法包括給予各種物質獎勵、精神鼓勵等。負強化是懲罰那些不符合企業目標的行為，以便使這些行為削弱，甚至消失，負強化的方式包括物質處罰和精神處分，例如減薪、扣獎、罰款、批評、降級等。

案例：業績不達標穿紅內褲「遊街」

2013年6月1日中午，在瀘州城北南光路上的一幕讓路過行人吃驚：一支20多人的隊伍在街上奔跑，他們中的男生裝扮得像超人一樣，將紅色內褲套在長褲外面；女生則全部身穿吊帶裝。有的人背上還貼著字條，上面寫著「我沒有完成自己給自己定制的目標任務，自願接受懲罰」。他們沿著南光路大約跑了半個小時。

這個活動是由瀘州一家房地產公司發起的，該公司龍馬潭北區區域經理馬治朗說：「我們這個活動主要是為了激發員工士氣，增加他們的收入，提高他們的執行力。」該公司每個月都會制定業績總目標，而各區域、各分店以及員工個人，也會制定出自己的小目標，為了激發自己在月底時能完成自己制定的目標任務，該片區4家分店的50餘人將會在每個月月初時集體商討出相應的獎懲計劃。而這個月他們商討出來的懲罰是：沒有完成目標任務的員工和相應的管理者將穿內褲、吊帶從公司一分店到另一分店來回跑一圈，管理層負連帶責任，將接受同樣的懲罰。而獎勵措施是：完成目標的同事負責攝像。下一月，他們還將會有新的獎懲措施。至於為什麼採用此種方式，馬治朗表示是因為普通的類似罰款、做俯臥撐等方式，太過平淡，沒有任何挑戰意義。

員工們比較受用該激勵方法。「內褲和吊帶都是由我們自己帶的，

我們願賭服輸。」同樣接受了懲罰的該片區分店經理陽波說：「我以前是一個非常內向的人，通過這些活動，開始變得外向了，我喜歡這樣的挑戰。」陽波說遊街後大家還舉行了儀式，各自發表了自己的感言。該門店一受到懲罰的女生說：「剛開始，我也有點不好意思，後來，大家都主動穿上了，就慢慢融入了。」

案例摘自：佚名. 業績不達標穿紅內褲「遊街」公司激勵措施引爭議［N］. 華西都市報，2013-06-04.

企業是應該多使用負強化，還是應該多使用正強化呢？斯金納認為，企業應該以正強化為主，負強化為輔。因為激勵的基本目的是鼓勵員工干正事，而不是防範員工干錯事。

案例：有這樣一位媽媽

媽媽第一次參加家長會，幼兒園的老師說：「你的兒子有多動症，在板凳上連三分鐘都坐不了，你最好帶他去醫院看一看。」

回家的路上，兒子問她老師都說了些什麼，她鼻子一酸，差點流下淚來。因為全班30位小朋友，唯有他表現最差；唯有對他，老師表現出不屑。

然而她還是告訴兒子：「老師表揚你了，說寶寶原來在板凳上坐不了一分鐘，現在能坐三分鐘。其他媽媽都非常羨慕媽媽，因為全班只有寶寶進步了。」那天晚上，她兒子破天荒吃了兩碗米飯，並且沒讓她喂。

兒子上小學了。家長會上，老師說：「這次數學考試，全班50名同學，你兒子排第40名，我們懷疑他智力上有些障礙，您最好能帶他去醫院查一查。」

回去的路上，她流下了淚。然而，當她回到家裡，卻對坐在桌前的兒子說：「老師對你充滿信心。他說了，你並不是個笨孩子，只要能細心些，會超過你的同桌，這次你的同桌排在第21名。」

說這話時，她發現兒子黯淡的眼神一下子充滿了光，沮喪的臉也一

下子舒展開來。她甚至發現，兒子溫順得讓她吃驚，好像長大了許多。第二天上學，兒子去得比平時都要早。

孩子上了初中，又一次家長會。她坐在兒子的座位上，等著老師點她兒子的名字，因為每次家長會，她兒子的名字在差生的行列中總是被點到。然而，這次卻出乎她的預料——直到結束，都沒有聽到。

她有些不習慣，臨別去問老師，老師告訴她：「按你兒子現在的成績，考重點高中有點危險。」

她懷著驚喜的心情走出校門，此時她發現兒子在等她。路上她扶著兒子的肩膀，心裡有一種說不出的甜蜜，她告訴兒子：「班主任對你非常滿意，他說了，只要你努力，很有希望考上重點高中。」

高中畢業了。第一批大學錄取通知書下達時，學校打電話讓她兒子到學校去一趟。她有一種預感，她兒子被清華錄取了，因為在報考時，她給兒子說過，她相信他能考取這所大學。

她兒子從學校回來，把一封印有清華大學招生辦公室的特快專遞交到她的手裡，突然轉身跑到自己的房間裡大哭起來，邊哭邊說：「媽媽，我知道我不是個聰明的孩子，可是，這個世界上只有你能欣賞我……」

這時，她悲喜交加，再也按捺不住十幾年來凝聚在心中的淚水，任它打在手中的信封上……

成功學大師卡耐基也說過：「要想嘗試改變一個人，何不將責備用讚美來替代？即使下屬進步只有很小的一點，也應獲得我們的讚美。只有這樣，才能不斷地鼓勵別人改進自己，使自己進步。」張開嘴說句鼓勵話，可能使他人脫胎換骨，可能改變他人的一生。

如果企業以負強化為主，實際上是在處處防範員工，而不是在處處激勵員工；如果以正強化為主，實際上企業更多的是在鼓勵員工，而不是處處防範員工。正強化和負強化帶給員工的心理感受是不同的。正強化是對行為的結果給予表揚、鼓勵、支持，會給員工帶來愉快和鼓舞，或者能夠消除不滿和不快，員工的情緒是正面的；負強化是對員工不合

意的行為進行懲罰、批評，帶給員工的是不愉快的負面情緒，甚至還可能引發恐懼、焦慮和其他情緒反應。負強化引起的負面情緒如果長期存在，會降低員工的工作效率和工作滿意感。因此，對於激勵來說，正強化是企業必須採用的手段，負強化是企業不得不用的手段，企業應該以正強化為主，以負強化為輔。在不得不進行負強化時，斯金納認為，盡量運用除懲罰以外的其他強化方式，例如，改變有可能引起不良行為的環境，「冷處理」，用正強化來抗衡等。

案例：本田公司的失敗獎

獎勵成功，懲罰失敗，似乎天經地義。但日本本田宗一郎的座右銘是：「1%的成功建立在99%的失敗的基礎上。」他鼓勵研發人員發揚不怕失敗的挑戰精神，不希望他們成為「不求有功，但求無過」的無所作為的人。為此，本田推出了獨有的「表彰失敗」的制度，鼓勵技術研發領域的創新探索，讓員工從失敗中尋找成功的因素。本田公司設立失敗獎的做法，極大地激發了員工特別是那些失敗者的創新熱情，許多人最終獲得了成功，並使本田公司產品長久地保持著在世界上的領先地位。

正強化和負強化的頻率應該如何呢？強化可以分為連續式強化和間隔式強化。連續強化是每次行為出現或者結果出現都受到強化。間隔式強化是只有部分行為或者結果出現的時候才受到強化，而其餘類似的行為或結果則沒有被強化。連續強化具有快速效果，但缺點是一旦停止強化後，行為很快消失；間歇強化的效果雖然不如前者快速，但保持得較久。斯金納認為，企業往往期望其不鼓勵的行為能夠快速並持久地消失，很多情況下是使用負強化方式，此時採用連續式負強化的效果更好，這種方式能夠維持員工行為的穩定性。一旦負面行為出現，企業及時給予處罰，讓員工不存僥幸心理，使員工隨時保持高度警惕，知道不能違反相關制度和規定。強化一定要及時，不能延期，行為之後緊隨行

為的結果比行為之後延緩的結果要有效得多，連續及時反饋可以使行為和結果之間的聯繫更為明確，增加了反饋的信息價值。

　　間隔式強化又可分為固定時間的間隔式強化、非固定時間的間隔式強化、固定比例的間隔式強化和非固定比例的間隔式強化四種。固定時間的間隔式強化是定期強化，到了固定時間就會給予員工強化，例如季度獎金、年度獎金；非固定時間的間隔式強化是不定期的強化，強化的時間具有隨機性，如隨時進行的獎勵；固定比例的間隔式強化，是指按照一定的比例進行強化，例如，按照業務提成的比例；非固定比例的間隔式強化，是指按照隨機比例進行強化，例如年終紅包、彩票得獎、賭博輸贏等。當企業鼓勵某種行為多多出現的時候，在開始的時候應該採用連續正強化方式，凡是出現這種行為就給予鼓勵，鼓勵員工相互效仿，對這種激勵方式員工的反應率高，容易很快達到企業期望的結果；隨著較多員工都能表現出這種行為，當這種行為成為一種習慣的時候，激勵方式可逐漸轉為間隔式強化。如果採取固定時間的間隔式強化方式，強化物的數量越大，則員工的反應概率越大，但往往在初期和中期出現較低的反應率，而在時間間隔的末期反應率會上升，因為員工知道再次強化快要到來了，反應的概率會增加。因此固定時間的間隔式強化適合於某一時點需要有穩定的反應率的情況比較。例如，年底需要衝擊銷售任務時，企業往往在這個時間點給出一些獎勵政策，一些員工往往平時業績一般般，而在有激勵政策的時間內會有很高的業績表現。非固定時間的間隔式強化，沒有一定的時間規律，隨機性較大，員工往往難以琢磨企業後續強化的時間，在不確定的情況下，員工往往保持相對穩定的行為水平。固定比例的非連續強化可以使員工有較高的反應概率，但是當固定比例較高，超出了員工的能力範圍，這種強化員工行為的願望往往會導致行為不能保持，而且會快速消退。例如，一些行之有效的業務提成制度，隨著後來激勵的不斷加碼，而導致失敗。可變比例的非連續強化，員工對可獲得的獎勵具有高度的不確定性，可以消除固定比率強化後所出現的反應消退現象。

由上述分析可以看出，不同強化方式的不同強化頻率對員工行為所產生的影響並不相同，企業在激勵的過程中，需要根據具體的情景設計不同的強化方式。連續式強化和間隔式強化的運用方式如表 5-1 所示。強化理論使管理者關注激勵的頻率，但是作為外部控制的一種方式，過分強調通過外在的強化物對人的行為進行改變，而有些忽視人的內在因素對其行為的影響作用。此外，斯金納的觀點是企業激勵時以正強化為主，負強化為輔，負強化應該採用連續激勵的方式，正強化在開始時應該連續式強化，隨後過渡到間隔式強化更能使員工的行為具有穩定性。

表 5-1　　　　　　　　　強化方式的應用

行為特點	強化方式	強化頻率
企業期望的行為	正強化	初期連續正強化，隨後間隔式負強化 間隔式強化可以採用固定時間、非固定時間、固定比例、非固定比例四種強化方式
企業不期望的行為	負強化	連續負強化

第六章

企業治理方式的優化

當今許多企業、組織之所以無效率、無生氣,歸根到底是由於它們的員工考核體系、獎罰制度出了毛病。

——米契爾·拉伯福

一、企業治理方式優化的主要步驟

工作目標決定了員工的行為方向,工作能力決定了員工的行為能力,工作態度決定了員工的行為意向,但員工知道做什麼,能夠做,願意做,是不是就有了積極的工作行為呢?如圖 6-1 所示。

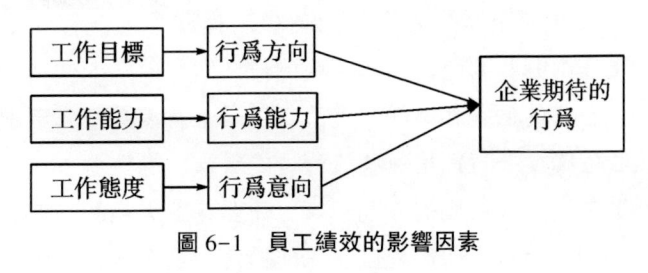

```
工作目標 → 行為方向 ┐
工作能力 → 行為能力 → 企業期待的行為
工作態度 → 行為意向 ┘
```

圖 6-1　員工績效的影響因素

實際上，工作目標、工作能力、工作態度與工作行為之間並不是很簡單的線性關係，工作目標、工作能力、工作態度只是工作行為的傾向和準備狀態，並不意味著行為本身，更不意味著工作業績、生產率。影響員工行為的因素，除了工作目標、工作能力、工作態度以外，還有一個關鍵的前提條件是企業允不允許員工做？如果缺乏關鍵的管理資源和制度的激勵，員工即使有能力、有目標、有意願，但是沒有施展才華的機會和平臺，工作的積極性更容易受到打擊。因此，員工的激勵機制設計涉及企業的管理資源與制度支持，這主要包括組織結構對員工權力和責任的界定、對流程的界定、信息獲取的平臺三個方面。

（1）組織結構優化。企業的組織結構明確了價值鏈各環節中不同部門、不同崗位的角色，明確了各部門、各崗位的職責，決定了部門的目標和責任。部門邊界和崗位邊界確保不同部門和不同崗位的職責、權力、專注點和專業分工，決定了員工有沒有機會做？怎麼做？做到什麼程度？做的過程中應承擔什麼責任，擁有什麼權利？但是所有邊界都會帶來溝通協調成本，部門分得越細，層級越多，溝通協調難度越大，員工工作的效率將更低。以上這些問題都將直接影響到員工的工作積極性。例如，企業對員工的工作職責和權力規定非常明確，而員工希望工作中能夠有更多創新性的方法去挑戰工作目標，但是其崗位職責和權力卻明確規定其沒有這樣的權力去做，如果該員工期望改變，由於組織的部門多，層級多，溝通協調難度大，員工努力改變的意願也會下降，在這種情況下，員工創新的積極性就會受到打擊。

（2）流程優化。企業的流程包括業務流程和管理流程，這些流程決定了各項工作由哪些部門參與，哪些崗位參與，前端工作和後續工作的銜接方法及各自的權利和責任。這決定了員工有沒有機會參與這些流程及參與流程的深度。特別是一些流程可能重複，導致員工工作需要大量的重複性勞動；一些流程被分割，員工需要花費大量的時間和精力與其他員工協調和溝通；一些流程沒有工作價值，員工難以看到工作的成績和作用，這些都將影響員工工作的積極性。

（3）信息平臺的優化。很多工作需要及時、有用的信息才能做出相應的決策，企業的客戶關係管理（CRM）、企業資源規劃（ERP）和電子數據交換（EDI）管理系統需要提供相應支持，企業的信息渠道需要提供相應的信息支持。但是在企業內部常常出現這樣一種現象，需要這些信息的工作難以快速獲得準確信息，而擁有此信息的員工在工作中卻不需要這些信息。信息隔閡遏制了企業內部的合作，浪費了時間，限制了員工的視野，降低了工作效率，這將影響員工工作的效率和工作積極性。

因此，企業應提升員工積極性。企業治理機制匹配的主要步驟如圖6-2所示。

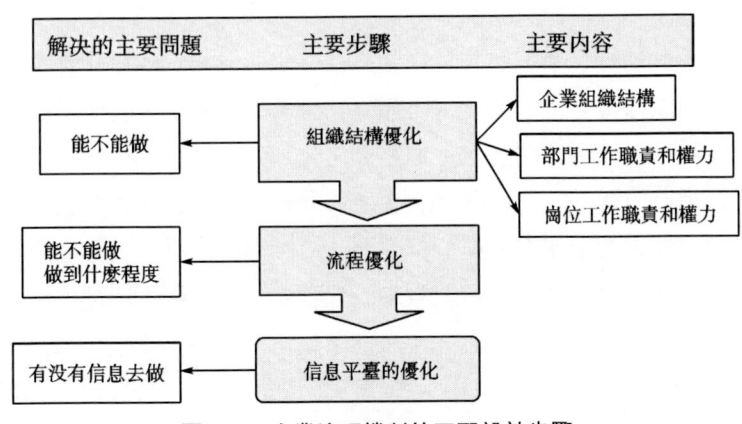

圖 6-2　企業治理機制的匹配設計步驟

二、組織結構設計與員工激勵

組織結構是組織對開展工作、實現目標所必需的各種資源進行安排時所形成的一種體現分工和協作關係的框架，合適的組織結構對組織的發展、員工工作積極性、企業的競爭力具有促進作用。組織結構的設計主要包括職位設計、部門設計、管理幅度和層級化設計及職位職權配置

四個步驟。

1. 職位設計

在很多企業，組織結構設計的步驟是採用自上而下的方式，先根據戰略設立部門，然後再設立工作流程和工作崗位。實際上，企業的業績是由一項項工作而最終實現的。組織結構的設計應該根據工作流程的需要，從崗位開始設計。組織可以根據工作的性質、工作量的大小，設計出相應的崗位，根據各崗位工作量的大小，可以確定各崗位所需的人員數量，根據各崗位的工作內容，匹配相應的崗位的責任和權力。從職位設計開始的組織結構設計，以工作內容和工作流程為中心，有利於打破部門主義風氣，打破各部門之間的壁壘。

2. 部門設計

部門設計是指企業按照某種原則將性質相同或相近的工作進行歸類合併，在組織內部建立職能各異的部門。部門化的方法包括職能部門化、區域部門化、產品部門化、顧客部門化和生產過程部門化等。職能部門化是指以組織的人事、財務、生產、營銷等主要職能為基礎設立部門，凡同一性質的工作都放在一個部門，由該部門全權負責該項職能的執行。區域部門化是根據地理因素來設置管理部門，把不同地區的業務和職責劃歸不同部門全權負責。產品部門化是多產品企業，根據產品及產品系列來劃分部門，不同的產品歸屬於不同的部門進行管理。顧客部門化是指組織根據不同的顧客類型來劃分部門。生產過程部門化，是指按照生產流程來劃分部門。

3. 管理幅度和層級化設計

管理幅度是指一個管理者能有效地直接領導（指揮）下屬的人數，一般而言管理者的管理幅度為 4~25 人，具體的管理幅度受到計劃制訂的完善程度、工作任務的複雜程度、企業員工的經驗和知識水平、完成工作任務需要的協調程度等因素的影響。層級化是指組織內部從最高一級管理組織到最低一級管理組織的組織等級。一個組織，其管理層級的多少，一般是根據組織的工作量大小和組織規模的大小來確定的。工作

量較大且規模較大，其管理層級可多些，反之管理層次就比較少，管理幅度的大小與層次數目多少成反比例關系。根據管理層級的多少，企業組織結構可以分為高聳型組織結構和扁平型組織結構。高聳型組織結構管理層級多，管理者的管理幅度小，扁平型則相反。

4. 職位權力配置

職位權力是組織中各部門各崗位開展工作所擁有的職位權力，是職位所賦予的發布命令和希望命令得到遵守的權力。職位職權集權和分權的影響因素包括：①組織因素：組織規模的大小；所管理的工作的性質與特點；管理職責與決策的重要性；管理控制技術發展程度。②環境因素：組織所面臨環境的複雜程度。組織所屬部門各自面臨環境的差異程度；這些環境因素都關系到集權與分權問題。③管理者與下級因素：管理者的素質、偏好與個性風格；被管理者的素質、對工作的熟悉程度與控制能力；管理者與被管理者之間的關系等因素也影響集權與分權程度。組織結構設計需要明確每個部門、每個崗位所擁有的權力、責任。

企業通過以上這些步驟的設計可以形成不同類型的組織結構，例如直線制組織結構、直線職能制組織結構、事業部制組織結構、矩陣制組織結構、虛擬組織結構等，不同的組織結構對員工工作的內容、工作的權限、工作的方式都有不同的影響，從而影響員工工作積極性和工作的績效。例如，矩陣制組織結構，各職能部門間橫向聯繫的加強，有利於不同部門的員工相互學習和擴展知識面，加速了信息的流通，有利於多面手人才的快速培養，有利於調動員工創新和合作的積極性。直線職能制組織結構，按照職能專業化分工設置組織結構，各職能部門關注部門利益，部門之間橫向溝通少，員工通常在一個職業領域內發展，有利於部門內部員工之間的交流，促進專業領域的創新。

案例：小米的組織結構

2013年4月9日「米粉節」，雷軍首次宣布小米營收：2012年，小米銷售手機719萬臺，實現營收126.5億元，納了19億元的稅。小米

三年開創了一個新的品類——「互聯網手機」，也為互聯網改造傳統產業提供了一個千億級的產業方向；創造了一個新的品牌模式，不花錢，甚至很少投放廣告，竟然快速打造了一個三線城市都熟知的品牌。小米的業績驕人，小米員工的士氣逼人，這都離不開小米組織結構的功勞。

肯特（Kent）以前是百度的一名技術主管，2012年跳到了小米，他覺得小米和百度最大的差異是速度，小米太快了。而最讓Kent感到奇怪的是，小米的組織架構沒有層級，基本上是三級：七個核心創始人→部門Leader→員工。而且它不會讓你的團隊太大，稍微大一點就拆分成小團隊。

只有七個創始人有職位：雷軍是董事長兼CEO，林斌是總裁，黎萬強負責小米的營銷，周光平負責小米的硬件，劉德負責小米手機的工業設計和供應鏈，洪鋒負責MIUI，黃江吉負責米聊，後來增加了一個負責小米盒子和多看的王川。幾位合夥人大都管過幾百人的團隊，更重要的是都能一竿子插到底地執行。

其他人都沒有職位，都是工程師，晉升的唯一獎勵就是漲薪。不需要你考慮太多雜事和產生太多雜念，沒有什麼團隊利益，一心在工作上。比如，小米強調你要把別人的事當成第一件事，強調責任感。比如我的代碼寫完了，一定要請別的工程師檢查一下。別的工程師再忙，也必須第一時間先檢查我的代碼，然後再做他自己的事情。

再看看其他公司，它有一個晉升制度，大家都會為了這個晉升做事情，會導致價值的扭曲，為了創新而創新，不一定是為用戶而創新。其他互聯網公司對工程師強調的是把技術做好。小米不一樣，它要求工程師把這個事情做好，工程師必須要對用戶價值負責。

組織結構對員工積極性的影響主要表現在以下幾個方面：

（1）從工作職責和工作目標來看，組織結構設計直接關系到部門及崗位分工是否明確。如果企業部分工作同時由多個部門跟進，缺乏統一有效的工作計劃；而同時，另一部分工作卻又無人問津，會導致員工

不知道自己的工作目標究竟是什麼，組織究竟希望自己做什麼？在工作中的扯皮、推諉現象將直接影響到員工工作的積極性。

（2）從分工合作來看，組織結構設計直接關系到部門之間、崗位之間的合作方式。由於部門工作性質不同，各部門在公司裡的「地位」也有所差別：地位高的部門態度強硬，做事強勢，其他部門只能遷就。這種地位的不平等，使員工很多情況下無法按照自己的意圖開展工作，工作受到限制。例如新產品開發本應由研發部門主導，採購部門配合採購相應物料。然而由於採購部門在成本控制中的優勢地位，常常導致研發部門員工無法完全按照初始設計意圖進行產品開發，工作開展總是受到各種制約，從而影響工作積極性。

（3）從晉升機會來看，組織結構設計直接關系到企業的管理層級和管理崗位的多少？關系到員工可晉升機會的多少？晉升的機會多，員工受到的激勵較大，如果企業的組織結構是扁平型組織結構，管理層級少，員工在組織內部縱向晉升的機會降低，在這種情況下，以往的晉升激勵受到限制，企業的激勵機制就需要配套地設計為工作成就激勵，使員工從關注職務升遷轉向工作業績。

（4）從工作自由度的角度看，組織結構的設計直接關系到員工的工作權力、工作的自由度。如果企業組織結構是扁平型組織結構，管理者的管理幅度大，管理權限通常下放，員工工作的自由度增大，工作的內容更加豐富化，對工作具有更多的發言權和自由裁量權，受到的監督少，有利於提高員工的工作自主性和成就感。在信息時代，環境和信息的變化速度快，對於素質能力較高的知識型員工，給予員工更大的權力和自主空間，讓員工制訂彈性的工作計劃，自己來安排完成目標的時間和方式，並在一定程度內可以調整目標，這不僅可以讓員工工作的成就感增強，責任感增大，而且可激發員工的工作熱情和創造性，從而充分調動員工的積極性。許多能力很強、職業情感較強的員工，之所以在工作中會產生強烈的挫折感和職業倦怠感，很大程度上是由於職業環境使工作受到官僚體制的種種束博。克萊斯勒公司（Chrysler）的首席執行

官羅伯特・伊頓被問及公司的營業額是如何增加了246%，達到37億美元時，他回答道：「如果一定要用一個詞來回答的話，那就是授權。」黛安娜・特蕾西在她的《授權10步走：人員管理的常識指南》一書中提到了10個授權原則：告訴員工他們的職責；給員工與職責相等的權利；設定優秀的標準；給員工提供達到優秀所需的培訓；給員工提供知識和信息；對員工的表現提供反饋信息；承認員工取得的成績；相信員工；允許員工失敗；尊敬員工。在此基礎上，如果一名員工出色地完成了一項任務，就讓他自己來選擇下一個工作任務；只要可能，就施行靈活的工作時間制，把注意力放在員工的工作業績上，而不是工作時間的長短上。

三、流程優化與員工激勵

（一）流程管理對員工積極性的影響

隨著亞當・斯密勞動分工理論在企業的運用，產品不再是單一部門直接從頭到尾地完成，往往是由不同的部門、不同的工序在不同的時間共同合作完成，從而形成了工作的流程。流程就是指企業完成產品生產活動的創造價值的程序。例如，生產流程、採購流程、銷售流程等。流程分為業務流程和管理流程。業務流程是指面向顧客直接產生價值增值的流程，管理流程是指為了降低成本、提高工作效率、提高產品或服務質量、控制經營風險的流程，企業內的一切流程都以企業目標為根本依據，是否增值是貫穿流程始終的一個基本原則。如果一項工序沒有為企業創造價值，這個流程就是一個無效流程，如果一項工序只是做的其他工序已經做過的活動，沒有新增價值，這個流程就是一個重複的、無效的流程。

流程管理就是通過對企業內部各流程的優化，使各流程都創造價值的活動。流程管理包括規劃流程、運作流程、評估流程和優化流程四個

步驟。流程的設計影響著企業業務的完成步驟、資源、時間、程序，決定了企業的經營管理績效；流程的設計創造了工作的流程，影響著員工工作的方法、程序、資源、權利、責任和目標，直接影響著員工工作的效率、效果和工作積極性。

案例：會議流程與工作積極性

日本松下公司調整了公司的會議流程，各部門員工的工作積極性就得到了提高。松下公司每季度都要召開一次各部門經理參加的討論會，以便瞭解彼此的經營成果。開會以前，公司把所有部門按照完成任務的情況從高到低分別劃分為A、B、C、D四級。會上，A級部門首先報告，然後依次是B、C、D級部門報告。這種做法充分利用了人們爭強好勝的心理，因為誰也不願意排在最後。

流程管理是通過制度、規範、程序使工作顯性化，提高資源的合理配置，提高流程效率和受控程度的活動。如果企業中存在冗餘流程、重複的流程或者流程劃分過細，就會耽誤時間、浪費資源，流程管理就是要取消、合併、簡化、集成一些無附加價值或者浪費企業資源的活動，提高流程效率和效果，此外這些繁雜低效的流程將耗費員工大量的精力，降低了員工工作的效率和積極性。例如，很多企業存在不必要的工作都需要層層審批、層層簽字，企業的運作效率下降不說，員工有強烈的被管制感、不被信任感，感覺工作受到的桎梏太多，工作積極性不高。如果企業中存在流程缺失或者流程分割，某些必需的流程企業內不存在或者無人負責，或者信息流通不暢，企業內部特別是部門之間存在大量的衝突和扯皮現象，那麼企業的價值創造活動就會存在缺失或者運作不暢，就會耗費員工額外的精力，影響員工工作的效率和積極性。企業只好借助大量的會議、更多且複雜的流程來解決，此時，流程管理就是要使企業價值創造成為一個流暢的、簡潔的過程。

案例：文件處理的流程

文件處理是企業信息處理的主要工作內容，文件處理的快慢、好壞直接關系著信息傳遞的效率和質量，關系著企業的決策效率和效果。據統計，一個文件真正處理的時間只有1%，而花在文件傳遞、等待審批的時間為99%。在一些企業，一個新工藝創新設計往往需要領導層層審批，冗長的流程讓員工創新的激情在等待審批、審核的過程中變成了焦慮、無所謂。當真正批准下來的時候，員工已經沒有積極性再去努力了。

流程管理是保證工作效率提高的關鍵，只有流程中的每個節點都做好，員工的工作效率才高，員工的工作成效才突出，流程優化涉及員工的工作方法、工作內容、工作資源、工作步驟、工作目標、工作素質和能力要求、工作權利和責任。這些內容影響到員工有沒有機會做，擁有什麼權限去做，擁有什麼資源去做，如何去做，做到什麼標準和目標。所有這些內容必然影響員工的工作積極性。此外，領導對員工流程優化的行為和活動是否支持，也影響著員工的積極性。如果流程的變革得不到領導的支持、鼓勵，員工再好的流程優化思想也不會得到領導的讚賞，員工的積極性必然受挫。同時，流程節點評價的標準是什麼，誰來做出評價，也影響著員工的積極性。如果是上級領導作為流程節點的裁判，員工工作就會以「取悅」上司為導向，而不會以工作本身為導向，因為上司掌握著員工的地位、薪酬，因此，流程績效的審核也影響著員工的工作成效和工作積極性。

（二）員工管理流程對員工激勵的影響

除了業務流程本身對員工的工作積極性存在影響以外，對員工的管理流程也影響著員工的工作積極性。員工的管理流程包括員工工作的績效管理流程、員工的晉升流程、員工的淘汰流程、員工的職業發展流程等。這些流程有些是對員工行為的約束規制，有些是對員工行為的牽引

規制，有些是對員工的競爭淘汰規制，這些規制的內容主要包括：

（1）員工的約束規制，是對員工的行為進行限定，規定哪些內容員工不能做，使其符合企業的發展要求，主要包括：①以 KPI 指標體系、平衡計分卡等為核心的績效管理體系；②以任職資格體系為核心的職業化行為評價體系；③員工基本行為規範和制度。

（2）員工治理的牽引機制，是向員工清晰地表達組織和工作對員工的行為和績效期望，引導員工行為符合企業發展的要求，主要包括：①企業文化與價值觀體系；②職位說明書；③KPI 指標體系；④培訓開發體系；⑤日常管理（如早會制度、時間管理、會議管理等）。

（3）員工治理的競爭淘汰機制，是將不適合組織成長和發展需要的員工釋放於組織之外，同時將外部市場壓力傳遞到組織之中，讓員工知道如果他們不努力工作或工作業績不佳的話，就有可能被公司淘汰出局，主要包括：①競聘上崗制度；②末位淘汰制度；③人才退出制度。

（4）員工治理的傳動機制，這是將員工的發展與企業的發展內在連為一體，在企業發展的同時也滿足員工的內在需求，主要包括：①薪酬體系設計，例如，員工持股計劃、期權激勵計劃、利潤分享計劃等；②職業生涯管理與升遷異動制度。

企業以上的這些管理流程和管理制度，直接關系到員工的薪酬、發展、工作業績等，直接影響著員工的工作積極性和工作態度。

四、信息平臺優化與員工激勵

信息是一種重要的資源，它是員工行動的基礎。在信息爆炸和互聯網時代，面對大量信息，一方面員工需要提高快速的捕捉、掌握和運用大量的信息的能力，另一方面需要優化管理信息系統，通過各種電子化、信息化手段快速地將相關的信息傳遞給需要的員工，通過對核心信息的掌握和有限傳播，可以達到提高管理效率的目的。而且，企業的信息平臺建設不僅可以提高員工的工作速度、工作質量，也可以改善員工

的工作環境，進而促進員工工作積極性。例如，醫院的病人信息平臺建設，可以使病人的信息為每一個醫生所共享，可以提高醫生的診斷速度，可以使醫院更靈活地安排醫生出診，創造更好的工作環境，提高工作的愉悅程度，從而提高醫生工作的積極性。

在管理中，企業除了通過信息系統建設加強內部信息傳遞和溝通外，也可以通過建立學習型組織、團隊組織，打破橫向壁壘和縱向壁壘的方式，改善和促進信息、知識的生產、傳播、應用和增值。

信息也是激勵員工的有效途徑。利用數據庫、信息資料、宣傳媒介等來公開成績與不足，使員工在橫向與縱向比較中，明確目標，受到鼓舞，達到激勵員工的目的。

案例：無語的激勵

查理·斯瓦伯擔任卡耐基鋼鐵公司第一任總裁時，發現自己管轄下的一家鋼鐵廠的產量很落後，便問廠長原因。

廠長回答：「我好話醜話都說盡了，甚至拿免職來恐嚇他們，可他們軟硬不吃，總是懶懶散散的。」

那時正是日班工人即將下班、夜班工人就要接班的時候。斯瓦伯向廠長要了一支粉筆，問日班的領班：「今天煉了幾噸鋼？」

領班回答：「6噸。」

斯瓦伯用粉筆在地上寫了一個很大的「6」字後，默不作聲地離開了。

夜班工人接班時，看到地上的「6」字，好奇地問是什麼意思。日班工人說：「總裁今天過來了，問我們煉了幾噸鋼，領班告訴他6噸，他就在地上寫了一個『6』字。」

次日早上，日班工人前來上班，發現地上的「6」已被夜班工人改寫為「7」；知道輸給了夜班工人，日班工人內心很不是滋味，他們決心給夜班工人一點顏色看看。那一天，大伙加倍努力，結果他們煉出了10噸鋼。於是，地上的「7」順理成章地變成了「10」。

在日、夜班工人你追我趕的競爭之下，工廠的情況很快得到改善。不久，該廠產量竟然躍居公司所有鋼鐵廠之首。

員工的激勵看起來是多麼複雜、高深的事情，我們常常以為企業一定需要花費很多金錢，需要領導者花費很多口舌，可是在查理·斯瓦伯那裡，僅僅一支粉筆，沒有多餘的言語，沒有額外的金錢獎勵，就扭轉了乾坤。激勵藝術在這裡體現得淋漓盡致！好的激勵在於對員工工作心理的洞察！

管理者不僅可以通過數字、文字等來傳遞信息，還可以通過肢體語言、口頭語言來傳遞信息，這些信息都可以給予員工激勵。

案例：讚美的力量

約翰·卡爾文·柯立芝於1923年成為美國總統，他有一位漂亮的女秘書，人雖長得很好，但工作中卻常因粗心而出錯。一天早晨，柯立芝看見秘書走進辦公室，便對她說：「今天你穿的這身衣服真漂亮，正適合你這樣漂亮的小姐。」這句話出自柯立芝口中，簡直讓女秘書受寵若驚。柯立芝接著說：「但也不要驕傲，我相信你同樣能把公文處理得像你一樣漂亮的。」果然從那天起，女秘書在處理公文時很少出錯了。一位朋友知道了這件事後，便問柯立芝：「這個方法很妙，你是怎麼想出的?」柯立芝得意洋洋地說：「這很簡單，你看見過理髮師給人刮鬍子嗎？他要先給人塗些肥皂水，為什麼呀，就是為了刮起來使人不覺痛。」

「良藥未必非要苦口，忠言未必非要逆耳」，員工積極的工作行為除了員工能力的影響以外，還需要管理者用口頭語言、用行動表達對員工的激勵。

激勵是一連串的活動，不可能因為企業的一次激勵，員工就一直持續地表現出企業期望的行為和績效。在實際工作中，企業需從激勵目標、員工能力、員工行為、治理機制四個方向進行系統的企業激勵機制設計，才有可能取得良好的激勵效果。

國家圖書館出版品預行編目(CIP)資料

員工激勵機制設計 / 唐雪梅 著. -- 第一版.
-- 臺北市：崧博出版：財經錢線文化發行，2018.10
　面；　公分

ISBN 978-957-735-612-3(平裝)

1. 人事管理 2. 激助

494.3　　　　107017331

書　名：員工激勵機制設計
作　者：唐雪梅 著
發行人：黃振庭
出版者：崧博出版事業有限公司
發行者：財經錢線文化事業有限公司
E-mail：sonbookservice@gmail.com
粉絲頁　　　　　網　址：
地　址：台北市中正區延平南路六十一號五樓一室
8F.-815, No.61, Sec. 1, Chongqing S. Rd., Zhongzheng
Dist., Taipei City 100, Taiwan (R.O.C.)
電　話：(02)2370-3310　傳　真：(02) 2370-3210
總經銷：紅螞蟻圖書有限公司
地　址：台北市內湖區舊宗路二段 121 巷 19 號
電　話：02-2795-3656　傳真：02-2795-4100　網址：
印　刷：京峯彩色印刷有限公司（京峰數位）

　　本書版權為西南財經大學出版社所有授權崧博出版事業有限公司獨家發行電子書及繁體書繁體版。若有其他相關權利及授權需求請與本公司聯繫。

定價：450元

發行日期：2018 年 10 月第一版

◎ 本書以POD印製發行